APPLICATION

DE

L'ARITHMÉTIQUE A L'ALGÈBRE

Paris. — Imprimerie de GUSTAVE GRATIOT, 30, rue Mazarine.

APPLICATION

DE

L'ARITHMÉTIQUE A L'ALGÈBRE

PRÉCÉDÉE

DE L'EXPOSÉ ANALYTIQUE ET RAISONNÉ

D'UNE NOUVELLE MÉTHODE

DITE DES

FACTEURS CORRESPONDANTS

AU MOYEN DE LAQUELLE ON RÉSOUT
PAR LES RÈGLES LES PLUS ÉLÉMENTAIRES DE L'ARITHMÉTIQUE

LES PROBLÈMES ALGÉBRIQUES

DES 2e ET 3e DEGRÉS

ET SUIVIE

D'UNE APPLICATION

De cette méthode à la résolution numérique d'un grand nombre de questions relatives aux
carrés, aux proportions, aux progressions par différence et par quotient, aux cubes,
aux sommations des puissances, aux triangles rectangles, au cercle, etc.

PAR J.-J. GRÉMILLIET

COMPLÉMENT INDISPENSABLE

DU RECUEIL DE PROBLÈMES

Amusants et instructifs du même auteur.

PARIS

A COTELLE, LIBRAIRE-ÉDITEUR

RUE SAINT-HONORÉ, 137

—

1853

AVANT-PROPOS.

Une chose sur laquelle on ne s'est pas encore entendu et qui pourtant est très-importante, c'est de déterminer, d'une manière précise, la limite qui sépare l'algèbre de l'arithmétique; il faut bien convenir que cette limite est assez difficile à établir; car l'arithmétique et l'algèbre se confondent.

L'arithmétique est l'art du calcul. Quelles que soient les opérations à effectuer sur des quantités, que ces quantités soient représentées par des chiffres, par des lettres ou par des signes pris arbitrairement, la marche à suivre est invariablement la même.

Sans l'arithmétique qui est la base de toutes les sciences mathématiques, il n'y a pas de solutions algébriques possibles.

Par les procédés algébriques et toujours en s'aidant des calculs *arithmétiques*, on parvient à réduire les termes de l'énoncé à leurs plus simples expressions, on établit une formule générale qui peut s'adapter à tous les problèmes d'une même espèce.

Ainsi une formule ou une équation algébrique est l'analyse abrégée de l'énoncé; c'est seulement une annotation précise et succincte des opérations purement arithmétiques à effectuer sur les quantités représentées d'une manière générale par des signes ou par des lettres. Mais pour obtenir la résolution de cette formule ou de cette équation, les signes doivent forcément (aux termes de l'énoncé) être remplacés par les nombres particuliers qui s'y rapportent.

Il y a deux sortes d'analyses : par l'une on raisonne sur les conditions d'un problème; on n'en néglige aucune, on le réduit à l'expression la plus simple en le débarrassant de tous les accessoires inutiles, et c'est cette expression qui sert à établir la formule ou l'équation primitive.

A partir de cette première opération et en simplifiant les expressions par des réductions successives, on parvient définitivement à la solution cherchée; ce sont ces transformations qui constituent l'autre partie de l'analyse.

Toutes les combinaisons dont les nombres sont susceptibles se réduisent à ajouter, à retrancher, à diviser; elles s'opèrent au moyen des règles fondamentales de l'arithmétique.

C'est par l'arithmétique que l'on parvient à ramener les opérations les plus compliquées à l'une de ces règles; mais les diverses applications du calcul numérique, les relations qui existent entre les quantités inconnues et dont il s'agit de déterminer les valeurs, sont plus ou moins difficiles à découvrir; il arrive souvent que les relations et les analogies sont tellement éloignées et les rapports tellement compliqués, qu'on ne peut les saisir du premier abord; dans ce cas on a reconnu la nécessité de simplifier le langage *arithmétique* sans rien changer à la nature des calculs, et de s'aider d'une méthode qui permît de suivre sans efforts les raisonnements qu'on est obligé de faire pour parvenir aux résultats ou aux solutions.

Cette méthode proprement dite est l'algèbre ou le calcul littéral, par opposition au calcul numéral qui est l'arithmétique.

Les modifications apportées dans la manière d'opérer, les moyens d'abréviation que l'on emploie pour faciliter le raisonnement et soulager la mémoire tiennent essentiellement à l'arithmétique.

L'arithmétique littérale opère sur les lettres ou signes qui remplacent les quantités ou les nombres.

L'arithmétique numérale, ou tout simplement l'arithmétique, opère sur les nombres au moyen des chiffres sans jamais les dénaturer; leurs significations, leurs valeurs sont précises et invariables, les résultats qu'on obtient sont forcés et dépendent des conditions de l'énoncé.

Tant que les signes ou les lettres qui représentent les quantités inconnues sont déterminés à l'égard des quantités ou des nombres avec lesquels ils sont en rapport, il ne peut être question d'algèbre ou de calcul littéral.

Ainsi quelle que soit la manière dont on indique les opérations à effectuer sur des quantités ou des nombres connus, lors même qu'ils sont en rapport avec des quantités représentées par des lettres ou par des signes, la solution est essentiellement arithmétique.

$x + y = 63$ et $x^2 + y^2 = 130$, sont deux expressions arithmétiques abrégées, elles indiquent que le produit des racines et la somme des carrés sont 63 et 130.

$xy = P$ et $x^2 + y^2 = S$ où les quantités qu'il faut absolument connaître pour résoudre la question sont remplacées par les lettres P et S, sont deux expressions algébriques ou littérales.

Dans la première les données 63 et 130 suffisent et donnent seules les moyens de déterminer directement les valeurs de x et y.

1º En retranchant de 130 somme des carrés le double du produit ou 126, on obtient le carré de la différence des deux facteurs x et y dont le produit est 63.

2º En ajoutant à 130 le double du produit on a 256 pour le carré de la somme des deux facteurs dont la différence est connue. Par suite :

$1^{\circ} \ \sqrt{130 - 126} = \sqrt{4} = 2 =$ la différence des facteurs;

$2^{\circ} \ \sqrt{130 + 126} = \sqrt{256} = 16 =$ leur somme

$(16 - 2) : 2 = 7. \qquad 16 - 7 = 9$

les racines ou les deux facteurs de 63 sont 7 et 9 ; les racines de l'expression algébrique seraient :

$$x = \tfrac{1}{2} \sqrt{P + 25} + \tfrac{1}{2} \sqrt{P - 25}$$
$$y = \tfrac{1}{2} \sqrt{P + 25} - \tfrac{1}{2} \sqrt{P - 25}.$$

La première équation est bien la solution abrégée et précise de la question exprimée arithmétiquement.

La seconde ne fait qu'indiquer les calculs à effectuer lorsqu'on aura substitué aux lettres P et S les quantités qu'elles représentent ; sans cette substitution la solution est impossible ; ainsi, dans tous les cas, quelle que soit la formule algébrique obtenue, il faut, pour la résoudre, la transformer en une équation numérique.

Une connaissance absolument nécessaire en arithmétique comme en algèbre est celle des principes généraux et des théo-

rèmes qui s'y rapportent en les appliquant aux questions que
l'on veut résoudre; chaque opération arithmétique est déduite
d'un théorème particulier au moyen duquel il suffit de connaître le produit des racines pour obtenir toutes les racines de
l'équation sans calculs préliminaires; dans ce cas le théorème
remplace la formule algébrique.

Voir ci-après la table des théorèmes et la théorie des facteurs
correspondants.

Quelle que soit la nature des quantités sur lesquelles on
opère, qu'elles soient déterminées et précises, ou qu'elles soient
indéterminées ou représentées par des lettres ou des signes, on
voit, comme je l'ai déjà dit, que les calculs à effectuer pour résoudre les équations relatives sont les mêmes, l'équation littérale devient une équation numérique et elle se résout définitivement par les calculs arithmétiques.

Newton a nommé l'algèbre arithmétique universelle; je crois
qu'on devrait tout simplement l'appeler arithmétique littérale,
l'arithmétique proprement dite étant définie arithmétique numérale.

C'est par le raisonnement appuyé de toutes les ressources que
fournit l'arithmétique, c'est en comparant les quantités entre
elles, en les multipliant, en les divisant, c'est par le calcul, c'est
par l'arithmétique enfin, qu'on parvient successivement à obtenir la plus simple expression d'une équation numérique et qu'on
détermine les formules algébriques ou littérales.

L'emploi des signes ou des lettres nécessite de nouveaux procédés, augmente les difficultés du calcul sans rien changer aux
principes.

La nécessité où l'on est de ramener tous les problèmes d'un
même ordre à une même formule rend le calcul littéral long
et difficile; tandis qu'en arithmétique chaque quantité connue
mise en rapport avec celles qui ne le sont pas donne presque
toujours des moyens d'abréviation, tout en conduisant à la solution d'une manière précise et directe.

La plus grande difficulté du calcul algébrique tient à ce que
l'on remplace dans l'énoncé ou dans l'équation qui s'y rapporte

les quantités connues par des lettres ou par des signes pris arbitrairement, dans ce cas :

« Les formules qu'on parvient à établir sont si compliquées
« et d'un usage si peu commode, lorsque toutefois on peut les
« appliquer, que l'on doit regarder le problème de la résolution
« des équations algébriques des degrés supérieurs au premier,
« comme plus curieux qu'utile ; aussi les analystes ont-ils prin-
« cipalement dirigé leurs recherches vers les résolutions des
« équations numériques, c'est-à-dire de celles provenant d'un
« problème dont les données sont exprimées par des nombres
« particuliers, etc., etc. »

Plus on acquiert en arithmétique moins on a à acquérir en algèbre ; l'application des principes, l'ordre des calculs à effectuer sont essentiellement les mêmes ; ce n'est que par la connaissance approfondie des règles de l'arithmétique et des théorèmes qui s'y rapportent qu'on peut se rendre raison des connaissances qu'on doit acquérir pour arriver aux considérations générales et abstraites du calcul littéral.

Les hautes sciences qui nécessitent une étude approfondie des procédés algébriques sont le partage du plus petit nombre, tandis que les connaissances arithmétiques qui ne sauraient avoir trop de développements doivent être le partage de tous.

L'application de l'algèbre à l'arithmétique est un contre-sens, c'est renverser l'ordre naturel qui doit exister entre ces deux sciences, c'est suivre une marche rétrograde et contraire aux progrès.

Dans tous les problèmes dont je donne les solutions, je ne veux faire que de l'arithmétique et rien de plus ; je veux prouver que la connaissance de l'algèbre est au moins inutile pour résoudre les problèmes purement numériques de tous les degrés, quelque compliqués qu'ils soient, et qu'il suffit d'avoir les seules connaissances que l'on acquiert par l'étude des règles les plus élémentaires de l'arithmétique, pour atteindre ce but d'une manière plus simple et plus facile.

Si par les moyens que j'indique, si par l'emploi de la méthode des facteurs correspondants dont je donne le développement plus loin, on parvient sans peine à des résultats semblables à ceux qu'on obtiendrait par les calculs et les combinaisons si compliqués de l'algèbre, mon but sera rempli; en augmentant le domaine de l'arithmétique, en lui restituant ce qui lui revient de droit, je n'aurai rien diminué de celui du calcul algébrique ou littéral qui, surtout dans son application à la géométrie, à la mécanique, à l'astronomie, etc., rend des services bien plus importants que ceux qu'on peut en tirer par son application à l'arithmétique ou au calcul numéral.

D'après tout ce qui vient d'être dit et démontré, l'on voit à quelles conditions une équation numérique peut devenir une équation algébrique ou littérale, et réciproquement.

1° En substituant dans la première les quantités connues aux signes qui les représentent:

2° En substituant dans la seconde les signes abstraits aux quantités connues qui les représentent.

Il résulte des remarques faites ci-dessus que les problèmes et les questions données pour exemples dans tous les traités d'algèbre sont par le fait même des problèmes arithmétiques dont les solutions doivent se déduire des formules algébriques qui, dans ce cas, ne sont qu'une indication précise des calculs numériques à effectuer, ou l'expression la plus simple de l'énoncé.

On trouvera dans la septième édition du *Recueil de problèmes*, dont le présent ouvrage est le complément indispensable, tout ce qui a rapport à la résolution des équations numériques des 2e et 3e degrés, aux quantités négatives, ainsi que l'indication des signes abréviatifs.

Je rappellerai seulement ici que dans les démonstrations, comme dans les solutions, j'ai adopté le signe $\frac{1}{1}$ qui se prononce *un unième* par opposition à *un cinquième, un septième*, etc. J'ai choisi ce signe de préférence parce qu'il se prête plus que le signe x (adopté par tous les auteurs) aux transformations. Toutes fractions qui ont le dénominateur et le numérateur semblables peuvent le remplacer sans changer sa nature, ce qui donne une grande facilité pour établir les rapports de toutes sortes qui lient entre elles les quantités connues et inconnues, comme on pourra s'en convaincre dans le cours des solutions.

APPLICATION

DE

L'ARITHMÉTIQUE A L'ALGÈBRE

TABLE DES THÉORÈMES

OU

DES PRINCIPES GÉNÉRAUX POUR SERVIR D'INTRODUCTION A LA RÉSOLUTION DES ÉQUATIONS NUMÉRIQUES DE TOUS LES DEGRÉS.

I.

En ajoutant la différence de deux nombres à leur somme on obtient le double du plus grand.

En la retranchant on obtient le double du plus petit.

II.

En retranchant la somme de deux nombres du double du plus grand on obtient la différence.

III.

En ajoutant la $\frac{1}{2}$ somme de deux nombres à leur $\frac{1}{2}$ différence on obtient le plus grand.

En retranchant la $\frac{1}{2}$ différence de la $\frac{1}{2}$ somme on obtient le plus petit.

IV.

En ajoutant ou retranchant à chacun de deux nombres une même quantité, la différence reste la même, ainsi :

L'égalité de deux nombres n'est pas détruite lorsqu'on leur ajoute ou qu'on leur retranche une quantité semblable.

V.

En augmentant ou diminuant le plus grand de deux nombres, leur différence augmente ou diminue dans les mêmes proportions.

Si on augmente ou diminue le plus petit, la différence éprouve un changement contraire, c'est-à-dire qu'elle augmente de la même quantité dont le nombre a été diminué ou qu'elle diminue de la même quantité dont il a été augmenté.

VI.

Lorsque la différence de deux nombres est paire, leur somme est paire, de même qu'elle est impaire lorsque la somme est impaire.

VII.

En multipliant ou divisant par un nombre chacune des quantités qui forment un total, ce total est multiplié ou divisé par le même nombre.

VIII.

En multipliant ou divisant un total par un nombre, pour que les quantités qui l'ont formé donnent une somme semblable au nouveau total, il faut qu'elles soient ou divisées ou multipliées par le même nombre.

IX.

Quel que soit l'ordre dans lequel on dispose les facteurs d'un produit pour le multiplier, ce produit ne change pas.

X.

En multipliant successivement plusieurs quantités par un nombre, pour avoir le total de leur produit, on obtient le même résultat que si l'on multipliait le total primitif par le même nombre. C'est-à-dire que la somme des produits par un nombre est égale au produit de leur somme par le même nombre.

XI.

En divisant successivement plusieurs quantités par un même nombre, pour avoir le total des quotients, on obtient le même résultat que si on divisait la somme de ces quantités par le même nombre.

XII.

En multipliant le multiplicateur par un nombre, pour que le produit ne change pas, il faut diviser le multiplicande par le même nombre, et réciproquement.

XIII.

En multipliant ou divisant les deux facteurs d'un produit, chacun par un nombre, que les nombres soient égaux ou non, le produit est multiplié ou divisé par le produit de ses nombres.

XIV.

En multipliant ou divisant le produit par un nombre, l'un des deux facteurs seulement est multiplié ou divisé par le même nombre.

XV.

En multipliant ou divisant les deux facteurs d'un produit par un même nombre, le produit est multiplié ou divisé par le carré du même nombre. Réciproquement :

XVI.

En multipliant ou divisant un produit par un carré, chacun des deux facteurs est divisé par la racine de ce carré.

XVII.

En multipliant la somme de deux facteurs par un nombre, chacun des facteurs se trouve multiplié par le même nombre, de même qu'en la divisant, chaque facteur est divisé par ce même nombre.

Il en est de même pour la différence, c'est-à-dire qu'en la divisant ou la multipliant par un nombre, les facteurs relatifs sont divisés ou multipliés par le même nombre, et réciproquement en multipliant ou divisant chaque facteur, la somme ou la différence est multipliée ou divisée, etc.

XVIII.

Multiplier un nombre par un autre c'est l'ajouter à lui-même autant de fois moins une qu'il y a d'unités dans le multiplicateur. Ainsi, le produit de deux nombres, quels qu'ils soient, est égal au plus petit répété autant de fois qu'il y a d'unités dans le plus grand, ou au plus grand répété autant de fois qu'il y a d'unités dans le plus petit; d'où il résulte que :

XXIX.

En divisant la somme de deux nombres par leur quotient augmenté d'un, on obtient le plus petit, de même qu'en divisant leur différence par leur quotient diminué d'un.

XX.

En principe, la division donne pour quotient et relativement au dividende, une augmentation lorsque le diviseur est plus grand que l'unité, une diminution lorsqu'il est plus grand et une égalité lorsqu'il est l'unité.

XXI.

Quel que soit le nombre qu'on ajoute à l'un des facteur d'un produit, ce produit est augmenté d'autant de fois l'autre facteur qu'il y a d'unités dans le nombre ajouté, et réciproquement il est diminué d'autant de fois l'autre facteur qu'il y a d'unités dans le nombre retranché. (Voir les solutions des questions pour l'application de ce principe et le n° suivant.)

XXII.

En ajoutant à un produit augmenté du carré de $1 = 1^2$, la somme de ses deux facteurs, chacun de ces facteurs se trouve augmenté d'un.

En ajoutant deux fois la somme $+ 2^2$, trois fois $+ 3^2$, quatre fois $+ 4^2$, etc., chaque facteur est augmenté de $2, 3, 4$ unités etc. Par réciproque :

En retranchant du produit augmenté de $1^2, 2^2, 3^2, 4^2$, etc., la somme de ses deux facteurs ou son double ou son triple ou son quadruple, etc., chaque facteur se trouve diminué de $1, 2, 3, 4$ unités, etc. (Voir le n° précédent et les solutions des questions ci-après.)

XXIII.

En ajoutant le carré du plus petit de deux nombres à leur produit, on obtient le produit de leur somme par ce même nombre ; réciproquement en retranchant du carré de la somme par le plus petit nombre, le carré de ce même nombre, on obtient leur produit.

XXIV.

En retranchant le produit de deux nombres du carré du plus grand, on obtient le produit de ce nombre par leur différence. Par réciproque :

En ajoutant au produit de deux nombres le produit du plus grand par leur différence, on obtient le carré de ce même nombre. (Voir le n° précédent.)

XXV.

Dans toutes divisions, le diviseur multiplié par le quotient donne le dividende pour produit.

XXVI.

En divisant ou multipliant le dividende par un nombre sans toucher au diviseur, le quotient est divisé ou multiplié par le même nombre.

XXVII.

En divisant un diviseur par un nombre sans toucher au dividende, le quotient est multiplié par le même nombre; de même qu'en multipliant le diviseur, le quotient est divisé par le même nombre.

XXVIII.

En divisant ou multipliant le diviseur et le dividende par un même nombre, le quotient ne change pas, c'est-à-dire que le rapport de deux quantités ne change pas lorsqu'on les multiplie ou qu'on les divise par un même nombre; car le rapport de deux quantités peut toujours être exprimé par le quotient qui reste le même.

XXIX.

En divisant le produit de deux nombres par leur quotient, on obtient le carré du plus petit, et réciproquement : en multipliant le produit par le quotient, on obtient le carré du plus grand. Ainsi l'on peut établir en principe que le carré du plus petit de deux facteurs est égal au quotient de leur produit par leur quotient, de même que le carré du plus grand est égal au produit de leur produit par leur quotient.

XXX.

Le carré du produit de deux nombres est égal au produit de leurs carrés, conséquence du principe établi (n° IX).

Les nombres étant 3 et 4, le produit est $\overline{3\times4}=12$ et le carré du produit est $\overline{3\times4}+\overline{3\times4}$, en transposant les facteurs, on aura $\overline{3\times3}+\overline{4\times4}$, dont le produit 144 est le produit de 9 par 16. Par la même analogie :

XXXI.

Le cube du produit de deux nombres est égal au produit de leurs cubes.

3 et 4 étant les deux facteurs $\overline{3\times4}\times\overline{3\times4}\times\overline{3\times4}$
$=1728=3\times3\times3\times4\times4\times4=27\times64$.

XXXII.

Le produit de la somme de deux nombres par leur différence est égal à la différence de leurs carrés.

Soient 2 et 3 les deux nombres, leur somme est $3+2$, et leur différence $3-2$, par suite :

$$\overline{3+2}\times\overline{3-2}=3^2+6-2^2-6 \text{ qui se réduit à } 3^2$$
-2^2 et à $(+6-6)=0$.

Ainsi le produit de la somme par la différence est bien égal à la différence des carrés.

On pourrait dire aussi, les deux nombres étant 3 et 8, leur somme et leur différence sont 11 et 5, $\overline{11\times5}=55=8^2-3^2$
$=64-9$.

Il résulte de cette égalité, que :

1° En divisant la différence des carrés par la différence des racines, on obtient la somme de ces racines.

2° En divisant la différence des carrés par la somme des racines, on obtient la différence des racines.

XXXIII.

En divisant la somme des carrés des deux nombres par le carré plus un de leur quotient, on obtient le carré du plus petit, de même qu'en divisant la différence des carrés par le carré moins un de leur quotient.

La somme des carrés et le quotient des racines étant 153 et 4, on aurait :

$$153 : (4^2+1)=153 : 17=9. \quad 153-9=144.$$
$$\text{Les racines sont } \sqrt{9}=3 \text{ et } \sqrt{144}=12.$$

Pour 73 et $2\frac{1}{3}$, on aurait :

$$73 : \tfrac{8}{3}^2+1=73 : \tfrac{64}{9}+\tfrac{9}{9}=73 : \tfrac{73}{9}=73\times\tfrac{9}{73}=9. \quad 73-9=64.$$
$$\text{Les racines sont } \sqrt{64}=8 \text{ et } \sqrt{9}=3.$$

Pour 135 différence des carrés et 4 quotient, on aurait :

$$135 : 4^2 - 1 = 135 : 15 = 9. \quad 135 + 9 = 144.$$

Les nombres sont $\sqrt{9} = 3$ et $\sqrt{144} = 12$ pour 55 et $2\frac{2}{3}$, on aurait :

$$55 : \tfrac{8}{3}{}^2 - 1 = 55 : \tfrac{64}{9} = 55 \times \tfrac{9}{55} = 9. \quad 55 + 9 = 64.$$

Les nombres sont 3 et 8, etc.

XXXIV.

En retranchant de la somme des carrés de deux nombres le carré de leur différence, on obtient le double de leur produit.

La somme des carrés étant 73 et la différence des racines 5, on aurait :

$$73 - 5^2 = 73 - 25 = 48, \quad 48 : 2 = 24 = \text{le produit, etc.}$$

Pour déterminer les facteurs du produit, connaissant la différence ou la somme, voir ci-après, n° XXXVII.

XXXV.

En ajoutant au double du produit de deux nombres le carré de leur différence, on obtient la somme de leurs carrés.

La différence étant 5 et le produit 24, on aurait immédiatement :

$$24 \times 2 + 5^2 = 48 + 25 = 73. = \text{la somme des carrés.}$$

Par suite (XXXIV), $73 + 48 = 121 =$ le carré de la somme des racines dont la différence est 5; ces racines sont donc :

$$\frac{11 + 5}{2} = 8 \text{ et } 11 - 8 = 3. \text{ Rréciproquement :}$$

En ajoutant à la somme du carré le double du produit, on obtient le carré de la somme des racines.

De même qu'en retranchant de la somme des carrés le carré de la différence des racines, on obtient le double de leur produit :

153 et 36 étant la somme des carrés et le produit, on aura :

$$\sqrt{153 + 72} = \sqrt{225} = 15 = \text{la somme des racines.}$$

$$\sqrt{153 - 72} = \sqrt{81} = 9 = \text{la différence des racines.}$$

$$\frac{15 + 9}{2} = 12. \qquad 15 - 12 = 3. \qquad \text{racines 3 et 12.}$$

XXXVI.

En retranchant du double de la somme des carrés de deux nombres le carré de leur différence, on obtient le carré de leur somme; de même que :

En retranchant du double de la somme des carrés le carré de la somme des racines, on obtient le carré de la différence.

Soient 3 et 8 les nombres, la somme 11 et la différence 5.

$$\frac{11^2 + 5^2}{2} = 73; \quad 73 \times 2 - 5^2 = 146 - 25 = 121.$$

$$\sqrt{121} = 11, \text{ etc.}$$

XXXVII.

En retranchant du carré de la somme de deux nombres le quadruple de leur produit, on obtient le carré de leur différence.

Par réciproque :

En retranchant du carré de la somme le carré de la différence, on obtient le quadruple du produit.

Le produit et la somme étant 24 et 11, on aura :

$1°\ \sqrt{11^2 - 24 \times 4} = \sqrt{25} = 5 =$ la différence relative à la somme 11.

$$\text{Les facteurs sont } \frac{11 - 5}{2} = 3 \text{ et } 11 - 3 = 8.$$

Connaissant la différence 5 au lieu de la somme 11, on aurait :

$\sqrt{5^2 + 24 \times 4} = \sqrt{121} = 11 =$ la somme relative à la différence 5.

Comme dessus les facteurs sont 3 et $3 + 5 = 8$.

XXXVIII.

Par réciproque du numéro précédent, en retranchant du carré de la somme de deux nombres le carré de leur différence, on obtient le quadruple de leur produit.

Les facteurs étant 3 et 8, leur somme est 11 et leur différence 5.

$$11^2 - 5^2 = 121 - 25 = 96; \quad 96 : 4 = 24 = 3 \times 8.$$

XXXIX.

Par réduction sur les deux théorèmes précédents, on peut établir en principe :

1° Qu'en retranchant le produit de deux nombres du carré de leur demi-somme, on obtient le carré de leur demi-différence.

2° Qu'en ajoutant au produit le carré de leur demi-différence, on obtient le carré de leur demi-somme.

3° Et enfin qu'en retranchant du carré de la demi-somme le carré de la demi-différence, on obtient le produit.

Soient les nombres 4 et 12, leur somme est 16, leur produit 48 et leur différence 8.

$$1° \ \sqrt{64 - 48} = \sqrt{16} = \text{la } \tfrac{1}{2} \text{ différence.}$$
$$2° \ \sqrt{48 + 4^2} = \sqrt{64} = 8 = \text{la } \tfrac{1}{2} \text{ somme.}$$
$$3° \ 8^2 - 4^2 = 64 - 16 = 48 = \text{le produit.}$$

XL.

Un carré ne peut être terminé que par les chiffres 1. 4. 5. 6 et 9 ou par un nombre pair de zéros.

La réciproque n'a pas lieu, mais tout nombre terminé par 2. 3. 7 ou 8 ne peut être un carré, il n'y a pas d'exception. Les chiffres 1. 4. 5 et 9 doivent être précédés d'un chiffre pair, 6 doit être précédé d'un chiffre impair. Quel que soit le nombre pair des zéros, il doit être précédé d'un carré exact.

XLI.

Tout nombre carré quel qu'il soit est la somme de deux carrés, c'est-à-dire que tout nombre carré peut être divisé en deux autres carrés.

Si le carré donné est divisible par 5, les racines des deux carrés sont exprimées par des nombres entiers. S'il n'est pas divisible par 5, les racines sont exprimées par des nombres décimaux exacts qui peuvent être considérés comme des nombres entiers et positifs ;

Soit 25 le carré donné, les racines des deux carrés sont :
$$5 \times \tfrac{4}{5} \text{ et } 5 \times \tfrac{3}{5} = \tfrac{20}{5} \text{ et } \tfrac{15}{5} = 4 \text{ et } 3.$$

Pour le carré 100 elles seraient :

$$10 \times \tfrac{4}{3} \text{ et } 10 \times \tfrac{5}{3} = \tfrac{40}{3} \text{ et } \tfrac{50}{3} = 8 \text{ et } 6.$$

On voit que, dans tous les cas, les $\tfrac{4}{3}$ de la racine du carré donnent la racine du plus grand des deux carrés ; cette même racine multipliée par $\tfrac{3}{3}$ donne la racine du plus petit.

Pour 64 on aura $8 \times \tfrac{4}{3}$ et $8 \times \tfrac{3}{3} = 6, 4$ et $4, 8$ pour les deux racines demandées.

Pour 144 on aurait $12 \times \tfrac{4}{3}$ et $12 \times \tfrac{3}{3} = 9, 6$ et $7, 2$; dans tous les cas, la plus grande racine étant déterminée, les $\tfrac{3}{4}$ donnent la plus petite.

Ainsi : tout nombre divisible par 4 peut être la plus grande des deux racines dont la somme des carrés est un carré.

12 étant pris pour la plus grande racine, 9 sera la plus petite, et la somme des carrés sera $144 + 81 = 225$ dont la racine est 15.

Par la même raison tout nombre divisible par 3 pourra être la plus petite racine, et en l'augmentant de son tiers on obtiendra le plus grand.

15 étant la plus petite racine, $15 + \tfrac{15}{3} = 15 + 5 = 20$ sera la plus grande, la somme de leurs carrés sera $225 + 400 = 625$ dont la racine est 25.

On reconnaîtra de même que tout nombre divisible par 5 pourra être pris pour la racine du plus grand carré qui doit être la somme des deux plus petits.

Soit le nombre 20 pris pour la plus grande racine.

$$20 : 5 = 4 \quad\quad 4 \times 4 = 16 \quad\quad 3 \times 4 = 12.$$

Les trois racines sont : 12. 16 et 20

$$12^2 + 16^2 = 144 + 256 = 400 \quad\quad \sqrt{400} = 20.$$

Les nombres 3. 4 et 5 qui forment une progression par différence sont les plus petites racines qu'on puisse obtenir $3^2 + 4^2 = 5^2$.

Tous les multiples de cette progression donnent une solution en nombres entiers. La multiplication par 2 donnerait 6. 8 et 10. Pour les racines, la division par 3 donnerait $\tfrac{3}{3}\,\tfrac{4}{3}\,\tfrac{5}{3}$ dont les carrés sont $\tfrac{9}{9}\,\tfrac{16}{9}\,\tfrac{25}{9}$; $\tfrac{16}{9} + \tfrac{9}{9} = \tfrac{25}{9}$, etc., etc.

(Voir ci-après les théorèmes relatifs à la formation en nombres entiers des triangles rectangles).

XLII.

Tout nombre divisible par 5 ou par un carré augmenté d'un, peut être la somme de deux facteurs ayant un carré pour produit ; de même que tous nombres divisibles par 3 ou par un carré diminué d'un peuvent être la différence de deux facteurs dont le produit est un carré.

51 n'étant pas divisible par 5 doit être divisé par un carré augmenté d'un ; $51 : 16 + 1 = 51 : 17 = 3 =$ la plus petite partie.

$51 - 3 = 48 =$ la plus grande. $48 \times 3 = 144$, etc.

Si 51 était la différence des deux nombres dont le produit est un carré, le nombre étant divisible par 3, on a $51 : 3 = 17 =$ la plus petite partie.

$17 + 51 = 68 =$ la plus grande. $17 \times 68 = 1156 \ \sqrt{1156} = 34.$

(Voir les solutions relatives dans la suite des problèmes).

XLIII.

La différence de deux carrés consécutifs est égale au double, plus un, de la racine du plus petit.

$$144 + \overline{12 \times 2} + 1 = 144 + 25 = 169 = 13^2.$$

Ainsi lorsqu'un carré est augmenté d'un nombre moindre que le double de sa racine, cette racine reste la même et l'extraction donne un reste égal au nombre dont le carré a été augmenté ; ici la différence des racines est l'unité.

La différence qui existe entre deux carrés pairs ou impairs qui se suivent, et dont la différence des racines est 2, est égale au quadruple de la plus petite racine augmenté du carré de leur différence ou de $2^2 = 4$.

5 étant la plus petite racine, le carré de $7 = 5^2 + \overline{5 \times 4} + 4 = 25 + 24 = 49.$

8 étant la plus petite racine, le carré de $10 = 8^2 + 8 \times 4 + 4 = 64 + 36 = 100.$

13 étant la plus petite racine le carré de $15 = 13^2 + 13 \times 4 + 4 = 169 + 56 = 225$, etc.

Par réciproque :

En retranchant du plus grand carré le double de sa racine diminuée d'un, on obtient le plus petit.

$$13^2 - \overline{26 - 1} = 169 - 25 = 144 = 12^2.$$

De même que :

$$12^2 - \overline{48 - 4} = 144 - 44 = 100 = 10^2.$$

$$13^2 - \overline{52 - 4} = 169 - 48 = 121 = 11^2.$$

XLIV.

En augmentant un carré d'un certain nombre de fois sa racine, on détruit l'égalité qui existe entre les deux facteurs du produit ou du carré.

Si on voulait connaître le total du carré de 13 et de 17 fois sa racine, on aurait $13 \times \overline{13 + 17} = 13 \times 30 = 390 = 169 + 121$.

Ainsi lorsqu'on dit que le total d'un carré est de 4 fois, sa racine est 96 : c'est dire bien positivement que la différence des deux facteurs de 96 est 4, et que le plus petit est la racine carrée primitive.

Pour déterminer la différence qui existe entre le carré de 13 et 11 fois sa racine, on aurait :

$$13 \times 13 - 11 = 13 \times 2 = 26, \text{ etc.}$$

XLV.

Tout nombre carré quel qu'il soit donne la somme d'une suite de nombres impairs établis dans leur ordre naturel à partir de 1. Sa racine indique de combien de nombres la suite est composée.

$11^2 = 121 =$ la somme des 11 premiers nombres impairs.

$\sqrt{169} = 13$ indique qu'il faut 13 nombres impairs à partir de 1 pour que leur somme soit 169.

Il en faudrait $\sqrt{196} = 14$ pour que leur somme fût 196.

XLVI.

Tout carré quel qu'il soit augmenté de sa racine donne la somme exacte d'une suite de nombres pairs établis dans leur ordre naturel à partir de 2 ; sa racine indique de combien de nombres la suite est composée : $11^2 + 11 = 132 =$ la somme des onze premiers nombres pairs.

Ainsi le produit de 2 nombres quels qu'ils soient, qui ont l'unité pour différence, donne la somme d'une suite de nombres pairs ; le plus petit indique de combien de nombres la suite est composée :

$6 \times 7 = 42 =$ la somme des 6 premiers nombres pairs ;
$12 \times 13 = 156 =$ celle des 12 premiers.

XLVII.

La somme des 6 premiers nombres est égale à la moitié de la somme des 6 premiers nombres pairs ; ainsi le théorème relatif est absolument le même que le précédent.

La somme des 6 premiers nombres pairs $= 6 \times 7 = 42$.

Celle des 6 premiers nombres $= \dfrac{6 \times 7}{2} = 21 = 7 \times 3$.

C'est-à-dire que dans tous les cas le plus grand nombre, augmenté d'un et multiplié par sa moitié, donne la somme de la suite :

$12 + 1 \times 6 = 78 =$ la somme des 12 premiers nombres.

$78 \times 2 = 156 =$ la somme des 12 premiers nombres pairs $= 13 \times 12$.

(Voir les deux numéros précédents).

XLVIII.

La somme des carrés d'une suite de nombres établis dans leur ordre naturel, à partir de 1, est égale au tiers de la somme de leurs racines multiplié par le double, plus un, de la plus grande.

Ou plus simplement, par suite des réductions qui peuvent s'opérer sur l'équation primitive, l'on peut établir en principe, que le tiers du produit de trois facteurs qui ont entre eux $\frac{1}{2}$ de différence, donne la somme exacte des carrés d'une suite de nombres dans leur ordre naturel, à partir du carré de 1 ; le plus petit de ces facteurs indique de combien de carrés la suite est composée.

Cette manière d'opérer est la plus simple et la plus facile, parce que, quoiqu'opérant sur un nombre fractionnaire, la division par 3 peut toujours s'effectuer sur l'un des facteurs du produit, ce qui dans tous les cas réduit l'opération à une simple multiplication.

$$\frac{7 \times 7\frac{1}{2} \times 8}{3} = 7 + 2\frac{2}{2} \times 8 = 7 \times 20 = 140 =$$ la somme

des 7 premiers carrés.

$$\frac{12 \times 12\frac{1}{2} \times 13}{3} = 4 \times 12\frac{1}{2} \times 13 = 50 \times 13 = 650 =$$ la somme

des 12 premiers carrés.

$$\frac{14 \times 14\frac{1}{2} \times 15}{3} = 14 \times 14\frac{1}{2} \times 5 = 70 \times 14\frac{1}{2} = 1015 =$$ la

somme des 14 premiers carrés.

XLIX.

La sixième partie du produit de trois nombres qui se suivent immédiatement donne toujours la somme exacte d'une suite de carrés pairs ou impairs, suivant que le plus petit de ces trois nombres est pair ou impair.

$$1° \ \frac{5 \times 6 \times 7}{6} = 7 \times 5 = 35 =$$ la somme des 3 premiers carrés

impairs.

$$2° \ \frac{6 \times 7 \times 8}{6} = 7 \times 8 = 56 =$$ la somme des 3 premiers carrés

pairs.

$$3° \ \frac{13 \times 14 \times 15}{6} = 13 \times 7 \times 5 = 13 \times 35 = 455 \text{ la somme}$$

des 7 premiers carrés impairs.

$$4° \ \frac{12 \times 13 \times 14}{6} = 2 \times 13 \times 14 = 364 =$$ la somme des 6 pre-

miers carrés pairs.

La moitié exacte du plus petit facteur pair indique le nombre des carrés dont la suite se compose.

La plus grande moitié du plus petit facteur impair donne le nombre des carrés impairs.

L.

Maintenant en comparant cette dernière équation à celle du n° XLVIII, qui détermine une suite de carrés, on verra que l'opération est absolument la même et que la dernière est quadruple de la première. C'est-à-dire qu'en divisant la somme des 6 premiers carrés pairs par 4, on obtient la somme des 6 premiers carrés, et qu'en multipliant par 4 celle des 6 premiers carrés on obtient celle des 6 premiers carrés pairs.

$$\frac{12 \times 12\frac{1}{2} \times 13}{3} \times 4 = \frac{24 \times 25 \times 26}{6} = 2600 = \text{la somme des}$$

12 premiers carrés pairs.

$$\frac{24 \times 25 \times 26}{6 \times 4} = \frac{12 \times 12\frac{1}{2} \times 13}{3} = 650 = \text{la somme des 12}$$

premiers carrés.

(Voir les deux numéros précédents).

Ainsi pour déterminer la somme des treize premiers carrés il serait plus simple d'établir l'équation relative aux carrés pairs ; alors on aurait :

$$\frac{26 \times 27 \times 28}{6 \times 4} = \frac{26 \times 27 \times 7}{6} = 13 \times 9 \times 7 = 13 \times 63 = 419.$$

$$\text{ou } \frac{13 \times 13\frac{1}{2} \times 14}{3} = 13 \times 4\frac{1}{2} \times 14 = 13 \times 63, \text{ etc.}$$

On voit que dans ces deux cas le résultat est le même ; on peut donc dire que la 24e partie du produit de trois nombres qui se suivent immédiatement donne la somme exacte des carrés d'une suite de nombres établis dans leur ordre naturel à partir de 1. La moitié du plus petit facteur indiquerait alors de combien de carrés la suite est composée.

Soit à déterminer le somme des 17 premiers carrés :

$$\frac{34 \times 35 \times 36}{3 \times 8} = \frac{17 \times 35 \times 9}{3} = 17 \times 35 \times 3 = 105 \times 17 = 1785.$$

Les divisions par 3 et par 8 ou par 4 et par 6 pouvant toujours s'effectuer sur les facteurs du produit, il en résulte que cette opération est plus simple et plus facile à résoudre que $\frac{17 \times 17\frac{1}{2} \times 18}{3}$, etc. (Voir les n^{os} précédents).

LI.

La somme des cubes d'une suite de nombres à partir de 1 est égale au carré de la somme de leurs racines ; pour les 6 premiers cubes on aurait pour la somme des racines, $\overline{6+1} \times 3 = 21$

(XLVII), $21^2 = 441 =$ la somme des 6 premiers cubes. Celle des 12 premiers serait : $(\overline{12+1} \times 6)^2 = 78^2 = 6084$.

LII.

La somme des cubes d'une suite de nombres pairs à partir de 2 est égale au double du carré de la somme de leurs racines ; pour les 6 premiers cubes pairs on aura $\overline{6+1} \times 6 = 42 =$ la somme des racines, $42^2 \times 2 = 3528 = $ (LI) $441 \times 8 = 441 \times 2^3$.

On voit que ce théorème est le même que le précédent, et qu'en multipliant par 2^3 ou par 8 la somme des 6 ou des 10 premiers cubes on obtient la somme des 6 ou des 10 premiers cubes pairs ; de même qu'en divisant par 2^3 ou par 8 la somme des cubes pairs on obtient la somme des cubes, etc.

$(\overline{13+1} \times 13)^2 \times 2 = 33124 \times 2 = 66248 =$ la somme des 13 premiers cubes pairs. $\dfrac{66248}{8} = 8281 =$ la somme des 13 premiers cubes. $13 + 1 \times \overline{6\frac{1}{2} \text{ ou } 7} \times 13 = 91$; $91^2 = 8281 =$ la somme des 13 premiers cubes comme dessus.

LIII.

La somme des cubes d'une suite de nombres impairs, à partir de 1, est égale à la somme de leurs racines multipliée par le double moins un de cette même somme.

On pourrait dire plus simplement : en multipliant un carré quel qu'il soit par son double diminué d'un, on obtient la somme d'une suite de cubes impairs qui se suivent à partir de 1. La racine du carré indique de combien de cubes cette suite est composée.

$11^2 \times (11^2 \times 2) - 1 = 121 \times 241 = 29161 =$ la somme des 11 premiers cubes.

$100 \times 199 = 199000 =$ la somme des 10 premiers cubes impairs.

$14 \times 2 = 28 =$ la somme des 2 premiers, etc.

$5041 \times 10081 = 50823362 =$ la somme des 71 premiers cubes impairs. $\sqrt{5041} = 71$.

LIV.

En divisant la somme des 2 cubes par la somme de leurs racines le quotient est égal à la différence qui existe entre le carré de la somme de leurs racines et le triple de leur produit. D'où il résulte que :

1° En retranchant le quotient du produit il reste le carré de la différence.

2° En retranchant du quotient le carré de la différence il reste le produit.

3° En retranchant le quotient du carré de la somme il reste le triple du produit.

Soient 3 et 5 les racines :

$$(3^3 + 5^3) : 3 + 5 = \frac{27 + 125}{8} = 19 ;$$

$$\overline{3^2 + 5^2} - 19 = 64 - 19 = 45. \quad 45 : 3 = 15 = \text{le produit.}$$

Ou

$$19 - 15 = 4 = \text{le carré de la différence des racines.}$$

Ou

$$19 - 2^2 = 19 - 4 = 15 = \text{le produit.}$$

Connaissant la somme des racines 8 et la somme des cubes 152.

$$152 : 8 = 19 \quad \frac{64 - 19}{3} = 15 = \text{le produit.} \quad 19 - 15 = 4 = \text{le}$$

carré de la différence des racines qui sont $\dfrac{8 + 2}{2}$ et $\dfrac{8 - 2}{2} = 5$

et 3, etc. (Voir le n° suivant).

LV.

En divisant la différence de deux cubes par la différence de leurs racines, si l'on retranche du quotient le carré de la différence, le reste est égal au triple du produit dont on connaît la différence des facteurs : ainsi, comme au numéro précédent, la différence des deux cubes est le produit de deux facteurs dont le plus petit est la différence au lieu d'être la somme.

Soient 5 et 485 la différence des racines et des cubes on aura :

$$485 : 5 = 97. \; 97 - 25 = 72. \; 72 : 3 = 24 = \text{le produit des deux}$$

racines dont la différence est 5.

$$\sqrt{5^2} + 24 \times 4 \sqrt{121} = 11 = \text{la somme des 2 facteurs dont}$$

la différence est 5, etc.

On verra ci-après dans les solutions analogues données par la méthode des facteurs correspondants, qu'il suffit de connaître la somme ou la différence des cubes pour déterminer les racines d'une manière directe et positive.

LVI.

En ajoutant à un cube quel qu'il soit le triple, plus un, de son carré et de sa racine, on obtient le cube qui le suit immédiatement.

	Le cube de 12	1728.
$(\overline{144 + 12} \times 3) + 1$		469.
	Cube de 13	2197.
$(\overline{169 + 13} \times 3) + 1$		547.
	Cube de 14	2544.
$(\overline{196 + 14} \times 3) + 1$		631.
	Cube de 15	3175, etc.

DES PROPORTIONS.

LVII.

1° Le produit des extrêmes est égal au produit des moyens.

2° Le produit des quatre termes est égal au carré du produit des extrêmes et des moyens.

Soit la proportion $2 : 5 :: 6 : 15$.

$$1° \quad 5 \times 6 = 30 = 2 \times 15.$$
$$2° \quad 2 : 5 = 6 : 15 = \tfrac{2}{5} = \tfrac{6}{15}.$$
$$3° \quad 2 \times 5 \times 6 \times 15 = (5 \times 6)^2 \text{ ou } (2 \times 15)^2.$$

Par transposition des facteurs, on a $5 \times 6 \times 2 \times 15 = 30 \times 30$, etc.

LVIII.

Dans toutes proportions, la différence qui existe entre le total des carrés de la somme des extrêmes et des moyens et la somme des carrés de la proportion, est égale au quadruple du produit des extrêmes et des moyens.

Ce théorème se rapporte au n° XXXVII : on opère ici sur des carrés au lieu d'opérer sur des nombres simples.

Soit la proportion :

$$2 : 5 :: 6 : 15.$$

$$(11^2 + 17^2) - (4 + 25 + 36 + 225) = 410 - 290 = 120.$$

$$120 : 4 = 30 = 2 \times 15 \text{ ou } 5 \times 6.$$

Par réciproque :

LIX.

En retranchant le quadruple du produit des extrêmes ou des moyens, du total du carré de la somme des extrêmes et des moyens, on obtient la somme des carrés de la proportion; de même que :

En ajoutant le quadruple du produit des extrêmes ou des moyens à la somme des carrés de la proportion, on obtient le total des carrés de la somme des extrêmes et des moyens.

La proportion étant $2 : 5 :: 6 : 15$,

On aura :

1° $(11^2 + 17^2) - 30 \times 4 = 410 - 120 = 290 = (2^2 + 5^2 + 6^2 + 15^2)$.

2° $(\overline{30 \times 4} + 290) = 410 = 11^2 + 17^2$.

(Voir ci-après les solutions des problèmes relatifs).

PROGRESSIONS PAR DIFFÉRENCE.

LX.

Lorsque le nombre des termes est pair, la somme des extrêmes est égale à celle des moyens.

Lorsque le nombre est impair, la somme des extrêmes est double du terme moyen.

Soient les deux progressions :

$$3.5.7.9.11.13$$

$$\text{Et } 3.5.7.9.11.13.15.$$

$$7 + 9 = 16 = 3 + 13$$

$$3 + 15 = 18 = 9 \times 2.$$

LXI.

La somme d'une progression par différence est égale à la somme des extrêmes multipliée par la moitié du nombre qui représente les termes, ou, elle est égale à la demi-somme des extrêmes multipliée par le nombre des termes.

Soit la progression $4.7.10.13.16.19$.

$1°\ 4 + 19 \times \frac{6}{2} = 23 \times 3 = 69.$

$2°\ \dfrac{19 + 4}{2} \times 6 = 19 + 4 \times 3 = 69.$

LXII.

La somme des extrêmes est égale au double du premier terme, plus la différence répétée autant de fois moins une qu'il y a de termes.

La progression étant la même que celle du n° précédent on aurait $\overline{4 \times 2} + (3 \times \overline{6 - 1}) = 8 + 15 = 19 + 4 = 23.$

LXIII.

En divisant la différence des extrêmes par le nombre moins un des termes, on obtient la différence de la progression.

La progression étant $7.11.15.19.23.27.31$.

On aura $\dfrac{31 - 7}{7 - 1} = 24 : 6 = 4,$ etc

LXIV.

En retranchant de la somme des extrêmes la différence multipliée par le nombre moins un des termes, on obtient le double du plus petit.

La progression étant celle du numéro précédent, on aura :

$$31 + 7 - 4 \times 6 = 38 - 24 = 14 = 7 \times 2.$$

LXV.

En divisant la différence des extrêmes par la différence ou la raison de la progression, on obtient le nombre moins un des termes, ou, ce qui revient au même, le quotient plus un de la différence des extrêmes par la différence de la progression est égal au nombre des termes.

Soit la progression $8.13.18.23.28.33.38$.

$$\dfrac{38 - 8}{5} = 30 : 5 = 6 = 7 - 1.$$

PROGRESSIONS PAR QUOTIENT.

LXVI.

Dans toutes progressions par quotient dont le nombre des termes est pair, le produit des extrêmes est égal au produit des moyens.

Si ce nombre est impair, le produit des extrêmes est égal au carré du terme moyen.

LXVII.

La somme des termes d'une progression par quotient est égale au produit du plus grand terme par le quotient, moins le plus petit terme, et divisée par le quotient diminué d'un.

$$\text{Soit} \quad 4 : 12 : 36 : 108 : 324 \text{ la progression}$$
$$(324 \times 3) - 4 = 968. \quad 968 : 2 = 484.$$
$$4 + 12 + 36 + 108 + 324 = 484, \text{ etc.}$$

LXVIII.

En divisant la somme des termes moins le plus petit par la somme des mêmes termes moins le plus grand, on obtient le quotient ou la raison de la progression.

Soit $4 : 12 : 36 : 108 : 324$ la progression dont la somme est 484, on aura :

$$(484 - 4) : (484 - 324) = 480 : 160 = 48 : 16 = 3 = \text{le quotient.}$$

Soit la progression $3 : 12 : 48 : 192 : 768$, dont la somme est 1023, on aura :

$$(1023 - 3) : (1023 - 768) = 1020 : 255 = 4 = \text{le quotient ou}$$
la raison, etc.

LXIX.

Comme pour les proportions, le produit de 4 nombres en progression par quotient est toujours un carré dont la racine est égale au produit des extrêmes et des moyens.

LXX.

. Dans toutes progressions par quotient dont le nombre des termes est impair, si l'on divise la somme des termes de rang pair par celle de rang impair, on obtient le quotient ou la racine de cette progression.

Lorsque le nombre des termes est pair, en divisant la somme des termes de rang impair par celle de rang pair, on obtient le quotient de la progression et un reste qui est toujours le premier terme.

Soient les deux progressions :

$$2 : 6 : 18 : 54 : 162 : 486$$
$$\text{Et } 2 : 6 : 18 : 54 : 162.$$

1° $(6+54+486):(2+18+162)=546:182=3$.

2° $(2+18+162):(6+54)=182:60=3$ et il reste **2**, le quotient est 3 et le premier terme 2.

THÉORIE DES FACTEURS CORRESPONDANTS.

Avant de développer cette théorie et pour faciliter la recherche des diviseurs, je donne ici l'indication des divers caractères auxquels on reconnaît qu'un nombre est divisible par un autre sans reste et sans fraction.

LXXI.

1° Un nombre terminé par un chiffre pair est au moins divisible par 2.

2° Tout nombre pair dont la somme des chiffres pris comme unités est 3 ou un de ses multiples est divisible par 6; s'il est impair il n'est divisible que par 3.

3° Un nombre est divisible par 5 lorsque son dernier chiffre de droite est un 5 ou un zéro.

4° Un nombre est divisible par 9 lorsque la somme de ses chiffres pris comme des unités est 9 ou un de ses multiples.

5° Un nombre terminé par un ou plusieurs zéros est divisible par 10 autant de fois facteur qu'il y a de zéros. Donc tous les nombres terminés par des zéros sont divisibles par 10, 100, 1000, etc., et la division s'effectue en retranchant 2, 3, 4, etc., zéros.

6° Un nombre dont la somme des chiffres de rang impair est égale à celle de rang pair est divisible par 11; si la différence qui existe entre les deux sommes est 11 ou un de ses multiples, il jouit de la même propriété.

LXXII.

1° Le plus petit de deux facteurs ne peut jamais être plus grand que les racines du plus grand carré contenu dans leur produit.

2° Lorsque le diviseur est plus grand que la moitié du dividende, le quotient ne peut être exprimé par un nombre entier.

LXXIII.

Facteurs correspondants.

En multipliant 3 par 4 le quotient est 12; 3 et 4 sont les facteurs correspondants de 12 considéré comme produit; ils sont aussi les diviseurs du même nombre considéré comme dividende.

Ce raisonnement étant appliqué à tout autre nombre, il en résultera que si l'on divise un nombre par 1, 2, 3, 4, 7, 10, etc., jusqu'à ce qu'on soit arrivé à trouver les mêmes facteurs dans un sens inverse, on obtiendra tous les diviseurs en nombres entiers.

Soit le nombre 54 pris comme exemple; en le divisant par 1, 2, 3, etc., on aura successivement tous les diviseurs :

1 et 54	3 et 18
2 et 27	6 et 9

Les divisions s'effectuent d'une manière très-simple, après avoir pris la moitié, le tiers, le quart, pour diviser par 2, 3, 4, etc.; la moitié de la division par 2 donne la division par 4; ici cette dernière division ne peut avoir lieu parce que 27 n'est pas divisible exactement par 2; ainsi aucun multiple de 4 ne peut devenir diviseur, il en est de même pour 5; pour diviser par 6 on a pris la moitié de la division par 3, ce qui donne 6 et 9. 7 et 8 n'étant pas les diviseurs exacts, il reste à diviser par 9 qui est un des diviseurs déjà trouvés, d'où il résulte que le nombre 54 n'a que 8 diviseurs en nombres entiers.

LXXIV.

Pour les diviseurs en nombres entiers de 360 on aurait :

1 et 360		
2 et 180		
3 et 120		
4 et 90	de 2×2 et 180 : 2	
5 et 72		
6 et 60	de 3×2 et 120 : 3	
8 et 45	de 4×2 et 90 : 2	
9 et 40	de 3×3 et 120 : 3	
10 et 36		
12 et 30	de 6×2 et 60 : 2	ou de 4×3 et 90 : 3
15 et 24	de 5×3 et 72 : 3	ou de 3×5 et 120 : 5
18 et 20	de 9×2 et 40 : 2	ou de 3×6 et 120 : 6

Il ne faut que comparer cette méthode à celle indiquée par tous les auteurs pour trouver les diviseurs simples et composés d'un nombre, pour reconnaître combien elle est plus simple, plus facile et plus claire, et combien elle abrége les calculs en évitant de pratiquer une longue suite de multiplications, etc., etc.

Ce qui la rend surtout de beaucoup préférable, c'est l'avantage qu'elle présente de donner les deux facteurs du produit, ou le diviseur et le quotient du dividende ; de cette manière on obtient immédiatement toutes les racines de l'équation qu'il s'agit de résoudre.

On voit que sans difficulté les diviseurs s'établissent les uns par les autres ; les premiers servent constamment à établir les derniers, etc.

LXXV.

En déterminant tous les facteurs d'un produit on détermine les diviseurs d'un dividende ; d'où il résulte que, connaissant le produit de deux facteurs sans autre donnée que celle de savoir qu'ils sont exprimés en nombres entiers, il est toujours facile de découvrir ces facteurs en déterminant ceux qui concourent à la formation de ce produit. Les deux facteurs correspondants du produit deviennent les diviseurs correspondants du dividende et indiquant le diviseur et le quotient.

Diviser un nombre par un autre nombre, c'est défaire successivement une à une les multiplications qui l'ont formé; dans les deux opérations les éléments sont les mêmes, il ne peut pas arriver que les diviseurs du dividende ne soient point les facteurs du produit.

LXXVI.

En déterminant les facteurs de cette manière on opère une division abrégée; on prend la moitié, le tiers, le quart, au lieu de diviser par 2, par 3, par 4. On fait l'application de ce principe élémentaire que le produit de deux facteurs ne change pas de valeur lorsqu'on divise l'un et qu'on multiplie l'autre par un même nombre.

Ce principe est la base fondamentale de toutes les abréviations que l'on peut opérer dans les multiplications, les divisions, les réductions des équations de toute espèce, les extractions de racines, etc., etc.

LXXVII.

« La résolution des équations numériques est une opération
« arithmétique fondée sur les principes généraux des équations
« et dont les résultats sont exprimés par des nombres; l'extrac-
« tion des racines carrées et cubiques est l'opération la plus
« simple de ce genre; c'est la résolution des équations numéri-
« ques des 2e et 3e degrés dans lesquelles les intermédiaires man-
« quent. »

En effet, en extrayant par la méthode ordinaire la racine d'un carré, on cherche les deux facteurs égaux d'un produit et on ne s'occupe que de trouver le facteur qui, multiplié par lui-même, produit le carré.

Il n'en est pas de même par les facteurs correspondants, car dans ce cas l'extraction donne autant de solutions qu'il y a de couples de facteurs; si le nombre donné n'est pas un carré exact, on peut toujours obtenir la racine du plus grand carré contenu dans le nombre considéré comme produit.

Les facteurs d'un produit étant établis, ils représentent une formule générale applicable à la résolution d'une foule d'équations différentes dont elles donnent toutes les racines.

LXXVIII.

Soit à déterminer les deux nombres entiers dont le produit est 1728, les divisions successives donneront :

1 et 1728	12 et 144
2 et 864	16 et 108
3 et 576	18 et 96
4 et 432	24 et 72
6 et 288	27 et 64
8 et 216	32 et 54
9 et 192	36 et 48

ici il y a 14 solutions, autant que de couples de facteurs correspondants.

Pour déterminer les sommes et les différences de deux facteurs dont le produit est 1728, on aurait aussi 14 solutions, le total ou la différence de chaque couple donne une solution différente.

Après 36 et 48 il n'y a plus de diviseurs en nombres entiers, ce qui prouve que 1728 n'est pas un carré; mais si l'on voulait déterminer, à moins d'une unité près, la racine carrée de 1728, on déterminerait 2 facteurs tels que leur différence soit au-dessous de 2; dans ce cas on aurait 42 et 41 qui donnent 41 par la racine du plus grand carré contenu dans 1728; ces facteurs proviennent de 6×7 et $288 : 7$. 42 serait trop fort, mais en prenant $\dfrac{42 + 41}{2}$

$= 41,5$ on aurait la racine plus rapprochée :

$$42^2 \quad = 1764 \qquad \text{différence en plus} \quad 36$$
$$41^2 \quad = 1681 \qquad \text{différence en moins} \quad 53$$
$$41,5^2 = 1722,25 \quad \text{différence en moins} \quad 6,75$$
$$41,55 = 1726,40 \quad \text{différence en moins} \quad 1,60$$
$$41,56 = 1727,23 \quad \text{différence en moins} \quad \text{» } 77, \text{ etc.}$$
$$41,57 = 1728,0649$$

On voit qu'après avoir déterminé la racine en nombre exact on peut trouver les décimales au moyen de quelques essais toujours faciles à opérer.

Si l'on demandait à connaître la racine cubique de l'équation, les facteurs 12 et 144 donneraient 12 pour la racine cubique exacte du nombre 1728 qui n'a pas de racine carrée, ce qui prouve que le produit donné est un cube, ou le produit de trois facteurs égaux ou le produit du carré par la racine.

Si l'on demandait de déterminer deux facteurs tels que leur produit soit un cube, tout cube quel qu'il soit pourrait être pris pour produit; or 1728 étant un cube il y a autant de solutions que de couples de facteurs, ce qui fait 14 solutions en nombres entiers.

Si 1728 était le produit du cube du plus petit par le carré du plus grand, les facteurs 27 et 64 donneraient 3 et 8 pour les racines exactes de l'équation qui, exprimée algébriquement, est $a^3 b^2 = x$.

Si l'on n'avait à résoudre que cette dernière équation, sachant que l'un des facteurs doit être un cube, on ne prendrait pour diviseur qu'un nombre qui puisse être trois fois facteur :

1 et 1728	3 et 576
2 et 864	9 et 192
4 et 432	27 et 64
8 et 216	

ainsi 27, dont le correspondant est un carré, est le cube du petit nombre qui est 3. $\sqrt{64} = 8 =$ le plus grand.

Si 1728 était le produit de deux cubes il y aurait deux solutions; les facteurs pourraient être 2 et 6 ou 3 et 4, provenant de 8 et 216 et de 27 et 64.

Si en multipliant le carré diminué d'un du plus grand facteur, par le carré exact du plus petit, le produit était 1728, les facteurs seraient 6 et 7 provenant de 36 et 48.

Si l'on voulait déterminer un nombre tel qu'en le multipliant par le chiffre indicateur de ses dizaines le produit soit 1728.

Ce nombre serait 192 dont le chiffre des dizaines est 9. $192 \times 9 = 1728$.

Si l'on donnait 1728 pour le produit de la somme de deux facteurs par le carré du plus petit, il y aurait 4 solutions; les facteurs 4 et 432, 9 et 192, 16 et 108, 36 et 48 donneraient, 2 et 430, 3 et 189, 4 et 104 et 6 et 42.

Si l'on demandait de déterminer en nombres entiers les deux facteurs dont la différence des carrés est 1728, tous les facteurs dont la somme est pair donneraient une solution.

Les différences des racines peuvent-être (XXXII) 2, 4, 6, 8, 12, 16, 18, 24, 32 et 36.

Les sommes des racines peuvent être :

$$866. \quad 432. \quad 288. \quad 216. \quad 144. \quad 108. \quad 96. \quad 70. \quad 54 \text{ et } 48.$$

Connaissant les sommes et les différences on détermine sans peine les facteurs qui s'y rapportent.

La moitié de la somme des deux facteurs donne les plus grands nombres, etc., etc.

La moitié de leur différence donne les plus petits.

Voir ci-après les solutions des exemples.

On voit par ces diverses applications que les facteurs d'un produit étant une fois établis, ils peuvent servir à résoudre immédiatement et sans calculs une infinité de questions plus ou moins compliquées, soit du 2e ou du 3e degré, et dont la plupart, surtout celles qui se rapportent à l'analyse indéterminée, ne pourraient être résolues par les procédés algébriques.

Au reste, cette méthode étant toute de pratique, on la comprendra mieux par des exemples que par des principes.

D'un autre côté, elle est dans son application d'une exécution si facile que ce qui vient d'être dit suffira pour la faire comprendre.

Il est d'autant plus nécessaire de se familiariser avec son emploi que toujours, dans l'analyse des équations algébriques ou numériques, on est conduit à décomposer les quantités pour déterminer les facteurs dont elles sont le produit ou les autres quantités qui concourent à leur formation.

Les équations des degrés supérieurs qui jusqu'à présent offraient le plus de difficultés sont maintenant, par l'emploi de cette méthode, plus faciles à résoudre mathématiquement que ne le sont celles du premier degré par les procédés algébriques.

Les exemples qui suivent, et dont je donne les solutions analytiques et raisonnées, serviront à faire connaître la manière d'établir les calculs relatifs à l'extraction des racines commensurables, des équations carrées et cubiques, par l'application de cette méthode.

PREMIER EXEMPLE.

Quels sont les deux nombres entiers et positifs dont le produit du produit par la somme est 14560.

SOLUTION.

Si l'on ne déterminait pas la nature des facteurs en établissant ceux de 14560, considérés comme produit, l'on aurait autant de solutions que de couples de facteurs; or les facteurs sont :

1 et 14560	14 et 1040	52 et 280
2 et 7280	16 et 910	56 et 260
4 et 3640	20 et 728	65 et 224
5 et 2912	26 et 560	70 et 208
7 et 2080	28 et 520	80 et 182
8 et 1820	32 et 455	91 et 160
10 et 1456	35 et 416	104 et 140
13 et 1120	40 et 364	112 et 130.

Ce qui donne 24 solutions ou 24 couples de facteurs dont le produit exact est 14560, les mêmes facteurs donnent 48 diviseurs simples ou composés du même nombre considéré comme dividende.

Mais suivant la nature de l'énoncé, l'un des facteurs est la somme et l'autre le produit. Il faut donc trouver dans les facteurs ci-dessus ceux qui remplissent les conditions; pour avoir une limite certaine, l'on remarquera seulement que le carré de la demi-somme des deux nombres doit être plus grand que leur produit et le surpasser d'une somme égale au carré de la demi-différence (théorème XXXIX).

Dans ce cas, 40 et 364 sont les premiers facteurs qui puissent être admis; tous ceux qui les précèdent doivent être exclus.

40 et 564 sont en effet la somme et le produit cherchés.

$20^2 - 364 = 36$. $\sqrt{36} = 6 =$ la demi-différence relative à la somme 40 ou à la demi-somme 20.

Les nombres sont donc $20 + 6$ et $20 - 6 = 26$ et 14.

Par les facteurs correspondants, pour éviter l'extraction.

40 étant pris pour somme, et 364 pour le produit, l'on aurait :

1 et 364	7 et 52
2 et 182	14 et 26 somme 40.
4 et 91	

Les nombres ou facteurs demandés sont bien 14 et 26.

D'un autre côté, le produit 14560 peut-être considéré :

1° Comme le produit du plus petit nombre, par le produit du plus grand par la somme.

2° Comme le produit du plus grand, par le produit du plus petit par la somme.

3° Comme le produit du produit, par la somme.

Ainsi la première colonne contient indistinctement le plus petit nombre, le plus grand, ou la somme. Donc les deux nombres doivent forcément se trouver parmi les facteurs qui précèdent 40; or : $35 + 5 = 40$, $32 + 8 = 40$; $14 + 26 = 40$; mais le facteur correspondant de $40 = 364$. Donc il n'y a que 14 et 26 dont le produit est 364, qui résolvent la question; les facteurs 5 et 35, 8 et 32, donneront $35 \times 5 \times 40 = 7000$ et $32 \times 8 \times 40 = 10240$.

1 et 7000	10 et 700	ou	1 et 10240	26 et 640
2 et 3500	20 et 350	ou	4 et 2560	30 et 512
4 et 1750	35 et 200	ou	5 et 2064	32 et 320
5 et 1400	40 et 175	ou	8 et 1280	40 et 256
7 et 1000		ou	10 et 1024	

Ici il ne peut y avoir de doutes sur les facteurs, car il n'y a que les facteurs 5 et 35 et 8 et 32 dont les sommes soient 40. Les facteurs sont donc bien 5 et 35 et 8 et 32.

Pour le produit 1386, on aurait :

1 et 1386	9 et 154
3 et 462	11 et 126
7 et 198	18 et 77.

18 et 77 sont les premiers facteurs à admettre, et comme il n'y a que 7 et 11 qui aient 18 pour somme, il est certain que les nombres sont 7 et 11.

Le produit est 77, et la somme des facteurs est 18, etc.

DEUXIÈME EXEMPLE.

Déterminer deux nombres tels qu'en multipliant leur produit par leur différence l'on obtienne 14560.

SOLUTION.

Ici les facteurs du produit changent de nature; suivant l'énoncé, la première colonne des facteurs du n° précédent donne les différences et la seconde donne les produits, mais pour plus de facilité l'on considérera 14560 comme le produit de trois facteurs. Ces trois facteurs seront les deux nombres et leur différence, c'est-à-dire que ses deux colonnes peuvent représenter :

1° Le plus petit nombre et le produit du plus grand par la différence.

2° Le plus grand et le produit du plus petit par la différence.

3° La différence et le produit des deux facteurs.

En prenant le plus grand nombre et le produit du plus petit par la différence, ce problème est en tout semblable au précédent. Car, le plus petit nombre, plus la différence, donne le plus grand ; ainsi les mêmes facteurs donnent les mêmes solutions. 40 est en même temps le plus grand nombre et la somme du plus petit et de la différence ; dans ce cas il y a deux solutions, les nombres peuvent être 40 et 26 et 40 et 14 ; pour 1386 ils seraient 18 et 7, ou 18 et 11.

Dans tous les cas semblables où l'on peut substituer le plus

petit nombre à sa différence ou au diviseur, il y a toujours deux
solutions.

Si le produit donné était 520 l'on aurait :

1 et 520	10 et 52
4 et 130	13 et 40
5 et 104	20 et 36
8 et 65	

13 est en même temps le plus grand nombre et la somme du
plus petit et de sa différence.

Parmi les facteurs qui précèdent 13, il n'y a que 8 et 5 dont la
somme soit 13; donc 8 et 5 sont le plus petit nombre et la différence, ce qui donne deux solutions 13 et 5 et 13 et 8.

Pour le produit du produit par la somme des nombres, les
nombres seraient 5 et 8, une seule solution; 13 et 40 sont les
deux premiers facteurs à admettre. Le produit est 40, et la
somme 13.

Euler a résolu la même question dans son algèbre, en l'appliquant à la résolution des équations composées du 3e degré; mais
pour la résoudre, il a dû y ajouter une nouvelle donnée, et
indiquer 12 pour la différence des deux facteurs de 14560, produit du produit par sa somme.

L'équation numérique qu'il est forcé de substituer à la formule
algébrique relative est $2x^3 + 36xx144x = 14560$ qui, après
les substitutions, les réductions, etc., etc., devient $y^3 + 9yy$
$+ 18y = 910$. Arrivé à ce point les calculs qui restent à effectuer
pour résoudre l'équation sont encore plus longs et plus compliqués que ceux nécessaires à l'extraction si simple et si facile des
facteurs correspondants de 14560.

Sans établir d'équations et pour ainsi dire sans calculs, au
moyen des facteurs de 14560 établis ci-dessus, après avoir
reconnu que 40 est le premier facteur qui puisse être pris pour
somme, on aura immédiatement $(40 + 12) : 2 = 26$. $40 - 26$
$= 14$. Les nombres sont 26 et 14.

En prenant 52 pour somme, on aurait $(52 + 12) : 2 = 32$ et
$40 - 32 = 8$ pour les nombres dont le produit est 256 au lieu

d'être 364, correspondant du facteur 40 ; donc 52 ne peut être la
somme des deux facteurs.

TROISIÈME EXEMPLE.

La différence de deux nombres est 12 et le produit de leur produit par la différence de leurs carrés est 174720.
Quels sont ces nombres ?

SOLUTION.

Ici l'on considérera le produit donné comme le produit de 4
facteurs qui sont les deux nombres, la somme et la différence ;
ainsi en divisant 174720 par 12 on aura 14560 pour le produit
du produit par la somme, et la question sera absolument la
même que celle du premier exemple ; 14 et 26 sont les deux
facteurs dont l'on connaît la différence 12, etc.

Ici, comme pour les exemples précédents, l'on a fait l'application directe de la méthode des facteurs correspondants, sur les
données de l'énoncé sans aucune réduction ; mais connaissant
la différence 12 et le produit 14560, etc., en établissant l'équation numérique relative l'on obtiendra une expression abrégée
par les réductions successives et l'on évitera l'extraction des facteurs assez nombreux d° 14560.

$\frac{4}{1}$ étant pris pour la somme des deux facteurs dont la différence connue est 12, l'on aura pour les facteurs $\frac{2}{1} + 6$ et $\frac{2}{1} - 6$.
Par suite, suivant l'énoncé, l'on aura :

$$1^o \quad \overline{\frac{2}{1} + 6} \times \overline{\frac{2}{1} - 6} \times \frac{4}{1} = 14560.$$

$$2^o \quad \overline{\frac{1}{1} + 3} \times \overline{\frac{1}{1} - 3} \times \frac{2}{1} = \;\; 1820 = 14550 : 2^3.$$

$$3^o \quad \overline{\frac{1}{1} + 3} \times \overline{\frac{1}{1} - 3} \times \frac{1}{1} = \;\;\; 910 = \;\; 1820 : 2.$$

$$4^o \quad \frac{1^2}{1} - 9 \times \frac{1}{1} = 910.$$

1 et 910

2 et 455

5 et 182

10 et 91 $10^2 - 9 = 91$ ou $91 + 9 = 10^2$

$10 \times 4 = 40 = \frac{4}{1} = $ la somme, etc. L'on voit que l'équation réduite à sa plus simple expression abrége de beaucoup

les calculs en abaissant le produit à 910 au lieu de 14560.

Soit maintenant à décomposer 54 en deux parties telles que le produit de leur produit par la différence de leurs carrés soit 74724. Par réciproque du problème précédent, en divisant le produit donné par la somme 54 au lieu de la différence 12, l'on aura 14560 pour le produit du produit par la différence, et la question devient toute semblable à celle du deuxième exemple.

Les facteurs sont 40 et 16 ou 40 et 28. (Voir 14ᵉ exemple).

QUATRIÈME EXEMPLE.

L'on a deux nombres dont la différence est 12, et le produit de cette différence par la somme de leurs cubes est 102144.

Trouver ces nombres.

SOLUTIONS.

Comme les exemples précédents, celui-ci, de même que les suivants, sont tirés de l'*Algèbre* d'Euler. Les solutions que j'en donne, opposées aux solutions algébriques de l'auteur, feront apprécier les grands avantages qui résultent de l'application immédiate des facteurs correspondants.

Je n'ai rien changé aux termes des énoncés, je les donne tels qu'ils sont dans le traité où ils servent d'application à la résolution algébrique des problèmes du 3ᵉ degré.

On remarquera d'abord que, suivant l'énoncé, 12 est l'un des facteurs de 102144; donc la somme des cubes est à $\dfrac{102144}{12}$ = 8512; ainsi l'on peut bien dire plus simplement : *la différence des racines et la somme des cubes sont* 12 *et* 8512; *quelles sont les racines?*

En déterminant les facteurs de 8512, la somme se trouvera forcément (LIV et LV) dans la première colonne.

1 et 8512	14 et 608
4 et 2128	16 et 532
7 et 1216	28 et 304
8 et 1064	

La somme étant le plus petit des deux facteurs, le facteur doit être au-dessus de 12 (LIV et LV), son carré doit être plus grand que son correspondant qu'il faut en déduire pour avoir le triple du produit; or 28 est le premier facteur dont le carré surpasse son correspondant, et il résoud la question. 28 est la somme des deux racines dont la différence est 12, ainsi les racines sont $\overline{28 + 12} : 2$ et $\overline{28 - 12} : 2 = 20$ et 8.

Pour résoudre cette question algébriquement il était nécessaire de connaître la différence des racines afin d'établir l'équation relative.

Par l'arithmétique il suffit de connaître seulement la somme des cubes pour avoir immédiatement les racines. Aucun procédé algébrique ne peut résoudre l'équation $x^3 + y^3 = A$.

La somme des cubes étant 8512 et 28 étant reconnu être la somme on aurait sans autre calcul :

$$\frac{28^2 - 304}{3} = 480 : 3 = 160$$ pour le produit des deux facteurs

dont la somme est 28.

$$
\begin{array}{ll}
1 \text{ et } 160 & \quad 4 \text{ et } 40 \\
2 \text{ et } \ \ 80 & \quad 8 \text{ et } 20
\end{array}
$$

Comme dessus les racines sont 8 et 20. (Voir 14e exemple).

CINQUIÈME EXEMPLE.

Trouver deux nombres dont la différence soit 18, et qui soient tels que si l'on multiplie ensemble leur somme et la différence de leurs cubes on obtienne 275184.

SOLUTION.

Ce problème se rapporte au précédent; suivant le principe établi (LIV et LV), la différence des cubes peut être considérée comme le produit de deux facteurs dont le plus petit est la différence des racines et dont le plus grand est égal au total du carré de la différence et de trois fois le produit.

D'après cela en divisant par 18, le produit donné qui est le produit de la différence des cubes par la différence de leurs racines, le quotient donnera le produit de deux facteurs dont le plus petit sera la somme, et le plus grand le total du triple du produit et du carré de la différence qui est connue.

Mais (XXXVIII) en joignant le quadruple du produit au carré de la différence, on obtient le carré de la somme; donc en retranchant le plus grand facteur du carré du plus petit qui est la somme, on aura pour différence une fois le produit des deux racines.

$$1 \text{ et } 15288 = 275184 : 18.$$
$$2 \text{ et } 7644$$
$$3 \text{ et } 5096$$
$$4 \text{ et } 3822$$
$$6 \text{ et } 2548$$
$$12 \text{ et } 1274$$
$$13 \text{ et } 1176$$
$$24 \text{ et } 637$$
$$26 \text{ et } 588$$

L'on devra remarquer :

1° Que la différence étant pair, la somme relative doit aussi être pair et qu'elle ne peut-être au-dessous de 20.

2° Que le carré du plus petit facteur ou de la somme doit être plus grand que son correspondant; ainsi les facteurs étant extraits, sans recherches, sans calculs, l'on reconnaît qu'il n'y a que 26 qui puisse résoudre la question; la somme est 26, la différence 18, les nombres sont 4 et 22. $26^2 - 588 = 676 - 588 = 22 \times 4$, etc., etc. Voir le n° suivant.

SIXIÈME EXEMPLE.

Je cherche deux nombres dont la différence est 720, et tels que, si je multiplie le plus petit par la racine carrée du plus grand, il me vienne 20,736.

SOLUTION.

En déterminant les facteurs de 20.736, on aura dans la

deuxième colonne les plus petits nombres, et dans la première les racines carrées des plus grands.

L'on remarquera que le carré du plus petit facteur doit forcément être plus grand que son correspondant qui est le plus petit nombre, et qu'en outre il doit être plus grand que 720, c'est-à-dire que la racine ne peut être au-dessous de 27.

Sachant que le plus petit facteur doit être plus grand que 27, l'on pourrait se dispenser de prendre des diviseurs plus petits; mais, en général, il est bon, dans les extractions composées, de commencer par les plus petits diviseurs, parce qu'ils donnent successivement le moyen d'opérer les divisions qui suivent avec plus de facilité; il est plus facile, par exemple, de prendre le tiers de 2304 et de multiplier 9 par 3 que de diviser 20736 par 7.

1 et 20736	12 et 1728
2 et 10368	16 et 1296
3 et 6912	18 et 1152
4 et 5184	24 et 864
6 et 3456	27 et 768
8 et 2592	32 et 638
9 et 2304	36 et 576

Sans pousser plus loin l'extraction, l'on voit que les premiers facteurs qui puissent résoudre la question sont 32 et 638.

$32^2 - 638 = 386$ au lieu de 720.

$36^2 - 576 = 720$, donc 576 est le plus petit nombre, le plus grand est $576 + 720 = 1296 = 32^2$.

En d'autres termes, l'on pourrait dire le produit de deux nombres est 20736, et le plus grand augmenté de 720 est égal au carré du plus petit; dans ce cas, comme ci-dessus, il est évident que le carré du plus petit facteur doit être au-dessus de 720.

Les diverses solutions qui viennent d'être données prouvent combien il est nécessaire d'analyser les conditions d'un problème avant de le résoudre, en s'aidant des théorèmes et des principes généraux qui s'y rapportent.

Voir le numéro suivant.

SEPTIÈME EXEMPLE.

Déterminer deux nombres tels que le total de leur produit et de leur somme soit 14559.

SOLUTION.

Application du théorème (XXII).

$$14559 + 1^2 = 14560.$$

Les facteurs de 14560 établis ci-dessus (exemple Ier) donnent toutes les solutions en nombres entiers et positifs dont ce problème est susceptible; en diminuant une unité à chaque facteur à partir de 2 à 7280, on aura successivement 23 solutions, sans qu'il puisse y en avoir davantage en nombres entiers.

1 et 7279, 3 et 3639, etc., etc., la 23e est 111 et 229.

Si en ajoutant 111 fois la somme au produit le total était 2239, on aurait $2239 + 111^2 = 2239 + 12321 = 14560$. Dans ce cas il n'y aurait qu'une solution, les nombres seraient $112 - 111 = 1$ et $130 - 111 = 19$ dont la somme est 20 et le produit 19; $19 + \overline{20 \times 111} = 19 + 2220 = 2339$, etc., etc.,

Si en retranchant une fois la somme du produit la différence était 14559; il y aurait autant de solutions que de couples de facteurs.

2 et 14561, 3 et 7281, etc., etc., la 24e serait 113 et 131.

Ici au lieu de retrancher une unité à chaque facteur il faut l'ajouter.

$$113 + 131 = 14.803 \quad 14.803 - 244 = 14853, \text{ etc., etc.}$$

HUITIÈME EXEMPLE.

Déterminer en nombres entiers et positifs deux facteurs tels que la différence de leurs carrés soit 297.

SOLUTION.

En déterminant les facteurs de 297 on aura les sommes et les différences des deux nombres : la moitié de la somme de chaque couple de facteurs donnera le plus grand nombre, la moitié de leur différence donnera le plus petit.

1 et 297	nombres relatifs	148 et 149
3 et 99	—	48 et 51
9 et 33	—	12 et 21
11 et 27	—	8 et 19

4 solutions en nombres entiers autant que de couples de facteurs. 126 étant subtitué à 297, on aurait :

1 et 126	nombres relatifs	62,5 et 63,5
2 et 63	—	35,5 et 27,5
3 et 42	—	19,5 et 22,5
6 et 21	—	7,5 et 13,5
7 et 18	—	5,5 et 12,5
9 et 14	—	2,5 et 11,5

Dans ce cas les solutions sont exprimées par des nombres décimaux exacts, qui peuvent être considérés comme des nombres entiers; lorsque la différence des carrés est exprimée par un nombre entier, la fraction ne peut être que 0,5 ou $\frac{1}{2}$.

Si l'on donnait l'unité pour la différence des carrés l'on aurait une infinité de solutions qui toutes seraient exprimées par des nombres fractionnaires positifs.

En opérant une extraction rétrograde l'on aura successivement:

1 et 1	nombres relatifs	
$\frac{1}{2}$ et 2	—	$\frac{5}{4}$ et $\frac{3}{4} = 1\frac{1}{4}$ et $\frac{3}{4}$
$\frac{1}{3}$ et 3	—	$\frac{10}{6}$ et $\frac{8}{6} = 1\frac{2}{3}$ et $1\frac{1}{3}$
$\frac{1}{4}$ et 4	—	$\frac{17}{8}$ et $\frac{15}{8} = 2\frac{1}{8}$ et $1\frac{7}{8}$

L'on voit qu'il n'y a pas deux nombres entiers dont la différence des carrés soit exprimée par un 1, 2 ou 4. Mais pour 3, 5, 7, 9, 11, etc., etc., à l'infini, il y a au moins une solution en nombres, ainsi que pour tous les nombres pairs divisibles au moins par 4 ; les nombres pairs qui ne sont divisibles que par 2 ne donnent que des résultats fractionnaires.

Lorsque la différence des carrés est exprimée par un nombre

premier, il n'y a qu'une solution en nombres entiers ; le nombre même exprime la somme, et la différence des facteurs est l'unité.

Pour 5, 7, 11, 13, 31, 17, etc., les nombres sont 2 et 3, 3 et 4, 5 et 6, 6 et 7, 15 et 16, 8 et 9, etc.

Si l'on donnait 14. 560 pour la différence des carrés de deux nombres, les facteurs de ce nombre (exemple 1er) donneront immédiatement 8 solutions en nombres décimaux positifs, et **16** en nombres entiers.

Les nombres fractionnaires seraient 7.279,5 et 7.280,5. 1,453,5 et 1458, 5, etc.

Les nombres entiers seraient 3,638 et 3,640 ; 1618 et 1622, etc. (voir les n^{os} suivants).

NEUVIÈME EXEMPLE.

Déterminer deux nombres entiers et positifs tels que la somme de leurs carrés soit un carré.

SOLUTION.

Application du théorème XLIII.

En prenant 7 pour le plus petit nombre, $\overline{7^2 - 1} : 2 = 24 =$ le plus grand. $24 + 1 = 25 =$ la racine carrée de la somme des deux carrés qui dans ce cas est 625. $7^2 + 25^2 = 625$.

Le plus petit nombre, pris arbitrairement, doit être impair, car si il était pair, son carré serait pair, et après l'avoir diminué d'un, il ne serait pas divisible par 2.

Soit 17 pris pour le plus petit nombre $\overline{17^2 - 1} : 2 = 144 =$ le plus grand. $\overline{144 + 1} = 145 =$ la racine de la somme des deux carrés qui est $145^2 = 21,025$.

4 étant le plus petit nombre, on aurait :

$$\overline{4^2 - 1} : 2 = 15 : 2 = 7, 5 = \text{le plus grand nombre.}$$

$$\overline{7,5 + 1}^2 = 8,5^2 = 72,25 = \text{la racine carrée de la somme dans}$$
ce cas le plus grand nombre est fractionnaire ; pour éviter cet

inconvénient, et par un autre procédé on aura, d'après les mêmes principes (XLIII), savoir : pour 6 pris arbitrairement pour le plus petit nombre. $\overline{6^2 - 4 : 4} = 8 =$ le plus grand nombre. $8 + 2 = 10$ = la racine carrée de la somme qui est 100, etc,

14 étant plus petit nombre $\overline{14^2 - 4} : 4 = 192 : 4 = 48.\ 48 + 2$ $= 50 ; 50^2 = 2500.$

Les deux nombres sont 14 et 48.

L'on voit que ce problème a une infinité de solutions qui s'établissent avec la plus grande facilité, au moyen du plus petit nombre connu pair ou impair ; cependant, lorsque le nombre choisi est élevé, il arrive que même en nombres entiers il peut y avoir plusieurs solutions, c'est-à-dire que sans changer le plus petit nombre, le plus grand peut varier ; dans ce cas l'emploi des facteurs correspondants donne un moyen direct de trouver toutes les solutions dont le problème est susceptible, ce qui revient à déterminer toutes les racines commensurables de l'équation, sans augmenter les difficultés du calcul.

Les deux nombres et leur somme étant des carrés, forcément leur différence est aussi un carré ; ainsi, en déterminant les facteurs d'un carré, quel qu'il soit, pris pour le carré d'un des nombres, l'on aura (XXXII) la somme et la différence des racines. Pour 144 carrés de 12 pris comme le plus petit des deux nombres, on aurait :

1 et 144			
2 et 72	$\overline{72 - 2} : 2 = 35$	somme	$\overline{35 + 2}^2$
4 et 36	$\overline{36 - 4} : 2 = 16$	—	$\overline{16 + 4}^2$
6 et 24	$\overline{24 - 6} : 2 = 9$	—	$\overline{9 + 6}^2$
8 et 18	$\overline{18 - 8} : 2 = 5$	—	$\overline{5 + 6}^2$
9 et 16			

4 solutions en nombres entiers 12 et 35, 13 et 16, 9 et 12, 5 et 12, 12 peut être le plus petit et le plus grand nombre. Les sommes respectives des carrés sont 1369, 400, 225 et 169. Les facteurs omis donneraient des résultats fractionnaires.

Si l'on prenait 15 pour l'un des deux nombres, on aurait :

1 et 225	$\overline{225-1}:2=112$	somme	113^2
3 et 75	$\overline{75-3}:2=36$	—	39^2
5 et 45	$\overline{45-5}:2=20$	—	25^2
9 et 25	$\overline{25-9}:2=8$	—	17^2
15 et 15			

Les nombres peuvent être 15 et 112, 15 et 36, 15 et 20, et 15 et 8.

Maintenant, si l'on demandait de déterminer trois nombres, tels que la somme des carrés des deux plus petits soit égale au carré du plus grand, la solution serait absolument la même; pour 144, les nombres seraient :

9.12 et 15, 5.12 et 13, 12.35 et 37, 12.16 et 20.

Pour 15, ils seraient :

15.112 et 113, 15.36 et 39, 15.20 et 25 et 15 et 17.

Dans ces divers cas, chaque solution donne les dimensions en nombres entiers d'un triangle rectangle et se rapporte au théorème du carré de l'hypothénuse (voir ci-après les solutions analytiques des problèmes).

DIXIÈME EXEMPLE.

Déterminer deux nombres tels que leur produit soit un carré.

SOLUTION.

En déterminant successivement les facteurs de tous les carrés à partir de 4, ces facteurs donneront les solutions relatives à chaque carré; ainsi la solution se réduit à trouver, non seulement la racine du carré, mais encore toutes les racines intermédiaires, ou tous les facteurs qui concourent à la formation de ce carré, considéré comme produit; ce qui donne la résolution complète d'une équation du deuxième degré.

Plus le produit aura de facteurs plus il y aura de solutions.

Le carré d'un nombre premier ne donne qu'une solution ex-

primée par deux nombres entiers et inégaux, le plus petit facteur est l'unité, et le plus grand est le carré donné; 169, par
exemple, donne une seule racine intermédiaire :

$$1 \text{ et } 169$$
$$13 \text{ et } 13$$

Il est toujours sous-entendu que les résultats doivent être en
nombres entiers, car si l'on admettait les nombres décimaux
exacts, les solutions seraient plus nombreuses; mais à moins
que par la nature du problème l'on ne soit conduit à avoir forcément des résultats fractionnaires, les nombres entiers seuls
sont admis.

Soit 36 pris arbitrairement, on aurait :

$$1 \text{ et } 36 \qquad 4 \text{ et } 9$$
$$2 \text{ et } 18 \qquad 6 \text{ et } 6$$
$$3 \text{ et } 12$$

Ici chaque couple de facteurs donne une solution et indique
entre 6 et 6, racine exacte du carré 36, les racines intermédiaires
de l'équation qui sont 2 et 18, 3 et 12, 4 et 9.

Donnons maintenant 35 à décomposer en deux parties, telles
que leur produit soit un carré. Dans ce cas, suivant le principe
établi (XLII), l'on aura :

$$1 \text{ et } 35$$
$$5 \text{ et } 7$$

les deux nombres sont 5 et 35 — 7 = 28.

Le plus petit des deux nombres demandés est toujours le
facteur qui correspond au carré augmenté d'un; la somme à
décomposer étant 850, on aurait :

$$
\begin{array}{llll}
1 \text{ et } 850 & & & \\
5 \text{ et } 170 & 5 \text{ et } 845 & 170 \text{ et } 680 & 5 - 1 = 2^2 \quad 170 - 1 = 13^2 \\
10 \text{ et } 85 & & 85 \text{ et } 765 & 10 - 1 = 3^2 \\
17 \text{ et } 50 & 17 \text{ et } 883 & 50 \text{ et } 800 & 17 - 1 = 4^2 \quad 50 - 1 = 7^2 \\
52 \text{ et } 34. & & &
\end{array}
$$

Ainsi la somme des facteurs étant 850, et leur produit un
carré, ces facteurs peuvent être 5 et 845; 17 et 883; 50 et 800;

85 et 765 ; 170 et 680 ; ce qui donne 5 solutions en nombres entiers et positifs, sans qu'il puisse y en avoir davantage.

Si l'on donnait la différence des facteurs au lieu de la somme, pour 39, par exemple, on aurait :

$$1 \text{ et } 39$$
$$3 \text{ et } 13 \qquad \overline{3+1} = 2^2 \text{ (XLII)}.$$

Le plus petit facteur est 13, le plus grand $13 + 39 = 52$.
Si la différence donnée était 96, on aurait :

1 et 96	4 et 24
2 et 48	6 et 16
3 et 32	8 et 12

96 étant divisible exactement par 3, 8, 24 et 48, qui sont des carrés diminués d'un, il y a 4 solutions en nombres entiers :

$$1^o \quad 32 \text{ et } 32 + 96 = 128 \qquad 32 \times 128 = 64^2$$
$$2^o \quad 12 \text{ et } 12 + 96 = 108 \qquad 12 \times 108 = 36^2$$
$$3^o \quad 4 \text{ et } 4 + 96 = 100 \qquad 4 \times 100 = 20^2$$
$$4^o \quad 2 \text{ et } 2 + 96 = 98 \qquad 2 \times 98 = 14^2 \text{ etc.}$$

ONZIÈME EXEMPLE.

Déterminer deux nombres tels que le produit du plus grand, par la différence de leurs carrés, soit exprimé par 440.

SOLUTION.

Les deux facteurs du produit 440 qui résolveront la question sont le plus grand nombre et la différence des carrés, ou le produit de la somme par la différence. Dans ce cas, pour avoir une limite, l'on remarquera que le carré du plus petit facteur, qui est le plus grand nombre, doit forcément être plus grand que son correspondant, qui est la différence des carrés, et le surpasser d'un nombre égal au carré du plus petit nombre demandé ; or les facteurs de 440 sont :

1 et 440	8 et 55
2 et 220	10 et 44
4 et 110	11 et 40
5 et 88	20 et 22

L'on voit que 8 et 55 sont les premiers facteurs à admettre, et ils résolvent la question.

$8^2 - 55 = 64 - 55 = 9$ $\sqrt{9} = 3 =$ le plus petit nombre, le plus grand étant 8.

Si l'on donnait 12,480 pour le produit au lieu de 440, l'on aurait un plus grand nombre de facteurs; mais la somme s'obtiendrait de même sans plus de difficultés; l'on aurait :

1 et 12480	12 et 1040
2 et 6240	13 et 960
3 et 4160	15 et 832
4 et 3120	16 et 780
5 et 2496	20 et 624
6 et 2080	24 et 520
8 et 1560	26 et 480
10 et 1248	30 et 416

Sans pousser plus loin l'extraction, l'on voit que les premiers facteurs à admettre sont 24 et 520.

Pour premier essai l'on aura $24^2 - 520 = 56$ qui n'est pas un carré; en suivant l'on aura :

$26^2 - 480 = 196.$ $\sqrt{196} = 14 =$ le plus petit nombre; le plus grand $= 26$, la différence $= 26 - 14 = 12$, et leur somme $= 26 + 14 = 40$.

Si, outre le produit 12.480, l'on donnait la différence 12 des racines, en divisant 12.480 par 12, on aurait 1040 pour le produit du plus grand nombre par la somme; or, en ajoutant la différence à la somme, on obtient le double du plus grand nombre; donc, en d'autres termes, l'on peut dire : le produit de deux nombres est 1040, et le plus grand, augmenté de 12, est égal au double du plus petit; en divisant par 2 pour abréger, l'on aurait 520 pour le produit et 6 pour la différence des facteurs :

1 et 520	13 et 40
20 et 26	différence 6.

Les nombres sont 26 et $26 - 12 = 14$.

Si l'on donnait 40 pour la somme, au lieu de la différence 12, on aurait 12.480 : 40 = 312 pour le produit du plus grand nombre par la différence; dans ce cas l'on pourrait dire le produit de deux facteurs est 312, et le plus petit, augmenté de 40, est égal au double du plus grand; en divisant par 2, comme pour la différence, l'on aura 20 pour la différence des facteurs de 156 :

$$1 \text{ et } 156 \qquad 4 \text{ et } 39$$
$$6 \text{ et } 26 \qquad \text{différence } 20.$$

Les nombres sont 26 et 40 — 26 = 14, etc.

Maintenant si l'on donnait 1040 pour le produit de la somme de deux nombres par le plus petit, les facteurs de 1040 donneraient les plus petits nombres et les sommes; en retranchant le plus petit nombre de la somme, on obtiendra le plus grand. Or les facteurs de 1440 sont :

$$1 \text{ et } 1040 \qquad 10 \text{ et } 104$$
$$2 \text{ et } \;\; 520 \qquad 13 \text{ et } \;\; 80$$
$$4 \text{ et } \;\; 260 \qquad 16 \text{ et } \;\; 65$$
$$5 \text{ et } \;\; 208 \qquad 20 \text{ et } \;\; 52$$
$$8 \text{ et } \;\; 130 \qquad 26 \text{ et } \;\; 40$$

L'on voit que les 9 premiers couples des facteurs donnent 9 solutions de la question; leurs différences donnent les plus grands nombres qui sont 1039, 518, 256, 203, 122, 94, 67, 49 et 32.

Les facteurs 26 et 40 donnent le produit de la somme par le plus grand nombre. Les facteurs sont 14 et 26.

Si l'on donnait maintenant 1040 pour le total du produit et du carré du plus petit nombre, quoique exprimée en d'autres termes la solution serait la même, et (XXIII) les solutions seraient identiquement semblables; les facteurs 14 et 26 donneraient 1040 pour le total du produit et du carré du plus grand nombre, ou pour le produit de la somme des deux facteurs par le plus grand.

DOUZIÈME EXEMPLE.

Quel est le nombre qui, étant multiplié par le chiffre indicateur de ses dizaines, produit 252?

SOLUTION.

En déterminant d'abord les facteurs de 252 pour avoir toutes les racines de l'équation, l'on aura :

1 et 252	7 et 36
2 et 126	9 et 28
3 et 84	12 et 21
4 et 63	14 et 18
6 et 42	

L'on voit immédiatement que les facteurs 2 et 126 donnent 126 pour le nombre.

Si, en multipliant un nombre par la somme de ses chiffres, le produit était 252,

Les facteurs 6 et 42 donneraient 42 pour ce nombre.

Si la somme des deux facteurs était 122, et qu'en transposant leurs chiffres chacun à chacun, leur produit fût 252, les facteurs seraient 41 et 81, provenant de 14 et 18.

Si la somme des deux facteurs étant 23, en multipliant le plus grand par la somme de leurs chiffres, le produit était 252, les mêmes facteurs donneraient 18 pour le plus grand facteur demandé, et $\overline{23 - 18} = 5$ pour le plus petit.

Si le produit, restant le même, le carré du plus petit, augmenté d'un, était égal au nombre qu'on obtiendrait en transposant les chiffres du plus grand, les facteurs 9 et 28 donneraient les nombres $9^2 + 1 = 82$.

Si le plus grand, augmenté d'un, était égal au cube du plus petit, les facteurs seraient 4 et 63, $\overline{63 + 1} = 4^3$.

Si le plus petit des deux facteurs était égal au carré de leur différence, les facteurs seraient 6 et 42, $42 - 6 = 36 = 6^2$.

Si le produit, étant 5.733, le chiffre des unités du plus grand était la racine carrée du plus petit, on aurait, pour déterminer les facteurs :

1 et 5733	9 et 637	39 et 147
3 et 1911	13 et 441	49 et 117
7 et 819	21 et 273	63 et 91

Les facteurs demandés sont 49 et 117.

Si le produit étant le même le chiffre indicateur des dizaines du plus grand était la racine carrée exacte du plus petit, les facteurs seraient 9 et 637.

Si le chiffre indicateur des centaines du plus grand était le carré exact du plus petit, les facteurs seraient 3 et 1911.

Si la somme des chiffres du plus grand facteur était égale au chiffre des unités du plus petit, les facteurs seraient 49 et 117.

Si l'on demandait de trouver deux nombres tels qu'en les multipliant l'un et l'autre par le chiffre indicateur de leurs dizaines le produit fût 3096, l'on aurait :

1 et 3096	6 et 516	12 et 258
2 et 1548	8 et 387	24 et 129
3 et 1032	9 et 344	36 et 86
4 et 774	18 et 172	43 et 72

Les nombres sont 1032 et 387.

Si l'on donnait le chiffre indicateur des unités, les nombres seraient 774 et 516. L'on voit par ces divers exemples combien l'emploi des facteurs correspondants abrége et simplifie les calculs. Dans tous les cas, la simple extraction des facteurs du produit connu donne immédiatement non-seulement la solution relative à l'énoncé, mais encore une foule d'autres qui pour la plupart seront insolubles par les procédés algébriques.

(Voir l'exemple suivant.)

TREIZIÈME EXEMPLE.

Par quel nombre faut-il diviser 1512 pour que le quotient diminué d'un soit égal à la racine cubique du diviseur?

SOLUTION.

En opérant directement sur les données de l'énoncé sans calculs préliminaires, on aura :

1 et 1512	12 et 126
2 et 756	14 et 108
3 et 504	16 et 84
4 et 378	21 et 72
6 et 252	24 et 63
7 et 216	28 et 54
9 et 168	36 et 42

A la simple inspection des facteurs, on reconnaît que le diviseur doit être 216. $\overline{7-1}^3 = 216$.

Le quotient devant être égal au total du cube et du carré du diviseur, les facteurs 6 et 252 donneraient 6 pour le diviseur :

$$6^3 + 6^2 = 216 + 36 = 252.$$

Si le diviseur augmenté d'un était égal au carré du tiers du quotient, le diviseur serait 63 et le quotient 24. $\overline{63+1} = \dfrac{24^2}{3} = 8^2$.

S'il y avait 127 de différence entre le cube du quotient et le diviseur, les facteurs 7 et 216 donneraient 216 pour le diviseur :

$$7^3 - 127 = 216 \text{ ou } 216 + 127 = 343 = 7^3.$$

S'il devait y avoir 18 de différence entre le carré du quotient et le diviseur, ce diviseur serait 126 et le quotient 12.

Si en multipliant un certain nombre par le tiers de la somme de ses chiffres le produit était 1512, le nombre serait 504.

Si en multipliant un nombre par le carré de ses unités le produit était 1512, ce nombre serait 84.

Si le plus grand de deux nombres était égal au quotient de 3321 divisé par le cube du plus petit, en prenant un nombre qui puisse être 3 fois facteurs pour diviseur de 3321, l'on aurait :

1 et 3321	27 et 123
3 et 1107	81 et 41
9 et 369	

Les facteurs 27 et 123 donnent 3 et 123 pour les deux nombres. Si le diviseur était la 4e puissance du plus petit facteur, les nombres seraient 3 et 41 provenant de 81 et 41.

Si le produit d'un nombre par le cube du chiffre qui représente ses unités était 3321, les facteurs 29 et 123 donneraient 123 pour le nombre.

Si le produit étant 252, la somme des deux facteurs augmentée de 6 était égale au carré du plus petit, l'on aurait :

1 et 252	4 et 63	9 et 28
2 et 126	6 et 42	12 et 21
3 et 84	7 et 36	14 et 18

Les facteurs 7 et 36 résolvent la question. $\overline{36 + 7} + 6 = 49 = 7^2$.

Si la différence des deux facteurs était égale au carré du plus petit, ces facteurs seraient 6 et 42. $\overline{42 - 6} = 36 = 6^2$.

Si le cube moins un du plus petit était égal au plus grand, les facteurs seraient 4 et 63.

Si le plus grand, diminué de 3, était égal au cube du plus petit, les nombres seraient 3 et 84.

Si la somme des deux facteurs, diminuée de 3, était égale au cube du plus petit, les nombres seraient 4 et 63.

· Si la somme des deux facteurs, augmentée d'un, était égale au carré du plus petit des deux autres nombres dont le produit est aussi 252, les facteurs seraient 6 et 42, et les nombres 7 et 36.

QUATORZIÈME EXEMPLE.

Quelques personnes forment une société et établissent un fonds. Chacune d'elles met 10 fois autant d'écus qu'elles sont de personnes; elles gagnent sur chaque centaine d'écus 6 écus au delà du nombre d'écus égal à leur nombre : le profit total est 392 écus.

On demande combien il y a d'associés.

SOLUTION.

Les questions précédentes ont été résolues par l'application immédiate des facteurs correspondants, sans établir d'équations relatives; ici cette application ne peut avoir lieu sans un calcul préparatoire; ce calcul servira d'exemple pour l'emploi du signe $\frac{1}{1}$ substitué au signe x, etc.. etc. (Voir 3ᵉ et 4ᵉ exemples).

$\frac{1}{1}$ étant pris pour représenter le nombre des associés, chacun ayant mis $\frac{10}{1}$ écus, ensemble ils ont mis $\frac{10}{1}^2$ écus; or ils ont gagné $\frac{1}{1} + 6$ pour 100; donc avec le capital entier ils ont gagné $\dfrac{\frac{1}{1}^3 + \frac{6}{1}^2}{10}$.

Et puisque leur gain est 392 écus,

$$1°\ \dfrac{\frac{1}{1}^3 + \frac{6}{1}^2}{10} = 392$$

$$2°\ \tfrac{1}{1}^3 + \tfrac{6}{1}^2 = 3920$$

$$3°\ \left(\tfrac{1}{1}^2 + \tfrac{6}{1}\right) \times \tfrac{1}{1} = 3920$$

$$4°\ \left(\tfrac{1}{1} + 6\right) \times \tfrac{1}{1}^2 = 3920$$

Les 3ᵉ et 4ᵉ équations donnent deux moyens très-faciles de solution. Suivant la 3ᵉ, le produit de deux facteurs est 3920, et en ajoutant 6 fois le plus petit à son carré, l'on obtient le plus grand.

Suivant la 4ᵉ, 3920 est le produit d'un nombre carré par sa racine augmentée de 6.

Suivant la 2ᵉ, l'on pourrait donner 3920 pour la somme d'un cube et de 6 fois son carré, c'est-à-dire qu'en ajoutant à un cube le sextuple de son carré, le total est 3920.

L'on voit que par les transformations les nombres qui forment la somme deviennent les facteurs et le produit d'un nouvel énoncé dont la solution s'obtient directement par l'extraction des facteurs du produit. C'est de cette manière qu'on abaisse presque généralement au premier degré les équations des 2ᵉ et 3ᵉ.

Ainsi, en déterminant les facteurs de 3920, produit qui se rapporte aux 3ᵉ et 4ᵉ équations, l'on trouvera facilement ceux qui remplissent les conditions.

Suivant la 4ᵉ équation, qui est la plus simple expression de l'énoncé, le plus grand des deux facteurs doit être un carré dont le plus petit, diminué de 6, est la racine. Or les facteurs sont :

1 et 3920	49 et 80
4 et 980	14 et 280
16 et 245	196 et 20
7 et 560	

196 étant le seul carré qui soit plus grand que son correspondant, sa racine 14 indique le nombre des associés.

En effet, suivant l'équation $20 - 6 = 14$.

Pour la 3ᵉ équation $14^2 + 14 \times 6 = 196 + 84 = 280$.

Il y a donc 14 associés; ils ont mis chacun $14 + 10 = 140$ écus, en tout 1960.

Ils ont gagné $\overline{14 + 6} = 20$ pour $\frac{0}{0}$ ou le cinquième du capital $= 1960 : 5 = 3920$ francs.

QUINZIÈME EXEMPLE.

Quelques négociants ont mis en commun 8240 écus; chacun y a ajouté 40 fois autant d'écus qu'ils sont d'associés, et ils gagnent avec la somme totale autant pour $\frac{0}{0}$ qu'ils sont d'associés.

En partageant le profit, il arrive qu'après que chacun a pris 10 fois autant d'écus qu'ils sont d'associés, il reste 224 écus.

Combien étaient-ils d'associés?

SOLUTION.

$\frac{1}{i}$ étant le nombre des associés, $\frac{40}{i}$ sera le nombre d'écus ajouté au capital 8240 écus.

Ensemble les associés auront ajouté $\frac{40^2}{i}$ écus, alors le capital représente $8240 + \frac{40^2}{i}$.

Avec ce nouveau capital ils gagnent $\frac{1}{i}$ écu pour $\frac{0}{0}$. Alors leur gain total $= \dfrac{\frac{40^3}{i} + \frac{8240}{i}}{100}$.

Par suite, après avoir prélevé chacun $\frac{10}{i}$ écus, il reste 224 écus; donc, en établissant l'équation numérale relative, on aura successivement par les réductions, savoir :

$$1°\quad \left(\frac{40^3}{i} + \frac{8240}{i}\right) : 100 = \frac{10^2}{i} + 224$$
$$2°\quad \left(\frac{4^3}{i} + \frac{824}{i}\right) : 10 = \frac{10^2}{i} + 224$$
$$3°\quad \left(\frac{2^3}{i} + \frac{412}{i}\right) : 5 = \frac{10^2}{i} + 224$$
$$4°\quad \left(\frac{2^3}{i} + \frac{412}{i}\right) = \frac{50^2}{i} + 1120$$
$$5°\quad \left(\frac{1^3}{i} + \frac{206}{i}\right) = \frac{23^2}{i} + 560$$
$$6°\quad \left(\frac{1^3}{i} + \frac{206}{i}\right) - \frac{23^2}{i} = 560$$
$$7°\quad \left(\frac{1^3}{i} + 206 = \frac{23}{i}\right) \times \frac{1}{i} = 560.$$

Cette dernière équation est la plus simple expression de l'énoncé; ici le plus petit des facteurs de 560 est $\frac{1}{i}$ ou le nombre qui représente les associés, et en retranchant 25 fois ce nombre de son carré augmenté de 286, on obtient le plus grand.

En déterminant les facteurs de 560, il sera facile d'éprouver ceux de la première colonne qui remplissent les conditions et qui conséquemment résolvent la question.

1 et 560
4 et 140
5 et 112
7 et 80 $7^2 + 206 - (7 \times 25) = 80$
8 et 70 $8^2 + 206 - (8 \times 25) = 70$
10 et 56 $10^2 + 206 - (10 \times 25) = 56$
14 et 40
20 et 28

Les trois racines exactes de l'équation sont donc 7 et 80, 8 et 70, 10 et 56. Ce qui donne 3 solutions en nombres entiers ; il peut y avoir 7, 8 ou 10 associés.

1° Pour 7 associés :

Ils mettent ensemble $7^2 \times 40 =$ 1960 écus.
Le capital étant   8240
                                                     ─────
   Il est porté à   10200

Ils gagnent avec ce capital   714 écus
Ils prennent ensemble $49 \times 10 =$ 490
                                  ─────
   Donc il reste   224 écus.

2° Pour 8 associés :

Ils mettent ensemble $64 \times 40 =$ 2568 écus.
Le capital étant   8240
                                                     ─────
   Il est porté à   10800

Ils gagnent   .   864 écus
Ils retirent 64×10 640
                                  ─────
   Il reste donc   224 écus.

3° Pour 10 associés :

Ils mettent ensemble	4000 écus.
Le capital étant	8240
Il est porté à	12240

Ils gagnent	1224 écus
Ils en retirent	1000
Il reste	224 écus, etc.

(Voir ci-après, pour de nouvelles applications, les solutions analytiques et raisonnées des problèmes analogues.)

APPLICATION

DE

L'ARITHMÉTIQUE A L'ALGÈBRE

Avant de passer à la solution des problèmes, je mets ici sous les yeux du lecteur un extrait de la préface de mon *Traité élémentaire et complet d'Arithmétique*, etc.

Cet extrait sera le complément de l'avant-propos qui précède, et il donnera le moyen d'apprécier les motifs qui m'ont déterminé à suivre irrévocablement les nouvelles méthodes que j'ai adoptées.

En suivant une marche différente de celle suivie jusqu'à présent par tous les auteurs, en supprimant un grand nombre de règles et de principes qu'ils ont longuement démontrés, et qui sont tout à fait inutiles, je substitue des méthodes simples et faciles à des méthodes plus compliquées et plus difficiles à comprendre.

Je n'ai qu'un seul but, c'est celui de rendre l'étude de la science plus accessible, et d'aplanir, autant que je le puis, les difficultés sans nombre que rencontre, à chaque pas, l'élève qui veut étudier l'arithmétique dans tous ses développements.

Je suis loin de vouloir déprécier les ouvrages qui existent sur cette matière, mais je veux prouver que leurs auteurs n'ont jamais eu l'intention de s'occuper sérieusement d'une partie des mathématiques, qu'ils regardent comme accessoire, tandis qu'elle est la base de toute la science.

En donnant textuellement les solutions des divers auteurs pour leur opposer celles que j'ai adoptées, je n'ai pas cru qu'il fût nécessaire de faire de longues observations. Ce ne sont pas

les élèves que je cherche à convaincre, ce sont les professeurs ;
cet avant-propos n'est écrit que pour eux ; mais il faut qu'ils
me lisent, qu'ils veulent bien se donner la peine de juger sans
prévention si les méthodes que j'indique dans tout le cours de
cet ouvrage méritent de fixer leur attention, et si, par d'utiles
modifications, il ne serait pas possible d'y apporter des amélio-
rations.

Si on excepte *Condillac*, *Mauduit*, *Thévenau* et quelques
autres, tous les professeurs qui ont composé des traités d'a-
rithmétique ont dû se conformer au programme de la doc-
trine qu'ils enseignent dans les universités, et c'est là le mal
pour les démonstrations arithmétiques. Sur *cinq cents* élèves
qui étudient cette partie, il y en a à peine un qui soit destiné
aux écoles supérieures, et c'est justement à la classe la plus
intéressante , celle qui a le plus besoin de démonstrations
claires, simples, faciles à comprendre; celle qui, à raison de sa
position et de sa fortune, a peu de temps à sacrifier à l'étude,
que la méthode adoptée refuse les bienfaits de la science dont
elle pourrait tirer un si grand avantage.

L'arithmétique peut se passer de *l'algèbre*, mais jamais l'algèbre ne pourra se passer de l'arithmétique ; l'algèbre généralise
des formules ; mais lorsqu'il s'agit d'appliquer ces formules, le
mauvais arithméticien sera toujours un mauvais algébriste.

Les formules simples, concises, *élégantes même*, que fournit
l'algèbre, comment ont-elles été formées? Comment l'algébriste
est-il parvenu à les exprimer d'une manière précise? C'est par
le *raisonnement*, appuyé de toutes les ressources que lui fournit
l'arithmétique; c'est en *comparant les quantités*, c'est en les
augmentant, en les *diminuant*, en les *multipliant* et en les
divisant, etc., etc., qu'il a établi successivement ses équations,
et qu'il a obtenu ses formules.

Loin de moi l'idée de contester les avantages qu'on peut re-
tirer de l'algèbre, ou plutôt du *calcul littéral*, en l'appliquant
aux hautes sciences mathématiques; mais je ne veux pas que
l'élève *qui doit apprendre l'algèbre* prenne les formules comme
il les trouve, et qu'il les emploie machinalement comme un

instrument propre à lui éviter la peine de raisonner ou de penser.

Je veux que le raisonnement précède la formule, que cette formule soit établie par lui, et que les connaissances qu'il a acquises en arithmétique le rendent supérieur à toutes les difficultés.

La haute portée du calcul littéral ne s'accorde point avec les démonstrations arithmétiques qui doivent toujours, par leur simplicité, être à la portée de toutes les intelligences. Des idées particulières on parvient aux idées générales; ce n'est qu'après s'être familiarisé avec les théories spéciales et particulières qu'on peut arriver aux *théories abstraites*, aux démonstrations générales.

L'arithmétique, dans ses développements, offre les plus grandes ressources; c'est ainsi qu'à l'aide du raisonnement elle fait trouver, au moyen d'une très petite division, la valeur d'une rente viagère sur une tête, quel que soit l'âge de l'individu, en connaissant seulement l'ordre de mortalité; tandis que l'algèbre, dans le même cas, donne des formules qui conduisent à des calculs tellement longs, qu'on s'est vu obligé, pour ainsi dire, d'y renoncer; c'est ainsi qu'on parvient également, par la simple addition de deux sommes, à déterminer les rapports *successifs* et simplifiés d'un rapport donné et exprimé par un grand nombre.

Les différentes propriétés dont jouissent les nombres, et dont la plupart ont été signalées par les auteurs, offrent une foule de moyens plus simples et plus faciles les uns que les autres pour résoudre toutes sortes de questions; il arrive souvent qu'on emploie quatre ou cinq fois plus de temps à mettre un problème en *équation algébrique* qu'on n'en mettrait à le résoudre par le raisonnement.

Dans certains cas, l'algèbre, avec toute la rigidité de ses principes et la régularité de ses méthodes, entraîne, par la suite des raisonnements qu'elle nécessite, à une multitude d'opérations tout à fait inutiles, lorsqu'on emploie simplement l'analyse arithmétique.

En général, les trop longues démonstrations, les analyses trop minutieuses fatiguent et rebutent au lieu d'encourager ; il faut laisser toute latitude à l'intelligence de l'élève, et supposer qu'il a retenu les principes qu'on lui a déjà développés.

Une indication claire et brève des opérations qu'il a à effectuer fixera mieux son attention que des démonstrations diffuses et embrouillées, qui, presque toujours, lui font supposer des difficultés où il n'en existe pas.

Parmi le grand nombre d'auteurs qui ont écrit des traités d'arithmétique, il en est qui, pour vouloir trop prouver, ne prouvent rien ; ils n'ont pas assez réfléchi que l'arithmétique est la clef de la science, que celui qui l'apprend est étranger à tout langage scientifique, et qu'en se servant d'expressions que l'élève ne peut comprendre, pour lui démontrer ce qu'il ne comprend pas davantage, on ne fait qu'augmenter les difficultés.

Les règles qui donnent le moyen d'effectuer les opérations matérielles de l'arithmétique sont, pour ainsi dire, invariables ; il n'est plus possible de rien ajouter aux méthodes connues et adoptées ; toute innovation en ce genre deviendrait, à *quelques exceptions près*, impraticables ; c'est l'application convenable de ces règles à la solution de toutes sortes de questions qui constitue la *science de l'arithmétique*.

Je pense qu'on ne doit s'occuper d'abord que des opérations, simplement comme elles sont indiquées, sans parler des moyens qu'on pourrait employer pour les abréger.

Si l'élève est intelligent, il se créera lui-même, suivant les cas qui se présenteront, une méthode abrégée, conforme à sa manière de sentir, à sa manière de voir, et qui, peut-être, ne conviendrait à nul autre.

Sur une foule de moyens abrégés, indiqués par les auteurs, il n'en est que très-peu qui soient mis en pratique ; et cependant chaque calculateur abrége à sa manière.

Ce qu'on peut faire de mieux, c'est de persuader à l'élève que lorsqu'il connaît et qu'il sait exécuter avec facilité les opérations qu'exigent les règles *invariables et matérielles du calcul arithmétique,* les connaissances qu'il a acquises à cet égard, appuyées du raisonnement et des calculs successifs qu'il sera à même de faire, seront suffisantes pour le mettre dans le cas de résoudre toutes les questions qu'on propose en arithmétique, quelque compliquées qu'elles puissent être.

Ne dites jamais à l'élève qu'il ne peut pas faire telle ou telle opération, c'est la persuasion où il est qu'il existe des difficultés qu'il ne peut surmonter avec ses seules connaissances qui l'empêche de faire des efforts pour vaincre les obstacles qu'il rencontre. Aussitôt qu'il sait bien opérer *l'addition* et *la soustraction, la multiplication* et *la division* sur les *nombres entiers*, il faut lui faire résoudre un grand nombre de questions analogues à ces règles, avant de le faire passer au calcul des fractions de toutes espèces, aux extractions de racines, etc., etc. Rompu à ces premiers calculs, qu'il ne fera que répéter plus tard pour les autres opérations, ayant acquis l'habitude de l'analyse par le raisonnement, et connaissant toutes les ressources qu'offrent les analogies et les comparaisons pour résoudre les questions d'abord très-simples, il parviendra successivement à vaincre toutes les difficultés, et il exécutera facilement des calculs qu'il croyait être au-dessus de sa portée, et qu'il reconnaîtra n'être qu'une application très-ordinaire de tous ceux qui lui sont familiers.

Qu'on lui fasse résoudre progressivement toutes les questions qui se rattachent aux règles de *trois*, de *société*, d'*une* et de *deux fausses positions, aux rapports*, etc., etc., pourvu qu'elles soient exprimées en nombres entiers, surtout qu'on se garde de lui parler de règles *particulières* ou *générales*; qu'on lui présente toutes les questions sans lui faire aucune observation, il les résoudra par le raisonnement comme il a fait pour les autres, et ce ne sera pas sans étonnement que, plus tard, il apprendra qu'on avait établi une foule de règles différentes, qui se rattachaient particulièrement à chacune de ces questions.

Dans cette première étude, c'est non-seulement la science du calcul qu'il apprend, c'est encore la science du raisonnement, la science de l'analyse; l'attention qu'il portera à découvrir les *relations,* les *analogies* qui existent entre les quantités qu'il doit comparer pour obtenir des résultats, il la portera dans toute autre circonstance, lors même qu'il s'agira de propositions tout à fait étrangères aux calculs; et, dans ce cas, plus les *calculs matériels* qu'il aura à exécuter seront faciles, plus il sera à même de vérifier l'exactitude des résultats qu'il aura obtenus.

L'application progressive de chaque règle à la résolution d'un grand nombre de problèmes est, je le répète, le meilleur moyen de faire connaître à l'élève l'emploi qu'il peut faire des connaissances qu'il a acquises, et en même temps de développer son intelligence et former son jugement.

Chaque énoncé fournit, pour ainsi dire, un moyen différent d'arriver au résultat d'une manière abrégée.

Les règles générales, dans beaucoup de cas, augmentent les calculs au lieu de les abréger; leur marche invariable ne peut se restreindre aux moyens d'abréviations que le raisonnement ne laisse pas échapper.

Les anciens auteurs avaient hérissé l'arithmétique d'une foule de règles plus insignifiantes les unes que les autres; mais chaque jour on fait justice de tout ce fatras, et l'on finira par les supprimer entièrement, en ramenant tout au même principe d'analyse.

L'ARITHMÉTIQUE A L'ALGÈBRE

CHAPITRE PREMIER.

ÉQUATIONS SIMPLES ET COMPOSÉES DU DEUXIÈME DEGRÉ PAR L'EXTRAC-
TION DES RACINES, APPLICATION DIRECTE DES PRINCIPES GÉNÉRAUX
ET DES THÉORÈMES QUI S'Y RAPPORTENT.

PROBLÈME 1er. — Le produit de deux nombres est 252, et le
plus petit est égal à la 8e partie de leur somme ; quels sont ces
nombres ?

SOLUTION.

La somme étant $\frac{8}{1}$, les deux nombres, suivant l'énoncé,
sont : $\frac{1}{1}$ et $\frac{7}{1}$.

Ainsi : $\frac{1}{1} \times \frac{7}{1}$ ou $\frac{7}{1}^2 = 252$.　$\frac{1}{1} \times \frac{1}{1} = 252 : 7 = 36$

$\frac{1}{1} = \sqrt{36} = 6 =$ le plus petit nombre.

$6 \times 7 = 42 =$ le plus grand.

Si le produit étant 63, la différence était égale à la 8e partie
de la somme. En prenant $\frac{2}{1}$ pour la différence, la somme serait
$\frac{16}{1}$, et le plus grand nombre $\frac{9}{1}$.

$$\frac{7}{1} \times \frac{9}{1} = 63$$
$$\frac{1}{1} \times \frac{9}{1} = 9$$
$$\frac{1}{1} \times \frac{1}{1} = 1$$
$$\text{donc } \frac{1}{1} = 1 \quad \frac{7}{1} = 7 \quad \frac{9}{1} = 9$$

Les nombres sont 7 et 9.

P. 2. — Déterminer les deux facteurs de 168, dont le plus petit est sextuple de la différence.

SOLUTION.

En prenant $\frac{1}{1}$ pour la différence, $\frac{6}{1}$ et $\frac{7}{1}$ seront les deux facteurs. Par suite :

$$\frac{6}{1} \times \frac{7}{1} = 168 \quad \frac{1}{1} \times \frac{7}{1} = 28 \quad \frac{1}{1} \times \frac{1}{1} = 4$$

$$\sqrt{4} = {} = \text{la différence} = \frac{1}{1} \quad 2 \times 6 = 12 \quad 2 \times 7 = 14.$$

Les facteurs sont 12 et 14.

Si le produit étant 168, 13 fois la différence était égale à la somme en prenant $\frac{1}{1}$ pour la différence. $\frac{13}{1} + \frac{1}{1} : 2 = \frac{7}{1} =$ le plus grand nombre. $\frac{7}{1} - \frac{1}{1} = \frac{6}{1} =$ le plus petit.

$$\frac{7}{1} \times \frac{6}{1} = 168$$
$$\frac{42}{1} = 4 = 168 : 42$$

$\frac{1}{1} = 2 =$ la différence. $2 \times 13 = 26 =$ la somme. $\overline{2 + 12} : 2 = 14 \quad 26 - 14 = 12$

Les nombres sont 12 et 14.

P. 3. — Le carré de la différence de deux nombres, dont la somme est 12, excède leur produit de 9. Quels sont ces nombres?

SOLUTION.

En prenant $\frac{2}{1}$ pour la différence, les nombres seront $6 + \frac{1}{1}$ et $6 - \frac{1}{1}$. et leur produit sera $\overline{6 + \frac{1}{1}} \times \overline{6 - \frac{1}{1}} = 36 - \frac{1}{1}^2$; donc, suivant l'énoncé.

Le carré de la différence étant $\frac{4}{1}^2$

$$36 - \frac{1}{1} + 9\,\frac{4}{1}^2$$

$45 - \frac{8}{1}^2 \quad \frac{1}{1}^2 = 9 \quad \frac{1}{1} = \sqrt{9} = 3. \quad \frac{2}{1} = 6 =$ la différence. Les nombres sont donc $\dfrac{12 + 6}{2} = 9$ et $12 - 9 = 3$.

P. 4. — On a placé un capital à 5 pour $\frac{0}{0}$, et en le multipliant par ses intérêts simples de 21 mois, le produit est 7,087,500. Quel est le capital?

5 pour $\frac{n}{n} = \frac{1}{20}$ du capital, $\frac{21}{12}$ de $\frac{1}{20} = \frac{7}{80}$. Ainsi $\frac{1}{1}$ étant le capital.

$$1^{\text{o}} \quad \frac{1}{1} \times \frac{7}{80} = 7.087.500$$
$$2^{\text{o}} \quad \frac{1}{1} \times \frac{1}{80} = 1.012.500$$
$$3^{\text{o}} \quad \frac{1}{1} \times \frac{1}{8} = 10.125.000$$
$$4^{\text{o}} \quad \frac{1}{1} \times \frac{1}{1} = 81.000.000$$

$$\sqrt{81{,}000{,}000} = 9000 \text{ francs} = \text{le capital demandé.}$$

P. 5. — En joignant le plus petit de deux nombres au plus grand, il devient sextuple du plus petit nombre, et si, sans opérer de changement, on multiplie le plus petit par leur différence, le produit est 864.

Déterminer ces nombres?

SOLUTION.

$\frac{1}{1}$ étant le plus petit nombre, après la mutation, les nombres seront $\frac{1}{2}$ et $\frac{6}{2}$; avant ils étaient donc $\frac{1}{1}$ et $\frac{5}{2}$, et leur différence est $\frac{3}{2}$, dans ce cas, suivant l'énoncé :

$$1^{\text{o}} \quad \frac{1}{1} \times \frac{3}{2} = 864$$
$$2^{\text{o}} \quad \frac{1}{1} \times \frac{1}{2} = 288$$
$$3^{\text{o}} \quad \frac{1}{2} \times \frac{1}{2} = 144$$

$\sqrt{144} = 12 = \frac{1}{2}$. $\frac{1}{1} = 24 = $ le plus petit nombre. La différence $= 864 : 24 = 36$.

Le plus grand nombre $= 24 + 36 = 60$.

P. 6. — Le produit du plus grand de deux nombres par leur somme est 5040, et si l'on ajoute au plus petit les $\frac{5}{10}$ du plus grand, ils deviennent égaux.

Quels sont ces nombres?

SOLUTION.

Soit $\frac{10}{10}$ le plus grand des deux nombres, après la mutation, ces nombres seront $\frac{7}{10}$ et $\frac{7}{10}$, avant ils étaient donc $\frac{10}{10}$ et $\frac{4}{10} = \frac{2}{5}$ et $\frac{5}{5} = $ les nombres, leur somme est $\frac{7}{5}$.

$$\text{Ainsi :} \quad \frac{5}{5} \times \frac{7}{5} = 5040$$
$$\frac{1}{5} \times \frac{1}{5} = 144 = 5040 : 35$$

$$\sqrt{144}=12=\tfrac{1}{3} \quad \tfrac{2}{3}=24 \quad \tfrac{5}{3}=60$$
$$\tfrac{7}{3} \text{ ou la somme}=84, \text{ etc.}$$

P. 7. — Déterminer deux nombres entiers, et tels que leur produit étant 108, leur différence soit égale à la 7ᵉ partie de leur somme.

$\tfrac{7}{1}$ étant la somme, $\tfrac{1}{1}$ est la différence.

$$\frac{\tfrac{7}{1}+\tfrac{1}{1}}{2} = \tfrac{4}{1} = \text{ le plus grand nombre.}$$

$$\tfrac{4}{1} - \tfrac{1}{1} = \tfrac{3}{1} = \text{le plus petit; ainsi :}$$

$$\tfrac{3}{1}\times\tfrac{4}{1}=108 \quad \tfrac{1}{1}\times\tfrac{4}{1}=36 \quad \tfrac{1}{1}\times\tfrac{1}{1}=9$$

$$\sqrt{9}=3=\tfrac{1}{1} \quad \tfrac{3}{1}=9 = \text{ le plus petit nombre.}$$

$$4\times3=12=\text{ le plus grand.}$$

Si le produit étant 221. 7 fois $\tfrac{1}{2}$ la différence était égale à la somme.

En prenant $\tfrac{4}{1}$ pour la différence, la somme serait $\tfrac{30}{1}$; les nombres seraient $\overline{\tfrac{30}{1}+\tfrac{4}{1}} : 2$ et $\overline{\tfrac{30}{1}-\tfrac{4}{1}} : 2 = \tfrac{17}{1}$ et $\tfrac{13}{1}$;

Ici l'on a pris $\tfrac{30}{1}$ et $\tfrac{4}{1}$ au lieu de $\tfrac{1}{1}$ et $\tfrac{15}{2}$ afin d'éviter les fractions; par suite :

$$\tfrac{17}{1}\times\tfrac{13}{1}=221$$
$$\tfrac{1}{1}\times\tfrac{13}{1}= 13$$
$$\tfrac{1}{1}\times\tfrac{1}{1}= 1$$

Ainsi les nombres sont 1×13 et $1\times17 = 13$ et 17.

P. 8. — Décomposer 11 en deux parties telles que la somme de leurs carrés soit 73.

$11^2 - 73 = 121 - 73 = 48 = $ (XXXVI) le double du produit.

$73 - 48 = 25; \quad \sqrt{25}=5=$ la différence des deux nombres dont la somme est 11.

Les parties sont $(\overline{11+5}) : 2 = 8$ et $11-8=3$.

Si l'on donnait la différence 5 au lieu de la somme 11, on aurait, d'après les mêmes principes, $73 - 5^2 = 48 = $ le double produit. $73 + 48 = 121 = $ le carré de la somme des racines.

P. 9. — Déterminer les deux facteurs de 24, dont la somme des carrés est 73.

SOLUTION.

Par réciproque du problème précédent l'on aura :

$24 \times 2 + 73 = 121.$ $\sqrt{121} = 11 = $ la somme.

$73 - \overline{24 \times 2} = 25.$ $\sqrt{25} = 5$ la différence relative à la somme 11. Les facteurs sont 3 et 8.

P. 10. — Déterminer deux facteurs tels que leur quotient étant 6, la somme de leurs carrés soit 338.

SOLUTION.

Ce problème se rapporte aux deux précédents. On aura : (XXXV).

$333 : 6^2 + 1 = 333 : 37 = 9 = $ le carré du plus petit nombre.

$\sqrt{9} = 3$ $3 \times 6 = 18.$

Les nombres sont 3 et 18.

Si l'on donnait $2\frac{1}{2}$ et 464 au lieu de 6 et 333, l'on aurait :

$$464 : \overline{2\tfrac{1}{2}^2 + 1} = 464 : 6\tfrac{1}{4} + 1 = \frac{464 \times 4}{29} = 16 \times 4 = 64.$$

$\sqrt{64} = 8.$ $8 \times 2\frac{1}{2} = 20.$

Les deux nombres sont 8 et 20.

P. 11. — Déterminer deux facteurs tels que leur quotient étant 6, la différence de leurs carrés soit 315.

SOLUTION.

Réciproque du problème précédent, en raison des mêmes principes, on aura (XXXV) :

$$315 : (6^2 - 1) = 315 : 35 = 9$$

$\sqrt{9} = 3;$ $3 \times 6 = 18.$ Nombres 3 et 18.

Pour le quotient 2.2.2 et la différence des carrés 336. On aurait :

$$336 : \left(2\tfrac{1}{2}^2 - 1\right) = 336 : 5\tfrac{1}{4} = \frac{336 \times 4}{21} = 16 \times 4 = 64. \quad \sqrt{64}$$

$= 8 =$ le plus petit nombre.

$8 \times 2\tfrac{1}{2} = 20 =$ le plus grand.

P. 12. — Déterminer un nombre tel qu'en y ajoutant 5, et en en retranchant 5, le produit des deux nombres résultant soit 96. (Euler, *Algèbre*.)

SOLUTION.

x étant pris pour le nombre, $x+5$ et $x-5$ sont les deux facteurs du produit 96. Ainsi, suivant l'énoncé :

$$x+5 \times x-5 = 96 \quad x^2 - 25 = 96 \quad x^2 = 96+25 = 121$$
$$\sqrt{121} = 11 = x.$$

Par suite, les facteurs sont, $11 + 5 = 16$, et $11 - 5 = 6$; $16 \times 6 = 96$.

Si en ajoutant x à 10 et en le retranchant de 10, le produit des deux nombres résultants était 51, les deux facteurs et le produit seraient $10 \, x$. $10 - x = 7$ et $10^2 - x$. Ainsi : $100 - x = 100 - 51 = 49$.

$\sqrt{49} = 7 \, x$. Les facteurs sont $7 + 10$ et $10 - 7 = 17$ et 3; de cette manière on obtient directement la valeur de x ou du nombre qui sert à déterminer les facteurs; pour obtenir immédiatement ces facteurs l'on dirait par voie de soustraction :

$$
\begin{aligned}
&\text{Si \quad de} \quad x + 5\\
&\text{On ôte} \quad x - 5\\
\hline
&\text{Il reste} \quad 10 + 5 - 5 = 10.
\end{aligned}
$$

Ainsi la différence des deux facteurs de 96 est 10, par suite, (XXXIX). $\sqrt{5^2 + 96} = \sqrt{121} = 11 =$ la demi-somme; $11 + 5 = 16 \quad \overline{11 - 5} = 6$.

Les facteurs sont 6 et 16.

Pour le produit 51, l'on aurait par voie d'addition $(10 + x) + (10 - x) = 20 =$ la somme des deux facteurs de 51.

$\sqrt{10^2 - 51} = 7 =$ la demi-différence.

$10 + 7 = 17$. $10 - 7 = 3$. Les facteurs sont 3 et 17. (Voir les n^{os} suivants).

P. 13. Le quotient et la somme des carrés de deux nombres sont 3 et 160.

Quels sont ces nombres?

SOLUTION.

$\frac{1}{1}$, $\frac{3}{1}$ et $\frac{10^2}{1}$ sont les deux nombres et la somme des carrés; par suite :

$$\frac{10^2}{1} = 160 \quad \frac{1^2}{1} = 16 \quad \frac{1}{1} = \sqrt{16} = 4 \quad \frac{3}{1} = 12$$

Les racines sont 4 et 12.

Le rapport des racines étant $1\frac{1}{2}$ à $3\frac{1}{4}$, et la somme des carrés 512,50, on aurait pour le rapport simplifié 6 à 13; par suite :

$$\frac{36}{1}^2 + \frac{169}{1}^2 = \frac{205}{1}^2 = 512.50,$$
$$\frac{1^2}{1} = 512,5 : 205 = 2,5. \quad \sqrt{2,5} = 0,5 = \frac{1}{2}$$

Les racines $= 6 \times \frac{1}{2}$ et $13 + \frac{1}{2} \times 3$ et $6\frac{1}{2}$.

P. 14. Le quotient et la différence des carrés de deux nombres sont 3 et 128.

Quels sont ces nombres?

SOLUTION.

$\frac{1}{1}$ étant le plus petit nombre, le plus grand est $\frac{3}{1}$, leur différence $\frac{2}{1}$ et leur somme $\frac{4}{1}$, ainsi (XXXII) :

$$\frac{4}{1} \times \frac{2}{1} = 128$$
$$\frac{1}{1} \times \frac{1}{1} = 16 = 128 : 8.$$
$$\sqrt{16} = 4 = \text{le plus petit nombre.}$$
$$4 \times 3 = 12 = \text{le plus grand.}$$

Les données étant 7 et 1200, l'on aurait $\frac{1}{1}$, $\frac{7}{1}$, $\frac{6}{1}$ et $\frac{8}{1}$ pour les deux nombres; leur différence et leur somme ainsi :

$$\frac{6}{1} \times \frac{8}{1} = 1200$$
$$\frac{1}{1} \times \frac{8}{1} = 200$$
$$\frac{1}{1} \times \frac{1}{1} = 25 \quad \sqrt{25} = 5 = \frac{1}{1}$$

Les nombres sont 5 et $5 + 7 = 35$.

Les nombres étant entre eux comme 3 à 7, et la différence des carrés 640, on aurait $\frac{3}{1}$, $\frac{7}{1}$, $\frac{4}{1}$ et $\frac{10}{1}$ pour les deux nombres, la différence et la somme des racines ; par suite, comme ci-dessus.

$$\frac{10}{1} = \frac{4}{1} = 640$$
$$\frac{1}{1} \times \frac{4}{1} = 64$$
$$\frac{1}{1} \times \frac{1}{1} = 16 \qquad \sqrt{16} = 4 = \frac{1}{1}$$
$$\frac{5}{1} = 12. \quad \frac{7}{1} = 28$$

Si l'on eût donné le quotient $2\frac{1}{3}$ au lieu du rapport 3 à 7, les termes seraient changés ; mais la question serait identiquement la même, car le quotient de deux nombres, quels qu'ils soient, exprime toujours le rapport qu'ils ont entre eux.

P. 15. Quels sont les deux nombres dont le quotient et le produit sont $3\frac{1}{4}$ et 208 ?

SOLUTION.

$$208 : 3\frac{1}{4} = \frac{208 \times 4}{13} = 64 \qquad \sqrt{64} = 8 = \text{(XXIX) le plus petit}$$

nombre ; $208 : 8 = 26 =$ le plus grand. Ou $\sqrt{208 \times 3\frac{1}{4}} = \sqrt{676} = 26 =$ le plus grand nombre. $208 : 26 = 8 =$ le plus petit. Or, en considérant le quotient comme le rapport qui existe entre les deux facteurs, on aura pour le rapport 1 à $3\frac{1}{4}$ qui devient 4 à 13.

Les facteurs étant 4 et 13, leur produit serait 52 au lieu d'être 208. $208 : 52 = 4$ $\sqrt{4} = 2$.

Les nombres sont 4×2 et $13 \times 2 = 8$ et 26.

Si, le quotient restant le même, le produit était 13, on aurait par cette dernière méthode, qui est la plus simple, $4 \times 13 = 52$ $52 : 13 = 4$ $\sqrt{4} = 2$ Les nombres sont $4 : 2$ et $13 : 2 = 2$ et $6\frac{1}{2}$.

P. 16. — Le produit des deux nombres est 252, et le quotient de la moitié du plus petit par $\frac{1}{7}$ du plus grand est 2.

Quels sont ces nombres ?

SOLUTION.

$$\tfrac{1}{2} : \tfrac{1}{7} = 2$$
$$\tfrac{1}{4} : \tfrac{1}{7} = 4 = 2 \times 2$$
$$\tfrac{1}{4} : \tfrac{1}{4} = 4 : 7 = \tfrac{4}{7}$$

Aussi le quotient ou le rapport des deux nombres ou des deux racines est 4 à 7. $4 \times 7 = 28$; $252 : 28 = 9$. $\sqrt{9} = 3$; les nombres sont $4 \times 3 = 12$ et $7 \times 3 = 21$.

Si l'on donnait la somme des carrés 545 au lieu du produit 252, la solution serait la même; l'on aurait $16 + 49 = 65 =$ la somme des carrés des termes du rapport. $585 : 65 = 9$.

$$\sqrt{9} = 3. \quad 4 \times 3 \text{ et } 7 \times 3 = 12 \text{ et } 21, \text{ etc., etc.}$$

Si au lieu de 585 on donnait 297 pour la différence des carrés, l'on aurait pour la différence des carrés des deux termes du rapport, $11 \times 3 = 33$ $297 : 33 = 9$ $\sqrt{9} = 3$, etc., etc.

P. 17 — Deux nombres sont entre eux comme 5 à 4; et en ajoutant leur somme à leur différence pour multiplier le total par les $\tfrac{3}{4}$ du plus petit, l'on obtient 1080.

Quels sont ces nombres?

SOLUTION.

$\tfrac{4}{1}$, $\tfrac{5}{1}$, $\tfrac{9}{1}$ et $\tfrac{1}{1}$ sont les deux nombres, la somme et la différence. Ainsi, suivant l'énoncé :

$$\tfrac{10}{1} \times \tfrac{3}{1} = 1080$$
$$\tfrac{1}{1} \times \tfrac{3}{1} = 108$$

$\tfrac{1}{1} \times \tfrac{1}{1} = 36$. $\sqrt{36} = 6 =$ la différence ou $\tfrac{1}{1}$, $4 \times 6 = 24 =$ le plus petit nombre.

$$5 \times 6 = 30 = \text{le plus grand.}$$

Si, le rapport étant le même, en multipliant la différence qui existe entre leur somme et le triple de leur différence par le quintuple du plus grand, l'on obtenait 5400, l'on aurait comme dessus, pour les deux nombres, la somme et la différence. $\tfrac{4}{1}$, $\tfrac{5}{1}$, $\tfrac{9}{1}$ et $\tfrac{1}{1}$, par suite $\tfrac{9}{1} - \tfrac{3}{1} \times \tfrac{25}{4} = \tfrac{6}{1} \times \tfrac{25}{4} = 5400$. $\tfrac{1}{1} \times \tfrac{25}{4} = 900$. $\tfrac{1}{1} \times \tfrac{1}{1} = 36$ $\sqrt{36} = 6$, etc., etc.

Les nombres sont 24 et 30.

P. 18. — La somme des deux nombres est 24, et le rapport de leurs carrés est 1 à 9.

Quels sont ces nombres ?

SOLUTION.

Les carrés étant 1 et 9, les nombres seraient 1 et 3, et leur somme 4 au lieu d'être 24 ; 1 et 3 sont donc 6 fois trop petits, et les nombres demandés sont 1×6 et $3 \times 6 = 6$ et 18. La somme étant 45 et le rapport des carrés 4 à 9, les nombres seraient 18 et 27. Les racines 4 et 9 sont 2 et 3 dont la somme est 5. $2 \times \dfrac{45}{5} = 18.$ $\dfrac{3 \times 45}{5} = 27.$

Cette solution ne présente aucune difficulté, parce que les données sont exactes, c'est-à-dire que le rapport donné est bien celui qui existe entre les carrés des deux parties de la somme donnée ; mais si l'on voulait partager une ligne de 27 mètres en deux parties telles que le rapport de leurs carrés soit 3 à 4, 3 n'étant pas un carré exact, les parties ne peuvent être déterminées qu'approximativement, elles seraient 14,47 et 12,53, à moins d'un millième près.

$$\sqrt{3} = 1{,}732 \quad \sqrt{4} = 2; \quad 1{,}732 \times 2 = 3{,}732.$$
$$27 : 3{,}732 = 7{,}2347; \quad 1{,}732 \times 7{,}2347 = 12{,}53.$$
$$2 \times 7{,}2347 = 14{,}47. \quad 12{,}53 + 14{,}47 = 27, \text{ etc., etc.}$$

P. 19. — Déterminer deux nombres tels que leur somme et la somme de leurs cubes soient 13 et 793.

SOLUTION.

Application du principe (LIV et LV) :

$$793 : 13 = 61 \quad \frac{169 - 61}{3} = \text{le produit de deux racines dont}$$
la somme est 13.

$$61 - 36 = 25 \quad \sqrt{25} = 5 = \text{la différence, etc., etc.}$$

Les racines sont $\dfrac{13 + 5}{2} = 9$ et $13 - 9 = 4$

Si la différence des cubes et celle des racines étaient 665 et 5, l'on aurait :

$$665 : = 133$$

$133 - 5^2 = 36 =$ le produit des deux nombres dont la différence est 5.

Les racines sont donc $\dfrac{13+5}{2} = 9$ et $13 - 9 = 4$.

P. 20. — Un nombre est tel qu'en l'ajoutant à 20 et en le retranchant de 14, on obtient deux facteurs dont le produit est 120.

Quels sont le nombre et les facteurs?

SOLUTION.

$14 - x + 20 + x = 14 + 20 = 34 =$ la somme des deux facteurs de 120. Ainsi (XXXIX) :

$\sqrt{17^2 - 120} = \sqrt{169} = 13 =$ la demi-différence des facteurs, qui sont $17 + 13$ et $57 - 13 = 4$ et 30.

$$x = 30 - 20 \text{ ou } 14 - 4 = 10$$

Si x augmenté de 7 et diminué de 3 donnait les deux facteurs de 119, l'on aurait par voie de soustraction :

$(x + 7) - (x - 3 = x + 7 - (x - 3, = 10 =$ la différence des deux facteurs de 119.

Par suite :

$\sqrt{119 + 5^2} = \sqrt{144} = 12 =$ la demi-somme des facteurs, qui sont $12 + 5$ et $12 - 5 = 17$ et 7. $x = (7 + 3)$ ou $(17 - 7) = 10$.

P. 21. — Trouver un nombre carré tel qu'en le diminuant de 24, on obtienne le quintuple de sa racine.

SOLUTION.

x étant la racine et x^2 le carré, l'équation sera $x^2 - 24 = x$; $x - 5 \times x = 24$. Ce qui donne 5 pour la différence des deux facteurs de 24. $\sqrt{5^2 + 96} = \sqrt{121} = 11 =$ la somme des deux facteurs dont la différence est 5, et dont le plus grand est $\frac{1}{4}$, donc :

$$\overline{11+5} : 2 = 8 = \frac{1}{4} \text{ ou la racine.} \quad 8^2 = 64 = \frac{12}{4}.$$

Dans tous les cas semblables, la différence des deux facteurs du nombre donné, considéré comme produit, est 5, 6, 8, etc., suivant qu'on obtient 5 fois, 6 fois, 8 fois sa racine.

Si en diminuant de 24 on obtenait le double de sa racine, on aurait 2 pour la différence des facteurs de 24, et le plus grand de ces facteurs serait $\frac{1}{4}$ ou la racine :

$$\sqrt{\overline{1+24}} = \sqrt{25} = 5 = \text{la demi-somme.}$$
$$\overline{5+1} = 6 = \frac{1}{4} \quad \frac{12}{4} \, 36.$$

Si en retranchant 260 d'un carré il restait sept fois sa racine, on aurait :

$$\sqrt{\overline{7^2+260\times4}} = \sqrt{\overline{49+4010}} = \sqrt{1089} = 33.$$
$$\overline{33+7} : 2 = 20 = \frac{1}{4} \quad \frac{12}{4} = 400, \text{ etc.}$$

P. 22. — Déterminer les deux facteurs de 252, dont la somme des $\frac{2}{3}$ du plus petit et des $\frac{3}{7}$ du plus grand est 17.

SOLUTION.

$$252 \times \tfrac{2}{3} \times \tfrac{3}{7} = \frac{252 \times 6}{21} = 6 \times 12 = 72 = \text{ le produit des deux}$$

facteurs dont la somme est 17. $(17+1) : 2 = 9; \quad 9-1 = 8.$
$$\sqrt{\overline{17^2-72\times4}} \quad \sqrt{\overline{1}} = 1 = \text{ la différence.}$$

Les nombres sont $8 \times \tfrac{3}{2} = 12$ et $\dfrac{252}{12} = 21$. $12 : \tfrac{2}{3} = 8 \quad 21 :$
$\tfrac{3}{7} = 9.$

Si, le produit étant 24, total de 3 fois le plus petit et de 5 fois le plus grand était 39, l'on aurait $24 \times 3 \times 5 = 24 \times 15 = 360$. Le produit et la somme des deux facteurs sont 360 et 39 :

$$\sqrt{\overline{39^2-1440}} = \sqrt{\overline{81}} = 9. \quad \overline{39+9} : 4 = 24. \quad 39-24 = 15.$$
Les nombres sont $21 : 3 = 8$ et $15 : 5 = 3.$

P. 23. — Un nombre est tel que sa moitié est autant au-dessous de 16 que le double de son carré est au-dessus de 116.

Quel est-il?

SOLUTION.

$\frac{1}{1}$ étant pris pour le nombre, on aurait :

$$1^{o} \quad \tfrac{1}{1} - 116 = 16 - \frac{\frac{1}{1}}{2}$$
$$2^{o} \quad \tfrac{1}{1}^{2} - 232 = 32 - \tfrac{1}{1}$$
$$3^{o} \quad \tfrac{1}{1}^{2} + \tfrac{1}{1} = 264$$
$$4^{o} \quad \tfrac{1}{1} + 1 \times \tfrac{1}{1} + 264$$
$$5^{o} \quad \tfrac{1}{1} + \frac{\frac{1}{1}}{4} \times \tfrac{1}{1} = 66$$

Le nombre demandé, suivant cette dernière équation, est forcément égal à la racine du plus grand carré contenu dans 66 ; le reste de l'extraction sera le quart de cette même racine :

$$\sqrt{66} = 8 \text{ et il reste } 2. \quad 2 \times 4 = 8 = \tfrac{1}{1}.$$
$$16 - 4 = 12 \quad 128 - 116 = 12$$

Si l'on donnait 154 pour le total d'un carré et des $\frac{3}{6}$ de sa racine, l'on aurait :

$$\sqrt{154} = 12 \text{ et il reste } 10. \quad \overline{10 \times 6} : 5 = 12 \quad \tfrac{1}{1} = 12, \text{ etc.}$$
(XLIII).

P. 24. — Décomposer 11 en deux parties telles que le produit de 3 fois la plus petite par 5 fois la plus grande soit 360.

SOLUTION.

$$360 : \overline{3 \times 5} = 24$$
$$\sqrt{\overline{121 - 96}} = \sqrt{25} = 5$$
$$\overline{11 + 5} : 2 = 8 \quad 11 - 8 = 3 \quad \text{les parties sont 3 et 8.}$$

Si le produit restant 24, le total de 7 fois le plus petit et de $\frac{1}{5}$ du plus grand étant 30, l'on aurait :

$$\frac{24\times 7}{3}=8\times 7=56=\text{ le produit relatif à }30.$$
$$\sqrt{15^2-56}=\sqrt{169}=13$$
$$13+15=28=\text{ le plus grand nombre.}$$
$$15-13=2=\text{ le plus petit.}$$

P. 25. — La différence de deux nombres est 6, et le quintuple de leur somme, augmenté de 2, est égal à leur produit.

Quels sont ces nombres?

SOLUTION.

$\frac{1}{1}$. $\frac{1}{1}+6$. $\frac{2}{1}+6$. $\frac{1^2}{1}+\frac{6}{1}$ sont les deux nombres, la somme et le produit. Ainsi, suivant l'énoncé :

$$\frac{10}{1}+30+2=\frac{1^2}{1}+\frac{6}{1}$$
$$\frac{1^2}{1}-\frac{4}{1}=32 \qquad \frac{1^2}{1}-4\times\frac{1}{1}=32$$
$$\sqrt{2^2+32}=\sqrt{36}=6$$
$$6+2=8=\text{le plus petit nombre.}$$
$$8+6=14=\text{ le plus grand.}$$

Si, la différence étant 8, la somme était égale à $\frac{1}{3}$ du produit, on aurait :

$\frac{1}{1}+8$; $\frac{6}{1}+24$ et $\frac{1^2}{1}+\frac{8}{1}$ pour les deux facteurs le triple de la somme et le produit. Ainsi :

$$\frac{1^2}{1}+\frac{8}{1}=\frac{6}{1}+24$$
$$\frac{1^2}{1}+\frac{2}{1}=24 \qquad \frac{1^2}{1}+2\times\frac{1}{1}=24$$
$$\sqrt{1+24}=\sqrt{25}=5$$
$$5-1=4=\text{le plus petit nombre.}$$
$$4+8=12=\text{ le plus grand.}$$

P. 26. — La différence de deux nombres est 10, et, en ajoutant au carré du plus grand le quintuple du plus petit, le total est 184.

Quels sont ces nombres?

SOLUTION.

$\frac{1}{1}$ et $\frac{1}{1}+10$ sous les nombres; ainsi : $\frac{1^2}{1}+\frac{5}{1}+50=184$

$$\frac{1^2}{1}+\frac{5}{1}=134$$
$$\frac{1^2}{1}+5\times\frac{1}{1}=134$$

$$\sqrt{25 + 234 \times 4} = \sqrt{961} = 31$$

Les nombres $\dfrac{31 - 5}{2} = 13$ et $13 - 10 = 3$.

$$13^2 + 3 \times 5 = 169 + 15 = 184.$$

Si la somme 16 était donnée, au lieu de la différence 10, on aurait pour les nombres x et $16 - x$; par suite $x^2 + 80 - = 184$ $x - 5 \times x = 184 - 80 = 104$. Différence et produit, 5 et 104.

$$\sqrt{25 + 416} = \sqrt{441} = 21$$

Les nombres sont $\dfrac{21 + 5}{2} = 13$ et $16 - 13 = 3$.

P. 27. —La somme de deux nombres est 90, et en retranchant le plus petit de leur différence l'on obtient le septième de leur produit.

Quels sont ces nombres?

SOLUTION.

x et $90 - x$ sont les deux nombres.

$90 - 2x =$ la différence. $90 - x^2 =$ le produit.

1" $\overline{90 - 2x} - x = 90 - 3x$.

2" $\overline{90 - 3x} \times 7 = 90 - x^2$.

3° $630 = 111x - x^2$.

4° $630 = 111 - x \times x$.

La somme des deux facteurs est 111 et leur produit 630.

$$\sqrt{111^2 - 630 \times 4} = \sqrt{9801} = 99.$$

$$\frac{111 - 99}{2} = 6 = \text{le plus petit nombre.}$$

$$90 - 6 = 84 = \text{le plus grand.}$$

P. 28. — La différence de deux nombres est 5, et en ajoutant 2 au carré du plus grand, l'on obtient le même résultat que si l'on ajoutait leur somme à la différence de leurs carrés.

Quels sont ces nombres?

11

SOLUTION.

Soit $\frac{1}{1}$ le plus grand nombre; $\frac{1}{1} - 5 =$ le plus petit; la diffé-
rence des carrés $= \frac{2}{1} - 5 \times 5 = \frac{10}{1} - 25$. Ainsi : $\frac{10}{1} - 25 + \frac{2}{1} - 5$
$= \frac{1}{1}^2 - 2.$

$$\frac{12}{1} - 32 = \frac{1}{1}^2 \qquad \frac{12}{1} - \frac{1}{1}^2 = 32 \qquad \overline{12 - \frac{1}{1}} \times \frac{1}{1} = 32$$

Somme et produit 12 et 32.

$$\sqrt{12^2 - 32 \times 4} = \sqrt{16} = 4.$$
$$\frac{12 + 4}{2} = 8. \quad 8 - 5 = 3.$$

Les nombres demandés sont 3 et 8.

P. 28 *bis*. — La somme de deux nombres est 19, et si l'on ajoute
sept fois le plus petit au carré du plus grand, le total est 193.

Quels sont ces nombres?

SOLUTION.

$\frac{1}{1}$ étant le plus petit nombre, $19 - \frac{1}{1} =$ le plus grand; par
suite :

$$\frac{1}{1}^2 + \overline{19 - \frac{1}{1}} \times 7 = \frac{1}{1} + \overline{133 - \frac{7}{1}} = 193.$$
$$\frac{1}{1}^2 - \frac{7}{1} = 193 - 133 = 60$$
$$\frac{1}{1} + 7 \times \frac{1}{1} = 60$$
$$\sqrt{49 + 240} = \sqrt{289} = 17.$$
$$\frac{17 + 7}{2} = 12. \quad 19 - 12 = 7.$$

Les nombres sont 7 et 12.

Si la somme, restant la même, le total de sept fois la différence et du carré du plus grand était 179, en prenant de même
$\frac{1}{1}$ et $19 - \frac{1}{1}$ pour les nombres, la différence serait $19 - \frac{2}{1}$; par suite :

$$\frac{1}{1}^2 + \frac{14}{1} - 133 = 179; \quad \frac{1}{1}^2 + \frac{14}{1} = 179 + 133 = 312$$

$\overline{\frac{1}{1} + 14} \times \frac{1}{1} = 312$. Ici la différence des deux facteurs est 14,
et le produit 312. Donc :

$$\sqrt{7^2 + 312} = \sqrt{361} = 19 = \text{la demi somme.}$$
$$\overline{19 - 7} = 12.$$

Les nombres sont 12 et $19 - 12 = 7$.

Si l'on donnait 133 pour la somme du carré du plus petit nombre, et de sept fois le plus grand, l'équation serait la même; mais ici $\frac{1}{1}$ serait le plus petit nombre et $19 - \frac{1}{1}$ serait le plus grand. Alors on aurait :

$$\tfrac{1}{1}^2 + \overline{19 - \tfrac{1}{1}} \times 7 = \tfrac{1}{1}^2 + 133 - \tfrac{7}{1} = 133$$
$$\tfrac{1}{1}^2 - \tfrac{7}{1} = 133 - 133 = 0$$
$$\tfrac{1}{1}^2 = \tfrac{7}{1} \qquad \tfrac{1}{1} = 7 \qquad 19 - 7 = 12$$

Les nombres sont 7 et 12.

L'on voit que $\tfrac{1}{1}^2 - \tfrac{7}{1} = \tfrac{1}{1} \times \overline{\tfrac{1}{1} - 7} \times \tfrac{1}{1}$; donc les deux termes ont $\frac{1}{1}$ pour diviseur commun, et en les divisant par $\frac{1}{1}$, il reste $\frac{1}{1} = 7$.

Si la somme était 21 et le total 155, on aurait :

$$\tfrac{1}{1}^2 + (\overline{\tfrac{2}{1} - \tfrac{1}{1}} \times 7) = \tfrac{1}{1}^2 + 147 - \tfrac{7}{1} = 155$$
$$\tfrac{1}{1}^2 - \tfrac{7}{1} - 155 - 147 = 8. \text{ Somme et produit, 7 et 8.}$$
$$\sqrt{49 + 32} = \sqrt{81} = 9$$
$$\frac{9 + 7}{2} = 8 \qquad 21 - 8 = 13.$$

Les nombres sont 8 et 13.

P. 29. — Déterminer en nombres entiers et positifs les deux côtés d'un rectangle dont la superficie est exprimée par 126 mètres.

SOLUTION.

La superficie d'un rectangle est le produit de ses deux côtés; ainsi, dire que la superficie d'un rectangle est 126, c'est dire que le produit des deux facteurs est 126; dans ce cas, le produit est la superficie et les deux facteurs sont les deux côtés. (Voir LXXIII et LXXIV.)

Ici le plus petit facteur ne peut être plus grand que 11 (LXXII). Ainsi tous les nombres de 1 à 11 qui diviseront exactement 126 pourront être pris pour les plus petits facteurs, ou pour le plus petit côté; or, parmi ces nombres, 5. 4. 8. 10 et 11 ne sont pas des diviseurs exacts; donc pour que les plus grands facteurs soient exprimés en nombres entiers, les plus petits ne peuvent être que 1. 2. 3. 6. 7 et 9. Ce qui donne six solutions en nombres entiers et positifs.

1 et 126	6 et 21
2 et 63	7 et 18
3 et 42	9 et 14, etc.

Cette question et la plus simple qui puisse se résoudre par les facteurs correspondants ; les sommes, les différences et les quotients relatifs sont :

1°	127	65	45	27	25	et 23
2°	125	61	39	15	11	et 5
3°	126	31, 5	14	3, 5	$3\frac{1}{7}$	et $1\frac{3}{9}$

Quel que soit le nombre des solutions, elles sont toujours déterminées d'une manière précise et positive ; avec les seules données de l'énoncé il y a six solutions, et il ne peut y en avoir davantage.

Mais si l'on donnait pour la différence des côtés 39 ou 11, ces côtés seraient 3 et 42 ou 7 et 18 ; si l'on donnait la somme 65 ou 27, les côtés relatifs seraient 2 et 63 ou 6 et 21, etc., etc.

P. 29 *bis*. — Six personnes ont chacune deux bons à recevoir ; si, au lieu d'acquitter le total de ces bons, on eût acquitté leur produit, chaque personne eût touché la même somme et le caissier eût déboursé 432 francs.

Déterminer la valeur de chaque bon et la somme reçue réellement par chaque personne.

SOLUTION.

Chaque personne aurait reçu $\dfrac{432}{6} = 72$ francs ; ainsi 72 est le produit commun de chaque couple de bons ; les facteurs donneront les valeurs respectives de chaque bon et les sommes reçues par chaque personne.

1 et 72	font	73 fr. reçu par la 1re pers.
2 et 36	—	38 — 2e
3 et 24	—	27 — 3e
4 et 18	—	22 — 4e
6 et 12	—	18 — 5e
8 et 9	—	17 — 6e

P. 30. — Quels sont les facteurs de 5.040 dont la somme est 432?

SOLUTION.

Si l'on demandait de déterminer les facteurs de 5.040, il faudrait indiquer tous les diviseurs qui sont nombreux ; mais ici la somme étant connue, il suffit de déterminer les deux qui ont 432 pour somme.

Dans ce cas, pour réduire le nombre des facteurs et abréger les calculs, on réduira **432** et **5.040** qui ont des diviseurs communs.

Les facteurs étant $\frac{1}{?}$ et $432 - \frac{1}{?}$, l'on réduira successivement le produit de la manière suivante :

$$1^{\circ} \quad \overline{432 - 1} \times 1 = 5040$$
$$2^{\circ} \quad 108 - \frac{1}{4} \times \frac{1}{4} = 315 = 5040 : 4^2$$
$$3^{\circ} \quad 36 - \frac{1}{12} \times \frac{1}{12} - 35 = 315 : 3^2$$

Cette 3ᵉ équation donne 35 pour le produit de deux nombres dont la somme est 36.

1 et 35, somme 36.

Par les réductions chaque facteur a été divisé par $3 \times 4 = 12$. Les facteurs demandés sont donc 1×12 et $35 \times 12 = 12$ et **420**.

Si l'on donnait la différence 408 au lieu de la somme, par le même raisonnement l'on aurait :

$$1^{\circ} \quad \overline{1 + 408} \times 1 = 5040$$
$$2^{\circ} \quad 4 + 102 \times 1 = 315$$
$$3^{\circ} \quad \frac{1}{12} + 34 \times \frac{1}{12} = 35$$
1 et 35 différence 34.

Les facteurs sont 1×12 et $35 \times 12 = 12$ et **420**.

Lorsque le produit peut se diviser par le carré du diviseur de la somme ou de la différence, cette abréviation peut toujours avoir lieu.

Si l'on donnait 1.013 et 5.040 pour la somme et le produit, ces deux nombres étant premiers entre eux, l'abréviation ne pourrait avoir lieu ; l'on serait alors obligé d'opérer sur les nombres de l'énoncé. Alors on aurait :

$$1 \text{ et } 5040$$
$$3 \text{ et } 1680$$
$$5 \text{ et } 1008 \quad \text{somme } 1013$$

Les facteurs sont 5 et 1008.

Si, au lieu de la somme, on eût donné la différence 1003, les mêmes facteurs donneraient la même solution.

P. 31. — La somme du diviseur et du quotient de 196, considérée comme dividende, est 35.

Quel est le diviseur?

SOLUTION.

En considérant 196 comme un produit, le diviseur et le quotient deviennent ses deux facteurs ; dans ce cas l'on aura :

$$1 \text{ et } 196$$
$$2 \text{ et } 98$$
$$4 \text{ et } 49$$
$$7 \text{ et } 28 \quad \text{somme } 35$$

Le diviseur peut être 7 ou 28 et le quotient 28 ou 7. Dans toutes les solutions semblables qui en algèbre se rapportent aux équations composées du deuxième degré, il y a toujours deux solutions, parce que l'on peut substituer le diviseur au quotient et réciproquement.

La somme étant 100 ou 53, le diviseur pourrait être 2 et 98, ou 4 et 49.

Les quotients 98 et 2, ou 49 et 4.

P. 32. — Quel est le quotient 360 qui excède le diviseur de 67 ?

SOLUTION.

1 et 360	5 et 72
2 et 180	6 et 60
3 et 120	10 et 36
4 et 90	15 et 24

Le diviseur est 5 et le quotient 72.

Ici le quotient devant être plus grand que le diviseur, il n'y a qu'une solution.

Si le diviseur, diminué de 67, était égal au quotient, le diviseur serait 72 et le quotient 5.

L'excès étant 9 ou 117, le diviseur serait ou 15 ou 3

Le quotient, ou 24 ou 120.

Si le dividende, étant 91, le quotient diminué de 6 était égal au diviseur, l'on aurait :

$$1 \quad 91$$
$$7 \quad 13 \quad \text{différence 6.}$$

Le dividende est 7 et le quotient 13.

Le dividende étant 112, au lieu de 91, on aurait :

$$1 \text{ et } 112$$
$$2 \text{ et } 56$$
$$4 \text{ et } 28$$
$$7 \text{ et } 16$$
$$8 \text{ et } 14 \quad \text{différence 6.}$$

Le diviseur est 8 et le quotient 14.

La diminution étant 24 ou 9, ou 54, le dividende restant le même, les diviseurs seraient :

2 ou 4, ou 7, les quotients 56 ou 28, ou 16.

P. 33. — Déterminer en nombres entiers et positifs les deux facteurs dont la somme est 24.

SOLUTION.

En déterminant les facteurs de 24, on aura les quotients augmentés d'un (XIX).

$$1 \text{ et } 24 \qquad 3 \text{ et } 8$$
$$2 \text{ et } 12 \qquad 4 \text{ et } 6$$

Les quotients peuvent être 23. 11. 7. 5. 3. 2. 1.

Les nombres relatifs sont :

1 et 23. 4 et 20. 6 et 18. 8 et 16. 2 et 22. 3 et 21.

Si l'on demandait de déterminer le quotient de deux nombres

dont la différence est 24, les facteurs de 24 donneraient les quotients diminués d'un.

Ces quotients peuvent donc être :

13. 9. 7. 5. 4. 3. 2. Sept solutions, les facteurs relatifs sont :
2 et 26. 3 et 27. 4 et 28. 6 et 30. 8 et 32. 12 et 36. 24 et 48.

P. 34. — Quels sont les deux facteurs de 36 dont la différence est $3\frac{1}{2}$?

SOLUTION.

$$\tfrac{1}{1} + 3\tfrac{1}{2} \times \tfrac{1}{1} = 36$$
$$\tfrac{2}{1} + 7 \times \tfrac{1}{1} = 72$$
$$\tfrac{2}{1} + 7 \times \tfrac{2}{1} = 144 \quad \text{différence et produit, 7 et 144.}$$

$$1 \text{ et } 144$$
$$4 \text{ et } 36$$
$$8 \text{ et } 18$$
$$9 \text{ et } 16 \quad \text{différence 7}$$

Les nombres sont $\tfrac{9}{2}$ et $\tfrac{16}{2} = 4\tfrac{1}{2}$ et 8.

De cette manière on évite les fractions.

Sans opérer de réduction l'on aurait :

$$1 \text{ et } 36$$
$$4 \text{ et } 9$$
$$8 \text{ et } 4\tfrac{1}{2} \quad \text{différence } 3\tfrac{1}{2} \quad \text{nombre } 4\tfrac{1}{2} \text{ et 8.}$$

$22\tfrac{1}{2}$ et $25\tfrac{1}{2}$ étant la différence ou la somme et 36 le produit, l'on aurait immédiatement :

$$1 \text{ et } 36$$
$$2 \text{ et } 18$$
$$3 \text{ et } 12$$
$$1\tfrac{1}{2} \text{ et } 24 \quad \text{différence } 22\tfrac{1}{2} \quad \text{somme } 25\tfrac{1}{2}.$$

Les nombres sont $1\tfrac{1}{2}$ et 24.

Le produit et la différence des deux facteurs étant $3\tfrac{1}{18}$ et $2\tfrac{5}{6}$, on aurait après les réductions :

$$\tfrac{6}{1} + 17 \times \tfrac{6}{1} = 3\tfrac{1}{18} \times 36 = 110$$
$$1 \text{ et } 110$$
$$2 \text{ et } 55$$
$$5 \text{ et } 22 \quad \text{différence 17.}$$

Les facteurs sont $\tfrac{5}{6}$ et $2\tfrac{22}{6} = \tfrac{5}{6}$ et $3\tfrac{2}{6}$.

P. 35. — Par quel nombre faut-il diviser $3\frac{1}{4}$ pour que la somme du diviseur et du quotient soit 7?

SOLUTION.

Sans opérer les réductions, l'on aura immédiatement pour les facteurs de $3\frac{1}{4}$, savoir :

$$
\begin{aligned}
&1 \text{ et } 3\tfrac{1}{4}\\
&\tfrac{1}{2} \text{ et } 6\tfrac{1}{2} \quad \text{somme } 7.\\
&\tfrac{1}{3} \text{ et } 9\tfrac{3}{4}\\
&\tfrac{1}{4} \text{ et } 13 \quad \text{somme } 13\tfrac{1}{4}.
\end{aligned}
$$

Le diviseur peut être $\frac{1}{2}$ et $6\frac{1}{2}$.

Si la somme du diviseur et du quotient était $13\frac{1}{4}$, les facteurs seraient $\frac{1}{4}$ et 13, le diviseur serait 13 ou $\frac{1}{4}$.

Si le quotient diminué de 6 était égal au diviseur, le diviseur serait $\frac{1}{2}$ et le quotient $6\frac{1}{2}$.

Si le diviseur augmenté de 6 était égal au quotient, le quotient serait $\frac{1}{2}$ et le diviseur $6\frac{1}{2}$.

Si le diviseur augmenté de $12\frac{3}{4}$ était égal au quotient, le diviseur serait $\frac{1}{4}$ et le quotient serait 13.

P. 36. — Trouver un nombre tel que sa moitié multipliée par son tiers soit 24.

SOLUTION.

$$
\begin{aligned}
&\tfrac{1}{2} \times \tfrac{1}{3} = 24\\
&\tfrac{1}{1} \times \tfrac{1}{3} = 48 \qquad \tfrac{1}{2} \times \tfrac{1}{1} = 72\\
&\tfrac{1}{1} \times \tfrac{1}{1} = 144 = 48 \times 3.
\end{aligned}
$$

Ces diverses équations donnent 3 manières de résoudre la question.

$$\tfrac{1}{1} = \sqrt{144} = 12.$$

Par les facteurs correspondants on aura :

$$
\begin{aligned}
&1° \ 1 \text{ et } 48\\
&\quad 4 \text{ et } 12 \quad 4 \times 3 = 12 \quad \tfrac{1}{1} = 12.\\
&2° \ 1 \text{ et } 72\\
&\quad 2 \text{ et } 36\\
&\quad 6 \text{ et } 12 \quad 6 \times 2 = 12 \quad \tfrac{1}{1} = 12.
\end{aligned}
$$

Si le triple du nombre multiplié par sa moitié était 121,5, on aurait :

$$\tfrac{3}{1} \times \tfrac{1}{2} = 121.5$$
$$\tfrac{1}{1} \times \tfrac{1}{2} = 40.5$$
$$\tfrac{3}{1} \times \tfrac{1}{1} = 243$$
$$\tfrac{1}{1} \times \tfrac{1}{1} = 81$$

Par l'extraction de la racine on aura pour la valeur de $\tfrac{1}{1}$

$$\sqrt{81} = 9.$$

Par les facteurs correspondants :

$$1^{\circ} \quad 1 \text{ et } 40.5$$
$$3 \text{ et } 13.5$$
$$9 \text{ et } 4.5 \quad 4.5 \times 2 = 9 \quad \tfrac{1}{1} = 9$$
$$2^{\circ} \quad 1 \text{ et } 248$$
$$9 \text{ et } 27 \quad 9 \times 3 = 27 \quad \tfrac{1}{1} = 9$$

L'on voit qu'en employant les facteurs correspondants il est toujours facile d'éviter l'extraction de la racine carrée. (Voir les n°ˢ suivants.)

P. 37 — Déterminer deux nombres tels qu'en multipliant les $\tfrac{2}{3}$ de l'un par les $\tfrac{3}{7}$ de l'autre le produit soit 72.

SOLUTION.

$$\tfrac{2}{3} \times \tfrac{3}{7} = 72$$
$$\tfrac{1}{3} \times \tfrac{1}{7} = 12 = 72 : \overline{2 \times 3}$$

Par suite, en déterminant les facteurs de 12, on aura, savoir :

1 et 12	qui donnent	3 et 84	ou	7 et 36
2 et 6	—	6 et 42	—	18 et 14
3 et 4	—	9 et 28	—	21 et 12

Six solutions en nombres entiers; les sommes relatives des nombres sont 87. 48. 37. 43. 32 ou 33.

Les différences sont 81. 36. 19. 29. 4 ou 9.

L'on établirait de même les quotients ralatifs, mais il n'y en aurait que 2 exprimés en nombres entiers, qui sont : 84 : 3 et 42 : 6 = 28 et 7.

Si, outre le produit 72, l'on connaissait la somme des deux facteurs 43, pour avoir le produit l'on continuerait l'évaluation.

$$\tfrac{1}{3}\times\tfrac{1}{7}=72 \qquad \tfrac{5}{3}\times\tfrac{7}{7}=252$$

Ainsi la somme des deux facteurs est 43 et leur produit est 252.

$$
\begin{aligned}
&1 \text{ et } 252\\
&2 \text{ et } 126\\
&3 \text{ et }\ \ 84\\
&7 \text{ et }\ \ 36 \quad \text{somme } 43.
\end{aligned}
$$

Si l'on donnait 81 pour la différence des facteurs au lieu de leur somme, les facteurs seraient 3 et 84, dont les $\tfrac{2}{3}$ et les $\tfrac{3}{7}$ sont 2 et 36.

P. 38. — Décomposer 25 en deux parties telles que le produit des $\tfrac{2}{3}$ de l'une par les $\tfrac{3}{4}$ de l'autre soit 57.

SOLUTION.

1er nombre. 2e nombre. Évaluation.

$$
\begin{aligned}
\tfrac{2}{3} &\times \tfrac{3}{4} &=&\quad 57\\
\tfrac{2}{1} &\times \tfrac{1}{4} &=&\quad 57\\
\tfrac{1}{1} &\times \tfrac{1}{4} &=&\quad 28,5 = 57 : 2\\
\tfrac{1}{1} &\times \tfrac{1}{1} &=&\quad 114\ \ =28,5\times 4
\end{aligned}
$$

Le produit et la somme des deux nombres sont donc 114 et 25.

$$
\begin{aligned}
&1 \text{ et } 114\\
&2 \text{ et }\ \ 57\\
&3 \text{ et }\ \ 38\\
&6 \text{ et }\ \ 19 \quad \text{somme } 25.
\end{aligned}
$$

Le plus petit nombre $=6$, le plus grand nombre $=25-6=19$.

P. 39. — Le produit de deux nombres dont la somme est 16 est sextuple de leur différence.

Quels sont-ils?

SOLUTION.

x. $16 — x$ et $16 — x^2$ sont les deux nombres, et leur différence, leur produit $= \frac{16}{x} — x^2$. Ainsi :

$$16 — x^2 = 96 — \frac{12}{x} \qquad \frac{28}{x} — x^2 = 96$$

$$\overline{\frac{28}{x} — \frac{x}{x}} \times \frac{x}{x} = 96. \qquad \text{Somme et produit } 18 \text{ et } 96.$$

1 et 96

4 et 24   somme 28.

Les nombres sont 4 et $16 — 4 = 12$.

Ou en prenant $\frac{2}{x}$ pour la différence, x. $8 + x$. $\overline{8 — x}$ et $64 — x^2$ sont la différence, les deux nombres et le produit ; donc $64 — x^2$ $= \frac{2}{x} \times 6 = \frac{12}{x}$ $x^2 + \frac{12}{x} = 64 ; \overline{x + 12} \times x = 64.$

1 et 64

2 et 32

4 et 16   différence 12.

Les nombres sont 4 et $16 — 4 = 12$.

Si la somme étant 15, le produit était quadruple de leur différence, on aurait pour l'équation relative $\frac{13}{x} — x^2 = 60 — \frac{8}{x}$ $\frac{23}{x}$ $— x^2 = 60 ; \overline{23 — x} \times x = 60.$ Somme et produit 23 et 60.

1 et 60

2 et 30

3 et 20   somme 23.

Les nombres sont 3 et $15 — 3 = 12$, etc.

P. 40. — Déterminer les deux facteurs de $3\frac{2}{9}$, dont la somme est 10.

SOLUTION.

x et $10 — x$ sont les deux facteurs. Ainsi $\overline{10 — x} + x = 3\frac{2}{9}$.

$$\overline{90 — x} \times x = 261.$$

Au moyen de cette dernière équation l'on évite d'opérer sur des nombres fractionnaires ; dans tous les cas semblables, au lieu d'extraire la racine suivant le principe (XXXVII et XXXVIII), l'on déterminera les facteurs $3\frac{2}{9}$ ou de 261, et ceux de ces facteurs dont la somme sera ou 10 ou 90 résolveront la question.

$$1 \text{ et } 261$$
$$3 \text{ et } 87 \quad \text{somme } 90.$$

Les facteurs sont $\frac{3}{9}$ et $\frac{87}{9} = \frac{1}{3}$ et $9\frac{2}{3}$.

Les données directes de l'énoncé donneraient immédiatement :

$$1 \text{ et } 3\frac{2}{9}$$
$$\frac{1}{3} \text{ et } 9\frac{6}{9} = \frac{3}{9} + 9\frac{6}{9} = 10.$$

Les facteurs sont $\frac{1}{3}$ et $9\frac{2}{3}$.

(Voir, pour l'extraction des racines, les n⁰ˢ 1 à 25, etc.)

P. 41. — Déterminer les deux facteurs dont la différence et le produit sont exprimés par $\frac{1}{6}$.

$$\frac{1}{1} + \frac{1}{6} \times \frac{1}{1} = \frac{1}{6}$$
$$\overline{\frac{1}{6} + 1} \times \frac{6}{1} = \frac{1}{6} \times 36 = 6$$
$$1 \text{ et } 6$$
$$2 \text{ et } 3 \quad \text{différence } 1.$$

Les facteurs sont $\frac{2}{6}$ et $\frac{3}{6} = \frac{1}{3}$ et $\frac{1}{2}$.

Le produit des deux facteurs étant $\frac{1}{6}$ et leur somme $\frac{5}{6}$, on aurait sans réduction :

$$1 \text{ et } \frac{1}{6}$$
$$\frac{1}{2} \text{ et } \frac{2}{6}$$
$$\frac{1}{3} \text{ et } \frac{3}{6} \quad \text{somme } \frac{5}{6}.$$

Les facteurs sont $\frac{1}{3}$ et $\frac{1}{2}$.

Si l'on donnait $\frac{11}{12}$ pour la somme, au lieu de $\frac{5}{6}$ on aurait :

$$1 \text{ et } \frac{1}{6}$$
$$\frac{1}{2} \text{ et } \frac{2}{6}$$
$$\frac{1}{4} \text{ et } \frac{4}{6} = \frac{3}{12} \text{ et } \frac{8}{12} = \frac{11}{12}.$$

Les facteurs sont $\frac{1}{4}$ et $\frac{2}{3}$.

P. 42. — La somme de deux nombres est 22, et le double de leur différence augmentée de 100 est égal à leur produit.

Quels sont ces nombres ?

SOLUTION.

$\frac{1}{1}.\ \overline{22-\frac{1}{1}}.\quad \overline{22-\frac{2}{1}}$ et $\frac{22}{1}-\frac{1}{1}{}^{2}$ sont les deux nombres, leur diffé-rence et leur produit; ainsi :

$$100+\overline{44-\frac{1}{1}}=\frac{22}{1}-\frac{1}{1}{}^{2};\quad 144-\overline{\frac{22}{1}-\frac{1}{1}}{}^{2}$$
$$\overline{26-\frac{1}{1}}\times\frac{1}{1}=144\quad \text{somme et produit 26 et 144.}$$
$$1 \text{ et } 144$$
$$8 \text{ et } 18 \quad \text{somme 26.}$$

Les nombres sont 8 et $22-8=8$ et 14.

Si la somme étant 26, le double de la différence augmenté de 109 donnait le produit, l'on aurait $\frac{1}{1}.\ \overline{26-\frac{1}{1}},\quad \overline{26-\frac{2}{1}}$ et $\frac{26}{1}-\frac{1}{1}{}^{2}$ pour les deux nombres, la différence et le produit. Par suite $\frac{26}{1}-\frac{1}{1}{}^{2}=52-\frac{4}{1}+109;\ \frac{50}{1}-\frac{1}{1}{}^{2}=161.\quad \overline{30-\frac{1}{1}}\times\frac{1}{1}=161.$

$$1 \text{ et } 161$$
$$7 \text{ et } 23 \quad \text{somme 30.}$$

Les nombres sont 7 et $26-7=19$.

Si la différence étant 24, la somme était égale à la 9ᵉ partie de leur produit, l'on aurait :

$\frac{1}{1}.\ \overline{\frac{1}{1}+24}.\quad \frac{1}{1}{}^{2}+\frac{24}{1}$ et $\frac{2}{1}+24$ pour les deux nombres, le produit et la somme. Par suite :

$$\frac{1}{1}{}^{2}+\frac{24}{1}=\frac{2}{1}+24\times9 \text{ ou } \frac{18}{1}+216$$
$$\frac{1}{1}{}^{2}+\frac{6}{1}=216;\ \overline{\frac{1}{1}+6}\times\frac{1}{1}=216$$
$$1 \text{ et } 216$$
$$6 \text{ et } 36$$
$$12 \text{ et } 18 \quad \text{différence 6.}$$

Les nombres sont 12 et $18+24=36$.

P. 43. — Décomposer 11 en deux parties telles que leur pro-duit augmenté de 1 soit égal au carré de leur différence.

SOLUTION.

$\frac{1}{1}.\quad 11-\frac{1}{1}.\quad 11-\frac{2}{1}$ et $11-\frac{1}{1}{}^{2}$ sont les deux nombres, leur différence et leur produit. Ainsi, suivant l'énoncé :

$1°\quad \overline{(11 - x)}^2 + 1) = x^2 - x + 121.$

$2°\quad \dfrac{x}{x} - \dfrac{x}{x} + \dfrac{x}{x} = 120. \quad \dfrac{x}{x} - x^2 = 24 = 120 : 5$

$$11 - x \times x = 24.$$

$$1 \text{ et } 24$$
$$3 \text{ et } 8 \quad \text{somme } 11.$$

Les nombres sont **3** et **8**.

P. 44. — Partager **20** en deux parties telles que le quotient de leur produit par leur différence soit 10 ½.

$x.\quad 20 - x.\quad 20 - x$ et $20 - x^2$ sont les deux nombres, la différence et le produit.

$$1°\quad 20 - x = \overline{20 - x} \times 10\tfrac{1}{2} = 210 - x$$
$$2°\quad x - x^2 = 210 \quad \overline{41 - x} \times x = 210$$
$$1 \text{ et } 210$$
$$6 \text{ et } 35 \quad \text{somme } 41.$$

Les nombres sont 6 et $20 - 6 = 14$.

P. 45. — Le produit de deux nombres est 24, et le triple de leur somme est autant au-dessus de 50 que la moitié du carré de cette même somme est au-dessous de 43,5.

Quels sont ces nombres ?

x étant la somme, son carré sera x^2, et par suite on aura :

$$1°\quad \dfrac{x^2}{2} = 43,5 = 50 - x.$$
$$2°\quad x^2 - 87 = 100 - x.$$
$$3°\quad x + 6 \times x = 187.$$

$$1 \text{ et } 187$$
$$11 \text{ et } 17 \quad \text{différence } 6. \text{ La somme ou } x = 11.$$

Ainsi la somme des deux facteurs de 24 est 11.

$$1 \text{ et } 24$$
$$3 \text{ et } 8 \quad \text{somme } 11.$$

Les nombres sont 3 et 8.

CHAPITRE II.

ÉQUATIONS DES DEUXIÈME, TROISIÈME ET QUATRIÈME DEGRÉS. APPLI-
CATION GÉNÉRALE DE LA MÉTHODE DES FACTEURS CORRESPON-
DANTS.

P. 46. — La somme de deux nombres est 11, et le produit de
leur différence par le double du plus petit est 30.

Quels sont ces nombres?

SOLUTION.

En ajoutant à la différence de deux nombres le double du plus
petit, l'on obtient leur somme; ainsi la somme des deux facteurs
de 30, qui sont la différence et le double du plus petit nombre,
est 11.

$$1 \text{ et } 30$$
$$2 \text{ et } 15$$
$$3 \text{ et } 10$$
$$5 \text{ et } 6 \quad \text{somme } 11.$$

La différence peut être 5 ou 6.

Si elle est 5, le plus petit est 3, et le plus grand $3 + 5 = 8$.

Si elle est 6, le plus petit est $2\frac{1}{2}$ et le plus grand $6 + 2\frac{1}{2} = 8\frac{1}{2}$.

Si la somme restant 11, le produit de la différence par le
double du plus grand nombre était 80, la différence des deux facteurs de 80 serait 11. Dans ce cas l'on aurait :

$$1 \text{ et } 80$$
$$5 \text{ et } 16 \quad \text{différence } 11.$$

Ici la différence ne peut être que 5; dans ce cas le plus grand
nombre est 8 et le plus petit $8 - 5 = 3$, etc.

Si le plus petit de deux nombres étant 3, et le produit de leur somme par le plus grand 88, l'on voulait déterminer le plus grand nombre, l'on remarquerait qu'en retranchant le plus grand nombre de la somme on obtient le plus petit, et qu'ainsi la différence des deux facteurs de 88 est 3, alors on aura :

$$1 \text{ et } 88$$
$$8 \text{ et } 11, \quad \text{différence } 3.$$

La somme devant être plus grande que l'un des nombres, 8 est le plus grand nombre.

Si l'on donnait 8 pour le plus grand nombre, au lieu du plus petit 3, le produit de la somme par le plus petit étant 33, l'on aurait 8 pour la différence des facteurs, par suite :

$$1 \text{ et } 33$$
$$3 \text{ et } 11, \quad \text{différence } 8.$$

Le plus petit nombre $= 3$.

Si l'on donnait 3 pour le plus petit nombre, et 55 pour le produit de la somme par la différence, l'on aurait :

$$1 \text{ et } 55$$
$$5 \text{ et } 511, \quad \text{différence } 3.$$

Le plus grand nombre $= 11 - 3 = 8$, etc.

P. 47. — La somme de deux nombres est 11, et le total de leur produit et de la différence de leurs carrés est 79.

Quels sont ces nombres?

SOLUTION.

$\frac{1}{1} \quad \overline{11 - \frac{1}{1}} \quad 11 - \frac{2}{1}$ et $121 \frac{22}{1}$ sont les deux nombres, la différence, le produit et la différence des carrés, la somme des racines est 11.

Donc
$$\frac{11}{1} - \frac{12}{1} + \overline{121 - \frac{22}{1}} = 79$$
$$\frac{12}{1} + \overline{121 - \frac{11}{1}} = 79$$
$$\frac{12}{1} - \frac{11}{1} = 121 - 79 = 42$$
$$\frac{1}{1} - 11 \times \frac{1}{1} = 42, \quad \text{différence et produit } 11 \text{ et } 42.$$
$$1 \text{ et } 42$$
$$3 \text{ et } 14, \quad \text{différence } 11.$$

Les nombres sont 3 et $11 - 3 = 8$.

Ce problème est la réciproque du précédent, la solution est la même. Sans établir d'équations préliminaires, en retranchant du carré de la somme donnée, le total du produit et de la différence des carrés, on aura un produit dont la différence sera la somme donnée et dont le plus petit facteur sera $\frac{1}{1}$.

Soient les données 31 et 695 ; on aura immédiatement $31^2 - 695 = 961 - 695 = 266 =$ le produit de deux facteurs dont la différence est 31 et dont le plus petit facteur est $\frac{1}{1}$.

$$1 \text{ et } 266$$
$$7 \text{ et } 38, \quad \text{différence } 31.$$

Les nombres sont 7 et $31 - 7 = 24$.

Soient les données 38 et 1129, on aura $38^2 - 1129 = 315$.

$$1 \text{ et } 315$$
$$7 \text{ et } 45, \quad \text{différence } 38.$$

Les nombres sont 7 et $\overline{38 - 7} = 31$.

P. 48. — Déterminer deux nombres tels que leur différence étant 5, le total de leur produit et de la différence de leurs carrés soit 79.

SOLUTION.

$\frac{1}{1}$ $\overline{\frac{1}{1} + 5}$ $\frac{2}{1} + 5$ sont les deux nombres et la somme.

Le produit et la différence des carrés sont $(\frac{1^2}{1} + \frac{5}{1})$ et $\frac{10}{1} + 25$. Ainsi, suivant l'énoncé :

$$1^\circ \ (\tfrac{10}{1} + 25) + (\tfrac{1^2}{1} + \tfrac{5}{1}) = 79.$$
$$2^\circ \ \tfrac{1^2}{1} + \tfrac{10}{1} = 79 - 25 = 54.$$
$$3^\circ \ \tfrac{1}{1} + 15 \times \tfrac{1}{1} = 54.$$
$$4^\circ \ \tfrac{1}{3} + 5 \times \tfrac{1}{3} = 6 = 54 : 3^2.$$
$$1 \text{ et } 6, \quad \text{différence } 5.$$

$1 \times 3 = 3 =$ le plus petit nombre ou $\frac{1}{1}$.

$3 + 5 = 8 =$ le plus grand.

Suivant l'équation $\frac{1}{1}+15\times\frac{1}{1}$ étant 54, on aura 15 pour différence, et 54 pour produit.

$$1 \text{ et } 54$$
$$3 \text{ et } 18, \quad \text{différence } 15.$$
$$\frac{1}{1}=3. \quad 3+5=8.$$

Les nombres sont 3 et 8.

Pour 7 et 281, au lieu de 5 et 79, on aurait :

$$1° \quad \frac{14}{1}+49+\frac{12}{1}+\frac{7}{1}=281.$$
$$2° \quad \frac{1}{1}+\frac{21}{1}=232 \quad \frac{1}{1}+21\times\frac{1}{1}=232.$$

Différence 21. Produit 232.

$$1 \text{ et } 232$$
$$2 \text{ et } 116$$
$$4 \text{ et } 58$$
$$8 \text{ et } 29, \quad \text{différence } 21.$$

Les nombres sont 8 et $8+7=15$.

Ainsi, sans établir d'équations, en retranchant du total donné
le carré de la différence, le reste est égal au produit de deux facteurs dont la différence est triple de la différence connue, soit
24 et 1129 au lieu de 7 et 281, l'on aura immédiatement 1129
$-24^2=553=$ le produit de deux facteurs dont la différence
est $24\times3=72$.

$$1 \text{ et } 553$$
$$7 \text{ et } 79, \quad \text{différence } 72, \quad \text{nombres } 7 \text{ et } 7+24=31.$$

P. 49. — La différence de deux nombres est 5, et le total de
leur somme et de la somme de leur carré est 84.

Quels sont ces nombres?

SOLUTION.

$\frac{1}{1}$ $\frac{1}{1}+5$ et $\frac{2}{1}+5$ sont les deux nombres et la somme; ainsi,
suivant l'énoncé :

$$1° \text{ La somme } = \qquad \frac{2}{1}+5$$
$$2° \quad \frac{1}{1}^2+\overline{\frac{1}{1}+5}^2= \qquad \frac{2}{1}^2+\frac{10}{1}+25$$
$$\text{total} \quad \frac{2}{1}^2+\frac{12}{1}+30=84$$

$$\tfrac{2}{1}^2 + \tfrac{12}{1} = 84 - 30 = 54$$
$$\tfrac{12}{1} + \tfrac{6}{1} = 27 \qquad \tfrac{1}{1} + 6 \times \tfrac{1}{1} = 27$$
$$1 \text{ et } 27$$
$$3 \text{ et } 9, \quad \text{différence } 6.$$

Les nombres sont 9 et $9 - 6 = 3$.

Les données étant 3 et 204, on aurait :

1° Pour la somme	$\tfrac{2}{1} + 3$
2° Somme des carrés	$\tfrac{2}{1}^2 + \tfrac{6}{1} + 9$

$$\text{Total} \quad \tfrac{2}{1} + \tfrac{8}{1} + 12 = 204$$
$$\tfrac{1}{1}^2 + \tfrac{4}{1} + 6 = 102$$
$$\tfrac{1}{1} + 4 \times \tfrac{1}{1} = 96$$

$$1 \text{ et } 96$$
$$8 \text{ et } 12, \quad \text{différence } 4.$$

Les nombres sont 8 et $8 + 3 = 11$.

Si la différence étant 5, le total du produit et de la différence des carrés était 59, on aurait :

1° Pour le produit	$\tfrac{1}{1}^2 + \tfrac{3}{1}$
2° Différence des carrés	$\tfrac{10}{1} + 25$

$$\text{Total} \quad \tfrac{1}{1}^2 + \tfrac{13}{1} + 25 = 59$$

$$\tfrac{1}{1} + 15 \times \tfrac{1}{1} = 34$$
$$1 \text{ et } 34$$
$$2 \text{ et } 17, \quad \text{différence } 15.$$

Les nombres sont 2 et $2 + 5 = 7$

P. 50. — La somme de deux nombres est 17, et leur produit excède la différence de leurs carrés de 19.

Quels sont ces nombres?

SOLUTION.

Ce problème se rapporte aux deux précédents par la même analogie; sans établir d'équation, l'on aura $17^2 - 19 = 270 =$ le produit de deux facteurs dont la différence est 17, *somme connue*.

Le plus petit de ces facteurs est $\frac{1}{1}$ ou le plus petit nombre demandé.

$$1 \text{ et } 270$$
$$10 \text{ et } 27, \quad \text{différence } 17.$$

Les deux nombres sont 10 et $17 - 10 = 7$.

Si la différence étant 5, la différence des carrés excédait le produit de 31, l'on aurait :

$31 - 5^2 = 6 =$ le produit de deux facteurs dont la somme est 5, et dont l'un et l'autre peuvent résoudre la question.

$$1 \text{ et } 6$$
$$2 \text{ et } 3, \quad \text{somme } 5.$$

Les nombres peuvent être 3 et $3 + 5 = 8$ ou 2 et $2 + 5 = 7$.

Si la différence étant 3, le produit excédant la différence des carrés de 19, on aurait :

$19 + 3^2 = 28$ pour le produit de deux facteurs dont la différence est 3.

$$1 \text{ et } 28$$
$$4 \text{ et } 7, \quad \text{différence } 3.$$

Les nombres sont 7 et $7 + 3 = 10$.

P. 51. — La différence de deux nombres est 6, et le carré de leur somme excède leur produit de 117.

Quels sont ces nombres?

SOLUTION.

$\frac{1}{1}$ $\frac{1}{1} + 6$ $\frac{2}{1} + 6$ et $\frac{1}{1}^2 + \frac{6}{1}$ sont les deux nombres, la somme et le produit.

$$1^{\circ} \quad \overline{\frac{2}{1} + 6}^{\,2} = \frac{1}{1}^2 + \frac{6}{1} + 117.$$
$$2^{\circ} \quad \frac{4}{1}^2 + \frac{2}{1}^1 + 36 = \frac{1}{1}^2 + \frac{6}{1} + 117.$$
$$3^{\circ} \quad \frac{3}{1}^2 + \frac{18}{1} = 81.$$
$$4^{\circ} \quad \frac{1}{1}^2 + \frac{6}{1} = 27.$$
$$5^{\circ} \quad \overline{\frac{1}{1} + 6} \times \frac{1}{1} = 27.$$
$$1 \text{ et } 27$$
$$3 \text{ et } 9, \quad \text{différence } 6.$$

Les nombres sont 3 et 9.

$$\overline{3+9}^2 - \overline{3\times9} = 144 - 27 = 117.$$

P. 52. = Le produit de deux nombres est 296, et le quintuple du plus grand excède leur somme de 140.

Quels sont ces nombres?

SOLUTION.

$\frac{!}{!}\ \dfrac{296}{\frac{!}{!}}$ et $\frac{!}{!} + \dfrac{296}{\frac{!}{!}}$ sont les deux nombres et la somme, ainsi :

$$\frac{5}{!} - \left(\frac{!}{!} + \dfrac{296}{\frac{!}{!}}\right) = 140 \qquad \frac{!}{!} - 140 = 296 : \frac{!}{!}.$$

$$\frac{!}{!} - 140 \times \frac{!}{!} = 296$$

$$\frac{!}{!} - 35 \times \frac{!}{!} = 74 = 296 : 4$$

Différence et produit 35 et 74.

1 et 74

2 et 37,   différence 35.

Les nombres sont 37 et 296 : 37 = 8.

P. 53. — En retranchant 18 d'un certain nombre, l'on obtient le même résultat que si l'on multipliait sa racine carrée par 5 $\frac{3}{4}$.

Quel est le nombre?

SOLUTION.

Si $\frac{!}{!}^2 =$ le nombre, $\quad \frac{!}{!}^2 - 18 = 5\frac{3}{4} \times \frac{!}{!}$

$$\overline{\frac{!}{!} - 5\frac{3}{4}} \times \frac{!}{!} = 18$$

$$\overline{\frac{!}{!} - 23} \times \frac{!}{!} = 18 \times 4^2 = 288$$

1 et 288

4 et 72

8 et 36

9 et 32,   différence 23.

32 : 4 = 8 = $\frac{!}{!}$ $\frac{!}{!}^2 = 64$

S'il y avait 221 de différence entre 30 fois la racine et le carré, l'on aurait $\frac{50}{!} = \frac{!}{!}^2 = 221 \quad 30 - \frac{!}{!} \times \frac{!}{!} = 221.$

$$1 \text{ et } 221$$
$$13 \text{ et } 17, \quad \text{somme } 30.$$
$$\tfrac{1}{1} = 13 \quad \text{le carré} = 169.$$

P. 54. — La différence des carrés de deux nombres est 96, et en ajoutant le plus petit à leur somme, le total est 34.

Quels sont ces nombres?

SOLUTION.

Les facteurs de 96 donneront les sommes et les différences des nombres ; or la somme moins la différence est égale au double du plus petit nombre ; donc l'on peut changer l'énoncé et dire :

Le produit de deux nombres est 96, et en ajoutant la moitié de leur différence au plus grand, le total est 34.

1 et 96	4 et 24
2 et 48	6 et 16
3 et 32	8 et 12

Sans calcul, l'on voit que les trois premières couples de facteurs ne peuvent être admises ; 4 et 24 résolvent la question.

$$34 - 24 = 10 = \text{le plus petit nombre.}$$
$$10 + 4 = 14 = \text{le plus grand.}$$

Si le total était 21 au lieu de 34, les 4 premières couples de facteurs ne pouvant être admises l'on aurait :

$$21 - 16 = 5 = \text{le plus petit nombre.}$$
$$5 + 6 = 11 = \text{le plus grand.}$$

Si en joignant le plus grand à la somme, le total était 38, on aurait de même 4 et 24 pour la somme et la différence, $38 - 24 = 14 = $ le plus grand nombre, $14 - 4 = 10 = $ le plus petit.

Le total étant 73 au lieu de 38, on aurait :

$$73 - 48 = 25 = \text{le plus grand nombre.}$$
$$25 - 2 = 23 = \text{le plus petit.}$$

Si le total du plus petit et de la somme était 14, l'on voit que forcément les facteurs 8 et 12 donnent les différences et les sommes.

$$14 - 12 = 2 = \text{le plus petit nombre.}$$
$$2 + 8 = 10 = \text{le plus grand.}$$

Si 22 était le total de la somme et du plus grand, en excluant les quatre premières couples de facteurs, quoique 16 soit au-dessous de 22, l'on voit qu'il ne peut résoudre la question.

$$8 \text{ et } 12 \text{ sont la différence et la somme.}$$
$$22 - 12 = 10 = \text{le plus grand nombre.}$$
$$10 - 8 = 2 = \text{le plus petit.}$$

L'on voit que dans tous les cas la somme doit être moindre que le total donné, ce qui trace une première limite.

P. 55. — Quels sont les deux nombres dont le total du produit et du plus grand est 104?

SOLUTION.

1 et 104 (XXI.)		
2 et 52	nombres relatifs	1 et 52
4 et 26	—	3 et 26
8 et 13	—	7 et 13

Trois solutions en nombres entiers.

Si en ajoutant 5 fois le plus grand nombre, le total était 104, il n'y aurait qu'une solution; les nombres seraient $8 - 5$ et $13 = 3$ et 13.

Si en retranchant le plus grand nombre, le reste était 104, il y aurait autant de solutions que de couples de facteurs; les nombres seraient :

2 et 104	4 et 26
3 et 52	8 et 13

Si en retranchant 3 fois le plus grand nombre, le reste était 104, il y aurait de même quatre solutions.

4 et 104	7 et 26
5 et 53	11 et 13

Si en ajoutant le plus petit nombre ou en le retranchant, la somme ou le reste était 104, l'on augmenterait le plus grand facteur ou on le diminuerait d'une unité.

En retranchant 1 fois et 7 fois le plus petit, l'on aurait dans les deux cas autant de solutions que de couples de facteurs.

Pour 1 fois ajoutée, les nombres seraient :

1 et 103	4 et 25
2 et 51	8 et 12

Pour 3 fois ajoutées, ils seraient :

1 et 101	4 et 23
2 et 49	8 et 10

Pour 1 fois retranchée, ils seraient :

1 et 105	4 et 27
2 et 53	8 et 14

Pour 7 fois retranchées, ils seraient :

1 et 111	4 et 33
2 et 59	8 et 20, etc.

(Voir les nᵒˢ suivants.)

P. 56. — Quels sont les deux nombres dont la différence est 12, et dont le total du produit et de la somme est 219?

SOLUTION.

$$219 + 1^2 = 220$$
<pre>
  2 et 110
  4 et 55
  5 et 44
 10 et 22,   différence 12,   nombres 9 et 21.
 11 et 20
</pre>

En ajoutant un nombre égal à chaque facteur, leur différence ne change pas, etc., etc.

Ou par une autre analogie,

En considérant que la somme augmentée de la différence est

14

égale au double du plus grand nombre, si l'on ajoute 12 à 219, on aura 231 pour la somme du produit et de deux fois le plus grand nombre, de même qu'en retranchant cette différence, on aurait 207 pour le total du produit et du double du plus petit, etc.

$$1° \quad 1 \text{ et } 231$$
$$3 \text{ et } 77$$
$$7 \text{ et } 33$$
$$11 \text{ et } 21, \quad 12 - 2 = 10.$$

Ici le plus petit facteur ainsi que la différence sont augmentés de 2.

Les nombres sont 9 et 21.

$$2° \quad 1 \text{ et } 207$$
$$3 \text{ et } 69$$
$$9 \text{ et } 23, \quad 12 + 2 = 14.$$

Ici le plus grand facteur et la différence sont augmentés de 2. Les nombres sont 9 et $23 - 2 = 21$. (Voir les n⁰ˢ précédents.)

P. 57. — Quels sont les deux nombres dont la somme est 17, et dont le total du produit et de la différence est 67?

SOLUTION.

Réciproque du problème précédent, la somme augmentée de la différence est égale au double du plus grand nombre; ainsi : $67 + 17 = 84 =$ le total du produit et deux fois le plus grand nombre.

$$1 \text{ et } 84$$
$$2 \text{ et } 42$$
$$3 \text{ et } 28$$
$$4 \text{ et } 21$$
$$6 \text{ et } 14$$
$$7 \text{ et } 12, \quad \text{somme } 17 + 2 = 19$$

Les nombres sont $7 - 2 = 5$ et 12.

En retranchant la somme de 67, on aurait $67 - 17 = 50$ pour la somme du produit et de deux fois le plus petit nombre ; dans ce cas les nombres seraient 5 et $10 + 2 = 12$.

> 1 et 50
> 5 et 10,   somme $17 - 2 = 15$, etc., etc.

Si la différence des deux nombres était 4, le produit excéderait la somme de 31.

Comme ci-dessus la différence reste la même, chaque facteur étant diminué d'une même somme.

Ainsi l'on aura $31 + 1^2 = 32$.

> 1 et 32
> 2 et 16
> 4 et 8,   différence 4.

Les nombres sont $4 + 1$ et $8 + 1 = 5$ et 9.

La différence étant 54 ou 21, le produit excédant la somme de 231, l'on aurait : $231 + 1^2 = 232$.

> 1 et 232
> 2 et 116
> 4 et 58,   différence 54.
> 8 et 29   —   21.

Les nombres sont 5 et 59 ou 9 et 30.

(Voir le n° précédent.)

P. 58. — Quels sont les deux nombres dont le total du produit et de la somme est 31 ?

SOLUTION.

Application du principe (XXII.)

Voir aussi le 7ᵉ exemple ci-dessus.

> $31 - 1^2 = 32$
> 2 et 16,   nombres 1 et 15
> 4 et 8   —   3 et 7

Si en ajoutant au produit 3 ou 5 fois la somme, le total était 39 ou 55, on aurait :

$$1° \quad 39 + 3^2 = 48$$
$$2 \text{ et } 24$$
$$4 \text{ et } 12, \quad \text{nombre } 1 \text{ et } 9.$$
$$6 \text{ et } 8 \quad\quad - \quad 3 \text{ et } 5.$$
$$2° \quad 55 + 5^2 = 80$$
$$4 \text{ et } 20$$
$$5 \text{ et } 16$$
$$8 \text{ et } 10, \quad \text{nombre } 3 \text{ et } 5.$$

L'on voit que le plus petit facteur de 48 ne peut être au-dessous de 4, comme le plus petit de 80 ne peut être au-dessous de 6.

Si en ajoutant au produit 11 fois le plus petit, et 6 fois le plus grand, le total était 233, l'on aurait :

$$233 + 6 \times 11 = 233 + 66 = 299$$
$$1 \text{ et } 299$$
$$13 \text{ et } 23$$

Les nombres sont $23 - 11 = 12$ et $13 - 6 = 7$.

Si en retranchant la somme du produit, le reste était 13 ; en raison du même principe, on aurait :

$$13 + 1^2 = 14$$
$$2 \text{ et } 7$$

Deux solutions, les nombres peuvent être 2 et 15 ou 3 et 8.

Si l'on donnait 71 pour le reste, on aurait :

$71 + 1^2 = 72$	qui donnent	2 et 73		
2 et 36	—	3 et 37	ou	1 et 35
3 et 24	—	4 et 25	—	2 et 23
4 et 18	—	5 et 19	—	3 et 17
6 et 12	—	7 et 13	—	5 et 11
8 et 9	—	9 et 10	—	7 et 8

Six solutions en nombres entiers pour la somme retranchée. Cinq pour la somme ajoutée.

Si en retranchant la somme du produit, le reste était 1, l'on aurait :

$$1 \text{ et } 5^2 = 26 \qquad 6 \text{ et } 31$$
$$2 \text{ et } 13 \qquad 7 \text{ et } 18, \text{ etc.}$$

Deux solutions.

(Voir le n° suivant.)

P. 59. — Déterminer deux nombres, tels qu'en ajoutant leur somme à la différence de leurs carrés, le total soit 50.

SOLUTION.

En ajoutant la somme à la différence des carrés, on augmente de 50 le plus petit des deux facteurs. Ainsi (XXI et XXXII) les facteurs de 50 donneraient les différences augmentées de 1 et les sommes

$$1 \text{ et } 50$$
$$2 \text{ et } 25 \qquad 1 \text{ et } 25$$
$$5 \text{ et } 10 \qquad 4 \text{ et } 10$$

Deux solutions en nombres entiers, 12 et 13. 3 et 7.

Si l'on ajoutait la différence au lieu de la somme, par réciproque, ce serait le plus grand facteur ou la somme qui serait augmenté d'une unité ; alors on aurait :

$$1 \text{ et } 49 \quad \text{nombres relatifs} \quad 24 \text{ et } 25$$
$$2 \text{ et } 24 \qquad — \qquad 11 \text{ et } 13$$
$$5 \text{ et } 9 \qquad — \qquad 2 \text{ et } 7$$

Si en retranchant la somme ou la différence des carrés, le reste était 50, les facteurs de 50 donneraient, savoir :

$$1° \; 2 \text{ et } 50 \quad \text{nombres} \quad 24 \text{ et } 26$$
$$3 \text{ et } 25 \qquad — \qquad 11 \text{ et } 14$$
$$6 \text{ et } 10 \qquad — \qquad 2 \text{ et } 8$$
$$2° \; 1 \text{ et } 51 \qquad — \qquad 25 \text{ et } 26$$
$$2 \text{ et } 26 \qquad — \qquad 12 \text{ et } 14$$
$$5 \text{ et } 11 \qquad — \qquad 3 \text{ et } 8$$

(Voir les n°ˢ précédents.)

P. 60. — Déterminer deux nombres tels qu'en ajoutant le carré du plus petit à leur produit, le total soit 104.

SOLUTION.

En ajoutant le carré du plus petit facteur au produit on ajoute ce facteur autant de fois qu'il contient d'unités.

Si le facteur est 4, 104 sera le produit augmenté de 4 fois 4. Ainsi (XXI), en déterminant les facteurs de 104 considéré comme le produit augmenté d'un certain nombre de fois le plus petit facteur, on aura :

$$
\begin{array}{llll}
1 \text{ et } 104 & \text{qui donnent} & 1 \text{ et } 103 \\
2 \text{ et } 52 & — & 2 \text{ et } 50 \\
4 \text{ et } 26 & — & 4 \text{ et } 22 \\
8 \text{ et } 13 & — & 8 \text{ et } 5 \\
\end{array}
$$

Ce qui donne trois solutions dans le sens de l'énoncé; pour la 4ᵉ, 104 est le total du produit et du carré du plus grand nombre.

$$
\begin{array}{lll}
1^{\circ} & \text{Le produit} + 1 \text{ fois plus petit nombre} & = 104 \\
2^{\circ} & — \quad + 2 \qquad\qquad — & = 104 \\
3^{\circ} & — \quad + 4 \qquad\qquad — & = 104 \\
4^{\circ} & — \quad + 8 \text{ fois le plus grand nombre} & = 104 \\
\end{array}
$$

Suivant le théorème (XXIII), 104 peut être considéré comme le produit de la somme de deux facteurs par le plus petit; dans ce cas, la solution est absolument la même, en considérant la première colonne des facteurs comme l'un des nombres, et la deuxième comme les sommes; les différences relatives donneraient l'autre nombre.

Ici 8 et 5 donnent le produit de la somme par le plus grand nombre, etc., etc.

$$8 \times 5 + 8^2 = 40 + 64 = 104.$$

(Voir le nᵒ suivant.)

P. 61. — La différence de deux facteurs est 18, et si l'on ajoute leur produit au carré du plus petit, le total est 104.

Quels sont ces facteurs?

SOLUTION.

Comme au n° précédent, ici l'on pourrait changer l'énoncé
et dire que le produit de la somme par le plus petit nombre est
104; par suite, sachant que le double du plus petit nombre
ajouté à la différence donne la somme, on aura 4 pour le plus
petit nombre, et 26 pour la somme; les nombres sont 4 et 26
— 4 = 22.

$$1 \text{ et } 104$$
$$2 \text{ et } 52$$
$$4 \text{ et } 26 \quad 18 + \overline{4 \times 2} = 18 + 8 = 26$$
$$8 \text{ et } 13$$

Si la différence était 48, les facteurs 2 et 52 donneraient 2 et
50 pour les nombres.

Si la différence donnée était 3, et le total du produit et du
carré du plus grand nombre 104, les facteurs seraient 8 et 5 provenant de 8 et 13. Ici 8 et 13 sont considérés comme le plus
grand nombre et la somme; en retranchant la différence du
double du plus grand nombre, on obtient la somme; en effet
16 — 3 = 13, etc.

Si l'on connaissait le total 104, du produit et du carré
du plus petit facteur, et 26 somme de ces facteurs, il suffirait,
sans établir les facteurs correspondants, de diviser les deux
sommes données l'une par l'autre pour avoir le plus petit
nombre.

$$104 : 26 = 4 \quad 20 — 4 = 22$$

Les nombres sont 4 et 22.
Les facteurs, 4 et 26, etc.
(Voir le n° précédent).

P. 62. — La différence de deux nombres est 13, et si l'on
ajoute leur produit à la somme de leur carré, le total est 313.
Quels sont ces nombres?

SOLUTION.

$\frac{1}{1}$ $\frac{1}{1} + 13$ sont les nombres. Le produit $= \frac{1}{1}^2 + \frac{13}{1}$. Ainsi :

Pour ce produit on a $\frac{1}{1}^2 + \frac{13}{1}$

$\overline{\frac{1}{1}^2 + \frac{1}{1}} + 13^2 =$ $\frac{2}{1}^2 + \frac{26}{1} + 169$

Donc $\frac{3}{1}^2 + \frac{39}{1} + 169 = 313$

Par suite : $\frac{3}{1}^2 + \frac{39}{1} = 313 - 169 = 144$

$\frac{1}{1}^2 + \frac{13}{1} = 48$ $\frac{1}{1} + 13 \times \frac{1}{1} = 48$

1 et 48

3 et 16,   différence 13.

Les nombres sont 3 et 16.

Suivant le principe établi (**XXXIV** et **XXXV**), on aurait, sans établir d'équation, $313 - 13^2 = 144$. $144 : 3 = 48 =$ comme dessus, le produit des deux facteurs dont la différence est 13, etc.

Si en ajoutant le triple du produit, le total était 409, l'on aurait, d'après les mêmes principes, $\dfrac{409 - 13^2}{5} = \dfrac{240}{5} = 48 =$ le produit dont la différence des facteurs est 13, etc., etc.

S'il y avait 217 de différence entre la somme des carrés et le produit, l'on aurait : $217 - 13^2 = 217 - 169 = 48 =$ le produit relatif à la différence 13, etc., etc.

P. 63. — Le quotient de deux nombres est 7, et en ajoutant leur somme à leur différence et à la différence de leurs carrés le total est 1624.

Quels sont ces nombres?

SOLUTION.

$\frac{1}{1}$ $\frac{7}{1}$ et $\frac{6}{1}$ sont les deux nombres et leur différence.

1° La somme $= \frac{8}{1}$
2° La différence $= \frac{6}{1}$
3° La somme des carrés $= \frac{50}{1}^2$
4° La différence des carrés $= \frac{48}{1}^2$

Total $\frac{98}{1}^2 + \frac{14}{1} = 1624$

$$\frac{49^2}{1} + \frac{7}{1} = 812$$

$$\frac{49}{1} + 7 \times \frac{1}{1} = 812 \qquad \overline{\frac{7}{1} + 1} \times \frac{1}{1} = 812$$

$$1 \text{ et } 812$$
$$4 \text{ et } 203$$
$$7 \text{ et } 116$$
$$14 \text{ et } 58$$
$$28 \text{ et } 29, \quad \text{différence } 1.$$

$28 : 7 = 4 = \frac{1}{1} =$ le plus petit nombre.

$4 \times 7 = 28 =$ le plus grand.

Les nombres étant $\frac{1}{1}$ et $\frac{7}{1}$, leur quotient est bien $7 : 1 = 7$.

P. 64. — La somme de deux nombres est 8, et en ajoutant leur produit et leur différence à la somme et à la différence de leur carrés, le total est 67.

Quels sont ces nombres?

SOLUTION.

En opérant comme pour le n° précédent, l'on aura :

$$1^o \text{ Pour le produit} \qquad + \frac{8}{1} - \frac{1}{1}^2$$
$$2^o \text{ La différence} \qquad 8 - \frac{2}{1}$$
$$3^o \text{ Somme des carrés} \qquad 64 - \frac{16}{1} + \frac{2}{1}^2$$
$$4^o \text{ Différence des carrés } 64 - \frac{16}{1}$$
$$\overline{}$$
$$+ 136 - \frac{26}{1} + \frac{1}{1}^2 = 67$$

$$69 - \frac{26}{1} + \frac{1}{1}^2 = 0$$
$$69 = \frac{26}{1} - \frac{1}{1}^2$$
$$26 - \frac{1}{1} \times \frac{1}{1} = 69$$

$$1 \text{ et } 69$$
$$3 \text{ et } 23 \quad \text{somme } 69$$

Les nombres sont 3 et $8 - 3 = 5$.

P. 65. — La différence de deux nombres est 9, et en ajoutant leur produit et leur somme à la somme et à la différence de leurs carrés, le total est 647.

Quels sont ces nombres?

SOLUTION.

$\frac{1}{1}$ et $\frac{1}{1} + 9$ étant les nombres, on opérera comme pour les deux n^{os} précédents.

$$
\begin{aligned}
&1^{o}\ \text{La somme} &&= &&\frac{2}{1} + 9 \\
&2^{o}\ \text{Le produit} &&= \frac{1}{2}^{2} + \frac{9}{1} \\
&3^{o}\ \text{La somme des carrés} &&= \frac{2}{1}^{2} + \frac{18}{1} + 81 \\
&4^{o}\ \text{Différence des carrés} &&= &&\frac{18}{1} + 81 \\
\hline
&\qquad\qquad\text{Total} &&\ \ \frac{5}{1}^{2} \times \frac{47}{1} + 171 = 647
\end{aligned}
$$

Par suite :

$$\frac{5}{1}^{2} + \frac{47}{1} = 476$$
$$\frac{5}{1} + 47 \times \frac{1}{1} = 476$$
$$\frac{5}{1} + 47 \times \frac{3}{1} = 476 \times 3 = 1428$$

$$1 \text{ et } 1428$$
$$7 \text{ et } 204$$
$$21 \text{ et } 68, \quad \text{différence } 47.$$
$$\frac{1}{1} = 21 : 3 = 7 \quad 7 + 9 = 16$$

Les nombres sont 7 et 16, en opérant sur 476 on aurait eu :

$$1 \text{ et } 476$$
$$7 \text{ et } 68 \quad 7 \times 3 + 47 = 68 \quad \frac{1}{1} = 7$$
$$7 + 9 = 16, \text{ etc., etc.}$$

(Voir les deux n^{os} précédents.)

P. 66. — Quels sont les deux nombres dont la somme est 27 et dont le total de la différence et du quotient est 29?

SOLUTION.

$\frac{1}{1}$ étant le plus petit nombre, $27 - \frac{1}{1} =$ le plus grand, et $27 - \frac{2}{1} =$ la différence. Ainsi, suivant l'énoncé :

$$1^{o}\ 27 - \frac{2}{1} + \frac{27 - \frac{1}{1}}{\frac{1}{1}} = 29$$

$$2^{o}\ \frac{27 - \frac{1}{1}}{\frac{1}{1}} - \frac{2}{1} = 2$$

$$3° \quad 27 - \frac{1}{1} - \frac{2}{1}^2 = \frac{2}{1}$$
$$4° \quad \frac{2}{1}^2 - \frac{5}{1} = 27$$
$$5° \quad \frac{2}{1} - 3 \times \frac{1}{1} = 27$$
$$6° \quad \frac{2}{1} - 3 \times \frac{2}{1} = 54$$

$$1 \text{ et } 54$$
$$3 \text{ et } 18$$
$$6 \text{ et } 9, \quad \text{différence } 3.$$

$$\frac{1}{1} = 6 : 2 = 3 = \text{le plus petit nombre.}$$
$$27 - 3 = 24 = \text{le plus grand.}$$

Si l'on donnait 21 pour la différence, et 35 pour le total du quotient et de la somme, on aurait :

$$1° \quad \frac{2}{1} + 21 + \frac{\frac{1}{1} + 21}{\frac{1}{1}} = 35$$
$$2° \quad \frac{2}{1} + \frac{\frac{1}{1} + 21}{\frac{1}{1}} = 14$$
$$3° \quad \frac{2}{1}^2 + \overline{\frac{1}{1} + 21} \; \frac{14}{1}$$
$$4° \quad \frac{2}{1}^2 + 21 = \frac{15}{1}$$
$$5° \quad 21 = \frac{15}{1} - \frac{2}{1}^2$$
$$6° \quad 13 - \frac{2}{1} \times \frac{1}{1} = 21$$
$$7° \quad 13 - \frac{2}{1} \times \frac{2}{1} = 42$$

$$1 \text{ et } 42$$
$$3 \text{ et } 14$$
$$6 \text{ et } 7 \quad \text{somme } 13.$$

$$\frac{1}{1} = 6 : 2 = 3 = \text{le plus petit nombre.}$$
$$3 + 21 = 24 = \text{le plus grand.}$$

Si l'on donnait 20 au lieu de 21 pour la différence, l'équation première serait :

$$\frac{2}{1} + 20 \div \frac{\frac{1}{1} + 20}{\frac{1}{1}} = 35, \text{ qui se réduit à } \overline{14 - \frac{2}{1}} \times \frac{1}{1} = 20 \text{ et}$$

enfin à $7 - \frac{1}{1} \times \frac{1}{1} = 10.$

$$1 \text{ et } 10$$
$$2 \text{ et } 5 \quad \text{somme } 7.$$

Les nombres sont 2 et $2 + 20 = 22$.

Ils peuvent aussi être 5 et $5+20=25$.

Deux solutions en nombres entiers.

$$\overline{2+22}+\frac{22}{2}=24+11=35$$

$$\overline{5+25}+\frac{25}{5}=30+5=35,\ \text{etc.}$$

P. 67. — En divisant la somme des carrés de deux nombres dont la différence est **2** par leur somme, le quotient est $7\frac17$.

Quels sont ces nombres ?

SOLUTION.

$\overline{\frac{x}{1}+2}$ et $\overline{\frac{x}{1}-2}$ sont les deux nombres et la somme, la somme des carrés est $\frac{2x^2}{1}+\frac{x}{1}+4$. Ainsi :

$$\frac{\dfrac{2x^2}{1}+\dfrac{x}{1}+4}{\dfrac{x}{1}+2}=7\tfrac17 \qquad \frac{\dfrac{14x^2}{1}+\dfrac{2x}{1}+28}{\dfrac{x}{1}+2}=50$$

$$\frac{14x^2}{1}+\frac{2x}{1}+28=\frac{100x}{1}+100$$

$$\frac{14x^2}{1}+28=\frac{7x}{1}+100 \qquad \frac{14x^2}{1}=\frac{7x}{1}+72$$

$$\frac{7x^2}{1}=\frac{7x}{1}+36 \qquad \frac{7}{1}+36\times\frac{1}{1}=36$$

$$\frac{7}{1}+36\times\frac{7}{1}=252$$

1 et 252

3 et 84

4 et 63

6 et 42,   différence 36.

$$42:7=6=\frac{1}{1}=\text{le plus petit nombre.}$$

$$6+2=8=\text{le plus grand.}$$

Si en divisant le produit de deux nombres dont la différence est **8**, par leur somme, le quotient était 3, l'on aurait :

$$\frac{\dfrac{x^2}{1}+\dfrac{8x}{1}}{\dfrac{2x}{1}+8}=3 \qquad \frac{x^2}{1}+\frac{8x}{1}=\frac{6x}{1}+24$$

$$\frac{x^2}{1}+\frac{2x}{1}=24 \qquad \frac{x}{1}=2\times\frac{1}{1}=24$$

1 et 24

2 et 12

4 et 6,   différence 2.

Les nombres sont 4 et $4+8=12$.

P. 68. — Il y a 1584 de différence entre 324 fois la racine et 16 fois le carré.

Quelle est la racine?

SOLUTION.

$\frac{?}{1}$ étant la racine, et suivant l'énoncé :

$$1^o \quad \frac{324}{1} - \frac{16}{1}^2 = 1584$$
$$2^o \quad (324 - \tfrac{16}{1}) \times \tfrac{?}{1} \times 1584$$
$$3^o \quad (81 - \tfrac{4}{1}) \times \tfrac{?}{1} = 396 = 1584 : 4$$
$$4^o \quad (20{,}25 - \tfrac{?}{1}) \times \tfrac{?}{1} = 99$$

1 et 99

3 et 33

6 et 16,5

12 et 8,25   somme 20,25.

La racine peut être 8,25 ou 12.

Dans ce dernier cas il y a 1584 de différence entre 16 fois le carré et 324 fois sa racine.

En transformant l'équation $(81 - \tfrac{4}{1}) \times \tfrac{?}{1} = 396$ en $81 - \tfrac{?}{1} \times \tfrac{?}{1} = 1584$, on aurait pour la somme et le produit du quadruple des facteurs 81 et 1584.

1 et 1524

3 et 528

9 et 176

11 et 144

33 et   48   somme 81.

La racine peut être $\dfrac{33}{4}$ ou $\dfrac{48}{4} = 8{,}25$ ou 12, etc.

De cette manière l'on a évité d'opérer sur des nombres fractionnaires.

P. 69. — En ajoutant la 11ᵉ partie de la racine au carré, le total est $16\frac{4}{11}$.

Quelle est cette racine ?

$\frac{x}{1}$ étant la racine carrée on aura :

$$\frac{x}{1}{}^2 + \frac{1}{11} = 16\,\frac{4}{11}$$
$$\frac{x}{1}{}^2 + \frac{1}{1} = 180$$
$$\frac{x}{1} + 1 \times \frac{1}{1} = 180$$

$$1 \text{ et } 180$$
$$2 \text{ et } \;\;90$$
$$4 \text{ et } \;\;45 \quad \overline{4 \times 11 + 1} = 45$$

$\frac{1}{1} = 4 =$ la racine.

Ou $\frac{11}{1} + 1 \times \frac{11}{1} = 180 \times 11.$

$$11 \text{ et } 180$$
$$22 \text{ et } \;\;90$$
$$44 \text{ et } \;\;45, \quad \text{différence } 1.$$

$\frac{1}{1}$ ou la racine $= 44 : 4 = 11$

Si en retranchant $\frac{1}{11}$ de la racine de son carré le reste était $15\,\frac{7}{11}$, on aurait : $\frac{x}{1}{}^2 - \frac{1}{11} = 15\,\frac{7}{11}$ $\frac{11}{1}{}^2 - \frac{1}{1} = 172$ $\frac{11}{1} - 1 \times \frac{1}{1} = 172.$

Ici sans transformer l'équation l'on aura immédiatement :

$$1 \text{ et } 172$$
$$2 \text{ et } \;\;86$$
$$4 \text{ et } \;\;43 \quad \overline{4 \times 11} - 1 = 43$$

$\frac{1}{1}$ ou la racine $= 4$, etc., etc,

P. 70. — Quel est le nombre carré qui surpasse sa racine de $48\,\frac{3}{4}$?

$$\frac{x}{1}{}^2 - \frac{1}{1} = 48\,\frac{3}{4}$$
$$\frac{1}{1} - 1 \times \frac{1}{1} = 48\,\frac{3}{4}, \quad \text{différence } 1, \quad \text{produit } 48\,\frac{3}{4}.$$

Pour éviter les fractions l'on prendra $\frac{2}{1} + 2 \times \frac{2}{1} = 48\,\frac{3}{4} \times 4 = 195.$

$$1 \text{ et } 195$$
$$5 \text{ et } \;\;39$$
$$13 \text{ et } \;\;15, \quad \text{différence } 12.$$

$\frac{1}{1}$ ou la racine $= 15 : 2 = 7\,\frac{1}{2}.$

Si en retranchant la racine de 48 $\frac{3}{4}$, on obtenait le carré, la solution serait la même, mais ce serait le plus petit des deux facteurs qui serait la racine ; on aurait donc pour cette racine 13 : 2 = 6,5, etc., etc.

P. 71. — En ajoutant les $\frac{4}{6}$ de la racine au tiers du carré, le total est 58.

Quelle est la racine ?

SOLUTION.

$$1° \quad \frac{r^2}{1}:3+\frac{3}{6}=58$$
$$2° \quad \frac{r^2}{1}+\frac{3}{2}=174=58 \times 3$$
$$3° \quad \frac{r}{1}+(2\tfrac{2}{1})\times\frac{r}{1}=174$$
$$4° \quad \frac{r}{1}+5\times\frac{r}{1}=348$$
$$5° \quad \frac{r}{1}+5\times\frac{2r}{1}=696$$

1°   1 et 174
       3 et 58
       6 et 29
      12 et 14,5,   différence 2,5

$\frac{r}{1}$ ou la racine = 12.

2°   1 et 348
      3 et 116
      6 et 58
    12 et 29 $\overline{12\times 2}+5=29$

$\frac{r}{1}=12$

3°   1 et 696
      3 et 232
      6 et 116
    12 et 58
    24 et 29,   différence 5.

$\frac{r}{1}=24:2=12.$

Si en retranchant du tiers du carré les ¦ de la racine il restait 38, l'on aurait :

$$\frac{\overset{12}{4}}{3} - \frac{3}{6} = 38 \qquad \frac{12}{4} - \frac{3}{2} = 114.$$

$$\frac{4}{4} - \frac{2}{2} \times \frac{4}{4} = 114.$$

Sans aller plus loin, l'on prendra $2\frac{1}{2}$ pour différence et 114 pour produit.

$$1 \text{ et } 114$$
$$3 \text{ et } \;\; 38$$
$$6 \text{ et } \;\; 19$$
$$12 \text{ et } \quad 9\frac{1}{2}, \text{ différence } 2\frac{1}{2}.$$

$$\frac{4}{4} = 12 = \text{la racine.}$$

P. 72. — Un nombre est tel qu'en l'augmentant de 57 ou en le diminuant de 8, la somme et le reste sont des carrés.

SOLUTION.

$$(\tfrac{4}{4} + 57) - (\tfrac{4}{4} + 8) = 57 + 8 = 65 = \text{la différence des carrés.}$$

1 et 65	nombres	32 et 33
5 et 13	—	4 et 9

Ici il y a deux solutions, les carrés sont 1024 et 1089 ou 16 et 81.

D'où il résulte que $\frac{4}{4}$ peut-être $(1024 + 8) = 1089 - 57 = 1032$ ou $(16 + 8) = (81 - 57) = 24$.

Si en ajoutant un nombre à 12 et à 25, les nombres ainsi obtenus étaient des carrés, l'on aurait :

$$(\tfrac{4}{4} + 25) - (\tfrac{4}{4} + 12) = 13 = \text{la différence des deux carrés.}$$

$$1 \text{ et } 13 \quad \text{nombres } 6 \text{ et } 7$$
$$\tfrac{4}{4} = 49 - 25 = 36 - 12 = 24$$

En substituant 8 et 19 à 12 et 25, on aurait pour la différence des carrés $19 - 8 = 11$: par suite :

$$1 \text{ et } 11 \quad \text{nombres } 5 \text{ et } 6.$$
$$\tfrac{4}{4} + 8 = 25 \quad \tfrac{4}{4} + 19 = 36$$
$$\tfrac{4}{4} = 25 - 8 = 36 - 19 = 17$$

Si on ajoutait $\frac{1}{1}$ à 5 et à 38, etc., etc., les nombres obtenus ainsi étaient des carrés, on aurait $(\frac{1}{1}+38)-(\frac{1}{1}+5)=38-5=33$.

1 et 33   nombres 16 et 17

3 et 11   —   1 et 7

Deux solutions, les carrés sont 256 et 289 ou 16 et 49.

$\frac{1}{1}$ peut être 11 ou 251.

P. 73. — Trouver un nombre tel qu'en l'augmentant ou le diminuant d'une unité, l'on obtienne dans les deux cas un carré.

SOLUTION.

$$\tfrac{1}{1}+1)-(\tfrac{1}{1}-1)=2 \quad (\tfrac{1}{1}-\tfrac{1}{1}=0) \quad (+1-\ (-1)=2)$$

Ainsi, quelle que soit la valeur de $\frac{1}{1}$, la différence des carrés est 2.

1 et 2   nombres $\frac{3}{1}$ et $\frac{1}{2}$

Carrés $\frac{9}{4}$ et $\frac{1}{4}$.

Le nombre ou $\frac{1}{1}=\frac{9}{4}-\frac{4}{4}=\frac{5}{4}$

$$\tfrac{5}{4}+1=\tfrac{9}{4} \qquad \tfrac{5}{4}-1=\tfrac{1}{4}$$

En continuant les extractions, l'on aurait :

$\frac{1}{2}$ et 4   nombres $\frac{9}{4}$ et $\frac{7}{4}$

$\frac{1}{4}$ et 8   — $\frac{33}{8}$ et $\frac{31}{8}$ etc.

Les carrés seraient $\frac{81}{16}$ et $\frac{49}{16}$ ou $\frac{1089}{64}$ et $\frac{961}{64}$, etc., ce qui donne pour les valeurs relatives de $\frac{1}{1}$, $\frac{65}{16}$ ou $\frac{1025}{64}$.

(Voir ci-dessus le 9e exemple.)

P. 74. — Quels sont les deux nombres dont le produit du plus grand par la différence est 84 ?

SOLUTION.

Les facteurs de 84 donnent les différences et les plus grands

16

nombres. La différence de chaque couples de facteurs donnent les plus petits nombres,

1 et 84	4 et 21
2 et 42	6 et 14
3 et 28	7 et 12

Six solutions en nombres entiers. Savoir :

83 et 84. 40 et 42. 25 et 28. 17 et 21. 8 et 14. 5 et 12.

Si le produit du plus petit par la différence était 84, la somme de chaque couple de facteurs donnerait les plus grands nombres, et comme l'on peut substituer le plus petit nombre à la différence, et réciproquement, l'on aurait 12 solutions en nombres entiers, ces solutions sont :

84 et 85	ou	1 et 85
42 et 44	—	2 et 44
28 et 31	—	3 et 31
21 et 25	—	4 et 25
14 et 20	—	6 et 20
12 et 19	—	7 et 19

(Voir les deux n^{os} suivants).

Si outre le produit 84 l'on donnait la somme 38, les facteurs 4 et 21, dont le plus petit augmenté de $38 =$ le double du plus grand, donnent 21 pour le grand nombre et $38 - 21 = 17$ pour le plus petit, pour les sommes 17 et 82 l'on aurait :

1° Les facteurs 7 et 12 donnent 12 et $17 - 12 = 5$ pour les nombres.

2° Les facteurs 2 et 42 donnent 42 et $82 - 42 = 40$ pour les nombres.

Si la somme des deux facteurs était 46, le produit du plus petit par la différence serait 84.

Sachant que la somme moins la différence donne le double du plus petit, l'on aurait deux solutions provenant des facteurs 2 et 42 et 4 et 21.

1° Le plus petit nombre est 2, le plus grand $46 - 2 = 44$.

2° Le plus petit nombre $= 21$, le plus grand $= 46 - 21 = 25$.

P. 74 *bis*. — Déterminer deux facteurs tels que leur somme étant 19, le produit du plus grand par leur différence soit 60.

SOLUTION.

Ici la solution la plus simple sera d'établir immédiatement les facteurs de 60 qui sont :

1 et 60   4 et 15

2 et 30   5 et 12

3 et 20

$19 + 5 : 2 = 12 =$ le plus grand des deux facteurs.

$19 - 12 = 7 =$ le plus petit.

De cette manière l'on obtient toutes les racines de l'équation et l'on évite l'extraction de la racine carrée.

Si l'on donnait 58 ou 26 pour la somme des deux facteurs, sans établir de nouveaux calculs, l'on aurait immédiatement pour les nombres relatifs 28 et 30 et 11 et 15 provenant des facteurs 2 et 30 et 4 et 15 $(58 + 2) : 2 = 30$ $\overline{26 + 4} : 2 = 15$, etc., etc.

Si le produit de la somme par le plus petit nombre était 84, la solution serait la même.

Les facteurs de 84 donneraient les plus petits nombres et les sommes; les différences respectives seraient les plus grands nombres.

Les cinq premières couples de facteurs donneraient 5 solutions dans le sens de l'énoncé; les nombres peuvent être 1 et 83. 2 et 40.   3 et 25.   4 et 17

Les facteurs 7 et 12 sont le plus grand nombre et la somme.

Dans ce cas 84 est le produit de la somme par le plus grand nombre, etc., etc.

Les nombres relatifs sont 7 et $12 - 7 = 5$.

P. 75. — Quels sont les deux nombres dont le produit du produit par le quotient est 64?

SOLUTION.

$$1 \text{ et } 64$$
$$2 \text{ et } 32 \quad 32:8=4$$
$$4 \text{ et } 16 \quad 16:8=2$$
$$8 \text{ et } 8 \quad 8:8=1$$

$\sqrt{64} = 8 =$ le plus grand nombre (XXIX).

8 étant le plus grand nombre, le plus petit peut être 1. 2 ou 4.

Si en divisant le produit par le quotient, le nouveau quotient était 36, on aurait :

$\sqrt{36} = 6.$

$$1 \text{ et } 36$$
$$2 \text{ et } 18 \quad 6 \times 2 = 12$$
$$3 \text{ et } 12 \quad 6 \times 3 = 18$$
$$4 \text{ et } 9 \quad 6 \times 4 = 24$$
$$6 \text{ et } 6 \quad 6 \times 6 = 36$$

4 solutions en nombres entiers, le plus petit nombre étant 6, le plus grand peut être 12. 18. 24 ou 36.

Si le produit de la différence par le quotient était 36, on aurait :

$$1 \text{ et } 36$$
$$2 \text{ et } 18 \quad 18:\overline{2-1}=18 \quad 18 \times 2 = 36$$
$$3 \text{ et } 12 \quad 12:\overline{3-1}=6 \quad 6 \times 3 = 18$$
$$4 \text{ et } 9 \quad 9:\overline{4-1}=3 \quad 3 \times 4 = 12$$
$$6 \text{ et } 6$$

Les nombres peuvent être 18 et 36. 6 et 18. 3 et 12.

La différence divisée par le quotient moins 1 = le plus petit nombre.

Le plus petit multiplié par le quotient = le plus grand.

Si l'on connaissait en outre la différence des carrés 135, des facteurs de 36 il n'y aurait que 9 qui divise exactement 135; donc (XXXII) la différence des facteurs est 9 et $135:9 = 15 =$ leur somme.

Si le produit de la somme par le quotient étant 60, la différence des carrés restait la même, en déterminant les facteurs
de 60, on aurait :

$$1 \text{ et } 60 \qquad\qquad 4 \text{ et } 15.$$
$$2 \text{ et } 30 \qquad\qquad 5 \text{ et } 12$$
$$3 \text{ et } 20 \qquad\qquad 6 \text{ et } 10$$

Or il n'y a que 15 qui divise exactement 135, donc $135 : 15 = 9$
$=$ la différence des nombres qui sont $\dfrac{15-9}{2} = 3$ et $15 - 2 = 12$.

P. 76. — 440 est le produit du plus grand de deux nombres
par la différence de leurs carrés.

Quels sont ces nombres?

SOLUTION.

Les facteurs de 440 donneront les plus grands nombres et les
différences des carrés; dans ce cas il sera facile d'établir une
limite, car forcément le carré du plus grand nombre doit être
plus grand que la différence des carrés. Or ces facteurs sont :

$$1 \text{ et } 440 \qquad\qquad 8 \text{ et } 55$$
$$2 \text{ et } 220 \qquad\qquad 10 \text{ et } 44$$
$$4 \text{ et } 110 \qquad\qquad 11 \text{ et } 40$$
$$5 \text{ et } 88 \qquad\qquad 20 \text{ et } 22$$

8 et 55 sont les deux premiers facteurs qui puissent résoudre
la question et ils indiquent le plus grand nombre et la différence
des carrés.

$8^2 - 55 = 9$. Le plus petit nombre $= \sqrt{9} = 3$.

La somme est 11. $55 : 11 = 5 =$ la différence.

11 et 40 donnent aussi une solution.

$121 - 40 = 81$ $\sqrt{81} = 9 =$ le plus petit nombre.

11 étant le plus grand, la somme $= 20$, et la différence $= 40$:
$20 = 2$, etc., etc.

(Voir les n^{os} précédents.)

P. 77. — Déterminer deux nombres tels qu'en multipliant le carré de leur somme par leur différence le produit soit 2592.

SOLUTION.

Les facteurs de 2592 donneraient les différences et les carrés des sommes; ces facteurs établis l'on remarquera :

1º Que le carré de la différence doit être moindre que le carré de la somme ;

2º Que le plus petit facteur étant la différence, le plus grand qui lui correspond doit être forcément un carré.

1 et 2592	16 et 162
2 et 1296	18 et 144
4 et 648	24 et 108
6 et 432	27 et 96
8 et 324	36 et 72
9 et 288	32 et 81
12 et 216	48 et 54

1º La plus grande différence ne peut être au-dessus de 16. Ainsi cette différence ne peut se trouver que parmi les 8 premières couples de facteurs, et tous ceux de ces facteurs qui auront un carré correspondant donneront une solution; ainsi les différences et les carrés des sommes peuvent être 2 et 1296 ou 8 et 324, ce qui donne, pour les différences et les sommes, 2 et 36 et 6 et 18; d'où l'on tire pour les nombres relatifs 17 et 19 et 5 et 13.

Maintenant, sous un autre point de vue, l'on peut considérer 2592 comme le produit de la différence des carrés, par la somme des racines, ou comme le produit de la somme des racines par leur différence multipliée par cette même somme.

Dans ce cas, les facteurs donnent les sommes et les différences des carrés; l'on remarquera que le carré de la somme doit être plus grand que la différence des carrés, et que le plus petit facteur doit diviser exactement le plus grand (XXXIV).

Suivant cette dernière remarque, les sommes ne peuvent être comprises que parmi les facteurs de 16 à 48; or de ces facteurs, il n'y a que 18 et 36 qui divisent leurs correspondants; donc les sommes et les différences des carrés sont 18 et 144 et 36 et 72; donc l'on tire pour les nombres 5 et 13 ou 17 et 19, comme ci-dessus.

Si 2592 était le produit de la différence des carrés par la différence des racines, les facteurs ci-dessus donneraient les différences des racines et celles des carrés (XXXII). Ainsi, en divisant les plus grands facteurs par les plus petits, on aura les sommes qui forcément doivent être plus grandes que leurs différences; dans ce cas, les facteurs de 1 et 2592 à 12 et 216 donnent les différences des carrés et les différences des racines; ils fournissent 4 solutions en nombres entiers, savoir :

$$1° \quad 1296 : 2 = 648 \quad (648 + 2) : 2 = 325 \quad 325 - 2 = 323$$
$$2° \quad 648 : 4 = 162 \quad (162 + 4) : 2 = 83 \quad 83 - 4 = 79$$
$$3° \quad 432 : 6 = 72 \quad (72 + 6) : 2 = 39 \quad 39 - 6 = 33$$
$$4° \quad 216 : 12 = 18 \quad (18 + 12) : 2 = 15 \quad 15 - 12 = 3$$

En considérant le produit donné comme le produit de la somme par le carré de la différence, les facteurs 4 et 468, 16 et 162, 18 et 144, 36 et 72 donnent les mêmes solutions que ci-dessus.

$\sqrt{4} = 2 \quad \sqrt{16} = 4 \quad \sqrt{36} = 6 \quad \sqrt{144} = 12$ racines déjà trouvées.

P. 78. — Déterminer deux nombres tels qu'en multipliant la différence de leurs carrés par le plus petit, le produit soit 1232.

SOLUTION.

Les facteurs de 1232 donnent les plus petits nombres et la différence des carrés ou les produits des sommes par les différences.

1 et 1232	11 et 112
2 et 616	14 et 88
4 et 308	16 et 77
7 et 176	22 et 56
8 et 154	28 et 44

Maintenant il s'agit de trouver les deux facteurs dont le plus grand joint au plus petit donne un carré.

$$16 + 308 = 324 \quad \sqrt{324} = 18 = \text{le plus grand nombre.}$$
$$49 + 176 = 225 \quad \sqrt{225} = 15 = \text{le plus grand nombre.}$$

Ainsi les nombres peuvent être 4 et 18 ou 15 et 7; dans les deux cas leur somme est 22.

12 et 56 sont donc les facteurs qui représentent la somme et le produit du plus petit par la différence.

En effet, pour 4 et 18 dont la différence est 14; $56 : 14 = 4$, etc.

Pour 7 et 15 dont la différence est 8; $56 : 8 = 7$, etc.

Le plus petit facteur étant pris pour différence, le plus grand sera le produit de la somme par le plus petit.

Le plus petit facteur étant pris pour somme, le plus grand donne le produit du plus petit par la différence, etc., etc.

P. 79. — Déterminer deux nombres tels que le produit de leur somme par la somme de leurs carrés soit 680.

SOLUTION.

Les facteurs de 680 donnent les sommes des racines et les sommes des carrés; pour avoir une limite l'on remarquera que le carré de la somme des racines doit être plus grand que la somme des carrés.

1 et 680	8 et 85
2 et 340	10 et 68
4 et 170	17 et 40

L'on voit sur-le-champ que les quatre premières couples de facteurs doivent être exclues.

En prenant 10 et 68 on aura $\dfrac{100 - 68}{2} = 16 = $ le produit des deux nombres dont la somme est 10.

1 et 16
2 et 8, somme 10.

Les racines sont 2 et 8.

Si l'on prenait 17 pour somme, le plus grand nombre ne pourrait être au-dessous de 9 dont le carré 81 est plus grand que 40, somme des carrés ; donc ces facteurs ne pouvant résoudre la question, 10 et 68 sont les sommes des racines et des carrés.

Le produit étant 2848 au lieu de 680, l'on aurait :

$$
\begin{array}{ll}
1 \text{ et } 2848 & 16 \text{ et } 178 \\
4 \text{ et } 712 & 32 \text{ et } 89 \\
8 \text{ et } 356 &
\end{array}
$$

L'on voit que forcément 16 et 178 sont les facteurs qui résolvent la question.

$$\frac{16^{2} - 178}{2} = 39 = \text{le produit dont la somme des facteurs est 16.}$$

$$
\begin{array}{l}
1 \text{ et } 39 \\
3 \text{ et } 13, \text{ somme } 16.
\end{array}
$$

Les racines sont 3 et 13.

Pour 32, le plus grand nombre ne pourrait être au-dessous de 17 dont le carré est plus grand que 89, etc., etc.

P. 80. — Quels sont les deux nombres dont le produit des carrés est 441 ?

SOLUTION.

$$\sqrt{441} = 21 \, (\text{XXX}) = \text{le produit des racines.}$$

$$
\begin{array}{l}
1 \text{ et } 21 \\
3 \text{ et } 7
\end{array}
$$

Les nombres peuvent être 1 et 21 ou 3 et 7.

Si le produit des carrés était 2304, on aurait à déterminer les facteurs de $\sqrt{2304} = 48$.

$$
\begin{array}{ll}
1 \text{ et } 48 & 4 \text{ et } 12 \\
2 \text{ et } 24 & 6 \text{ et } 8 \\
3 \text{ et } 16 &
\end{array}
$$

Ce qui donne 5 solutions en nombres entiers, autant que de

17

couples de facteurs, les racines ou nombres peuvent être 1 et 48, 2 et 24, etc., etc.

Si l'on connaissait, outre le produit 2304, la somme 19 des racines, les facteurs 3 et 16 seraient les racines.

La somme étant 26 ou 14, les racines seraient 2 et 24 ou 6 et 8.

Si l'on connaissait la différence des racines 73 et le produit des carrés 51984, on aurait :

$$\sqrt{51984} = 228 = \text{le produit des deux racines dont la différence}$$

est 73.

1 et 228	4 et 57
2 et 114	6 et 38
3 et 76	12 et 19

Les racines sont 3 et 76.

La différence étant 7 ou 53, les racines seraient 12 et 19 ou 4 et 57.

Les sommes des racines étant 116 ou 44 ou 61, ces racines seraient 2 et 114 ou 6 et 38 ou 4 et 57.

Le quotient des racines et le produit des carrés étant $6\frac{1}{3}$ et 51984, sans établir les facteurs de 228 on aurait immédiatement :

$$\sqrt{51984} : 6\frac{1}{3} = \frac{228 \times 3}{19} = 12 \times 3 = 36 \quad \sqrt{36} = 6 = \text{le plus}$$

petit facteur.

$6 \times 6\frac{1}{3} = 38 = $ le plus grand (XXIX).

Si le quotient était 3 et le produit des carrés 2304, on aurait :

$$\sqrt{48 : 3} = \sqrt{16} = 4 = \text{le plus petit facteur.}$$

$4 \times 3 = 12 = $ le plus grand.

P. 81. — Déterminer deux nombres tels qu'il y ait 84 de différence entre le carré du plus petit et le carré de leur différence.

SOLUTION.

Le produit 84 est la différence des carrés de deux facteurs dont l'un est le plus petit nombre et l'autre leur différence.

1 et 84

2 et 42   20 et 22, différence et petit nombre.

3 et 28

4 et 21

6 et 14   4 et 10, différence et petit nombre.

7 et 12

Les différences peuvent-être 20 et 4 et les plus petits nombres 22 ou 10, conséquemment les nombres sont 22 et $22 + 20 = 42$ ou 10 et $10 + 4 = 14$.

Si le carré de la différence excédait de 84 le carré du plus petit nombre, les nombres seraient 20 et $20 + 22 = 42$, ou 4 et $4 + 10 = 14$.

Si le carré du plus grand nombre excédait de 84 le carré de la différence, les nombres seraient 2 et $2 + 20 = 22$ ou 6 et $6 + 4 = 10$, si le carré de la somme excédait de 252 le carré de leur différence.

Ici la différence qui existe entre le carré de la somme et le carré de la différence est 252, ainsi :

1 et 252

2 et 126   62 et 64, différence et somme.

3 et 84

4 et 63

6 et 42   18 et 24, différence et somme.

7 et 36

9 et 28

14 et 18   2 et 16, différence et somme.

Les différences peuvent-être 62, 18 ou 2, et les sommes 64, 24 ou 16.

Conséquemment les nombres sont 1 et 63. 3 et 21. 7 et 9.

Si le carré de la somme excédait de 252 le carré du plus petit nombre, il n'y aurait qu'une solution, le plus petit nombre et la somme seraient 2 et 16, le plus grand serait $16 - 2 = 14$.

Si le carré de la somme excédait le carré du plus grand nombre de 252, il y aurait 2 solutions, les sommes et les plus grands

seraient 64 et 62 ou 24 et 18, ce qui donne pour les nombres
2 et 62 ou 6 et 18.

P. 82. — Déterminer deux nombres tels qu'il y ait 161 de
différence entre le carré de leur produit et le carré de leur somme.

SOLUTION.

$$1 \text{ et } 161$$
$$7 \text{ et } 23$$

$\overline{23 + 7} : 2 = 15 \quad \overline{23 - 7} : 2 = 8, \quad$ produit 15, somme 8.

$$1 \text{ et } 15$$
$$3 \text{ et } 5, \quad \text{somme } 8, \quad \text{nombre } 3 \text{ et } 5.$$

Si le carré du produit excédait de 221 le carré de la différence,
on aurait :

$$1 \text{ et } 121$$
$$13 \text{ et } 17 \quad \overline{17 + 13} : 2 = 15 \quad \overline{17 - 13} : 2 = 2.$$

Le produit est 15, la différence 2.

$$1 \text{ et } 15$$
$$3 \text{ et } 5, \quad \text{différence } 2, \quad \text{nombres } 3 \text{ et } 5.$$

Si le carré de la somme excédait de 527 le carré du quotient,
l'on aurait :

$$1 \text{ et } 527$$

17 et 31 qui donnent 7 et 24 pour quotient et pour produit,
ainsi (XIX) :

$24 : \overline{7 + 1} = 24 : 8 = 3 = $ le plus petit nombre.

$3 \times 7 = 21 = $ le plus grand.

Si le carré de la différence excédait de 275 le carré du quotient,
l'on aurait :

$$1 \text{ et } 275$$
$$5 \text{ et } 55 \text{ qui donnent } 25 \text{ et } 30$$
$$11 \text{ et } 25 \quad — \quad 7 \text{ et } 18$$

Le quotient est 7 et sa différence 18.

$18 : \overline{7 - 1}$ (XX) $= 3 =$ le plus petit nombre.

$3 + 18 = 21 =$ le plus grand.

30 n'étant pas divisible exactement par 26, les deux facteurs ne peuvent être admis, ils donneraient des résultats fractionnaires.

P. 83. — Déterminer deux nombres tels que le produit de leur produit par la somme de leurs carrés soit 1752.

SOLUTION.

Les facteurs de 1752 donneront les produits et les sommes des carré; or, pour avoir une limite précise, on remarquera (XXXII) que le *carré du produit étant égal au produit des carrés*, le carré du plus petit des deux facteurs de 1752 doit forcément être plus grand que son correspondant qui est la somme des carrés.

D'après cette remarque, il est facile d'obtenir la solution directe du problème, en déterminant les facteurs correspondants de 1752.

1 et 1752	6 et 292
2 et 876	8 et 219
3 et 584	12 et 146
4 et 438	24 et 73

Tous les facteurs qui précèdent 24 et 73 devant être exclus, il en résulte que ces derniers facteurs résolvent la question.

24 et 73 sont le produit et la somme des carrés, par suite (XXXVI).

$\sqrt{48 + 73} = \sqrt{121} = 11 =$ la somme des nombres ou des racines.

$\sqrt{73 - 48} = \sqrt{25} = 5 =$ la différence.

Les nombres sont $\dfrac{11 + 5}{2} = 8$ et $11 - 8 = 3$.

Si le produit donné était 19838, etc., on aurait :

1 et 19838
7 et 2834
13 et 1526

$$14 \text{ et } 1417$$
$$26 \text{ et } 763$$
$$91 \text{ et } 218 \quad \text{venant de } 13 \times 7 \text{ et de } \frac{1526}{7}.$$

Ici les 5 premières couples de facteurs devant être exclues, il ne reste que 91 et 218, qui sont forcément le produit et la somme des carrés, par suite :

$$\sqrt{218 - 91 \times 2} = \sqrt{36} = 6 = \text{ la différence des racines dont le}$$
produit est 91.

$$1 \text{ et } 91$$
$$7 \text{ et } 13, \quad \text{différence } 6.$$

Les nombres sont 7 et 13.

P. 84. — Décomposer 11 en deux parties telles que le produit de leur produit par la somme de leurs carrés soit 1752.

SOLUTION.

Ce problème est le même que le précédent, avec une donnée de plus.

Ayant reconnu que les facteurs 24 et 73 sont le produit et la somme des carrés, l'on voit que la somme des racines est 11 et leur produit 24.

$$1 \text{ et } 24$$
$$2 \text{ et } 12$$
$$3 \text{ et } 8, \quad \text{somme } 11.$$

Les parties sont 3 et 8.

Si l'on eût donné 5 pour la différence, les mêmes facteurs dont la différence est 5 donneraient les mêmes solutions.

La somme étant 20 et le produit 19838, etc., etc.

Les facteurs 91 et 218 étant reconnus être le produit et la somme des carrés, on aurait :

$$1 \text{ et } 91$$
$$7 \text{ et } 13, \quad \text{somme } 20.$$

Les parties demandées sont 7 et 13.

Si l'on eût donné 6 pour la différence, au lieu de la somme 20, les parties seraient les mêmes.

L'on voit par ces diverses solutions qu'il n'est pas nécessaire . de connaître la différence ou la somme pour obtenir un résultat direct. Il n'en serait pas de même en employant les procédés algébriques.

L'algèbre proprement dite ne donne aucun moyen de résoudre, $\overline{x \times y} \times x^2 + y^2 = a$, a seulement, étant un nombre connu. (Voir le n° précédent et les suivants.)

P. 85. — La somme des carrés de deux nombres est 130, et le produit de leur produit par leur somme est 1008.

Quels sont ces nombres?

SOLUTION.

Réciproque du problème précédent.

1 et 1008	8 et 126
2 et 594	9 et 112
3 et 336	16 et 63
4 et 252	18 et 56
6 et 168	

16 étant reconnu pour le premier facteur qui puisse être la somme, on aura $\dfrac{16^2 - 130}{2}$ (XXXVI) $= \dfrac{196 - 130}{2} = 63$.

La somme est 16 et le produit 63.

Comme dessus, les nombres sont 7 et 9.

Si l'on eût donné 32 pour la différence des carrés ou 180, le produit restant 1008, etc., etc.

Comme ci-dessus 16 et 63 étant les premiers facteurs qui puissent être admis, la somme ne peut être que 16 ou 18.

32 étant divisible par 16 et 180 étant divisible par 18.
Ces deux facteurs résolvent la question.

$$32 : 16 = 2$$
$$180 : 18 = 10$$

La somme et la différence peuvent être 16 et 2, ou 18 et 10.
Et comme dessus les nombres respectifs sont 7 et 9 et 4 et 14.
(Voir les trois n^{os} précédents).

P. 86. — La somme des carrés de deux nombres est 205 et le produit de leur produit par leur différence est 462.
Quels sont ces nombres?

SOLUTION.

Réciproque des deux problèmes précédents.

1 et 462	7 et 66
2 et 231	11 et 42
3 et 154	14 et 33

14 et 33 qui donnent 14 pour le plus grand nombre résolvent la question immédiatement.

$$205 - 14^2 = 9$$

$\sqrt{9} = 3 = $ le plus petit nombre.
Les nombres sont 3 et 14.

En considérant 462, comme le veut l'énoncé, pour le produit du produit par la différence, il suffit de déterminer deux facteurs tels que si l'on retranche le carré du plus petit de 205, le reste soit égal au double du plus grand. Dans ce cas 11 et 42 donneraient :

$$205 - 121 = 84 = 42 \times 2$$

11 et 42 sont la différence et le produit,

1 et 42
3 et 14,   différence 11,   nombres 3 et 14.

Pour 170 et 308, les facteurs 4 et 77 donneraient :

$$170 - 16 = 154 = \overline{77 \times 2}$$

La différence est 4 et le produit 77.

> 1 et 77
> 7 et 11,   différence 4,   nombres 7 et 11.

Si l'on donnait 72 pour la différence des carrés, le produit du produit par la différence étant 462, les facteurs 11 et 42 donneraient :

$$121 - 72 = 49$$

$\sqrt{49} = 7 = $ le plus petit nombre, le plus grand étant 11.

Si la différence des carrés étant 187 au lieu de 72, on aurait :

$$14^2 - 187 = 196 - 187 = 9$$

$\sqrt{9} = 3 = $ le plus petit nombre, le plus grand étant 14, etc.

P. 87. Le produit de trois nombres est 520, et en ajoutant le plus grand au produit des deux plus petits, le total est 46.

Quels sont ces nombres ?

SOLUTION.

1 et 520	8 et 65
2 et 260	10 et 52
4 et 130	13 et 40
5 et 104	20 et 26

Les facteurs 20 et 26 dont la somme est 46, sont le plus grand nombre et le produit des deux plus petits.

Le plus grand nombre peut être 20 ou 26.

Si l'on prend 26, le produit des deux plus petits sera 20.

1 et 20 nombres 1	20 et 26
2 et 10 — 2	10 et 26
4 et 5 — 4	5 et 26

Trois solutions en nombres entiers.

En prenant 20 pour le plus grand nombre, il n'y aurait qu'une solution.

Les nombres seraient 2, 13 et 26.

S'il y avait 126 de différence entre le produit des deux plus grands facteurs et le plus petit, les facteurs 4 et 130 donneraient 4 pour le plus petit facteur et 130 pour le produit des deux plus grands.

$$1 \text{ et } 130 \qquad\qquad 5 \text{ et } 26$$
$$2 \text{ et } 65 \qquad\qquad 10 \text{ et } 13$$

Il y aurait deux solutions.

$$4 \quad 5 \text{ et } 26 \qquad\qquad 4 \quad 20 \text{ et } 13$$

P. 88. — Le produit de trois nombres inégaux est 520, et en diminuant d'une unité le produit du plus petit par le plus grand, l'on obtient le carré du nombre intermédiaire.

Quels sont ces nombres?

SOLUTION.

Les facteurs 8 et 65 du problème précédent donnent 65 pour le produit des deux autres facteurs, l'un des trois étant :

$$\sqrt{65-1} = 8$$
$$1 \text{ et } 65 \qquad\qquad 5 \text{ et } 13$$

Les nombres peuvent être 1   8 et 65 ou 5   8 et 13.

Si le triple plus 1 du nombre intermédiaire était égal au produit du plus petit par le plus grand, les facteurs 13 et 40 du même produit donneraient deux solutions.

$$1 \text{ et } 40$$
$$2 \text{ et } 20$$
$$4 \text{ et } 10$$

Les nombres pourraient être 1   13 et 40 ou 2   13 et 20.

$$13 \times 3 + 1 = 40 = 1 \times 40 = 2 \times 20$$

Si en augmentant de 21 le produit des deux plus grands l'on obtenait le cube du plus petit, l'on aurait par les facteurs de 5 et 104, 5 8 et 13 pour les trois nombres.

$$104 + 21 = 125 = 5^2$$

Or, des facteurs de 104 il n'y a que 8 qui soit au-dessus de 5, donc, etc., etc.

1 et 104	4 et 26
2 et 52	8 et 13

P. 89. — Sachant que le plus petit des trois facteurs de 1911 est au-dessus de l'unité, l'on demande quels sont ces facteurs?

SOLUTION.

(Voir 1er et 2e exemple.)

```
      1 et 1911
      3 et  637    7 et 91    13 et 49
      7 et  273   13 et 21
     13 et  147
     21 et   91
     39 et   49
```

Trois solutions en nombres entiers.

Les facteurs peuvent être 3, 7 et 91, 3, 13 et 49, 7, 13 et 21.

Si le produit étant le même, l'on donnait 16 pour la somme des deux plus petits facteurs, la solution précise serait 3, 13 et 49, 49 étant le correspondant de 3×13. La somme étant 20, les plus petits facteurs seraient 7 et 13 et le plus grand 21, correspondant de 7×13.

Si l'on donnait 34 pour la somme des deux plus grands, parmi les facteurs de 1911, il n'y a que 21 et 13 dont la somme soit 34 ; donc ces deux nombres sont les deux plus grands facteurs, et le plus petit est 7, correspondant de 13×21.

La somme étant 62 au lieu de 34, les deux plus grands nombres seraient 49 et 13, et le plus petit 3, correspondant de 13×49

La somme du plus grand et du plus petit étant 28, ces nombres seraient 7 et 21 ; le nombre intermédiaire serait 13, correspondant de 7×21. La somme étant 94, les nombres seraient 3 91 et 7, correspondant de 3×91, etc., etc.

(Voir les n°ˢ suivants.)

P. 90. — Quels sont les trois facteurs de 1911, dont la somme est 41 ?

SOLUTION.

Parmi les facteurs de 1911 il n'y a que les facteurs 7, 13 et 21 qui puissent faire la somme demandée ; donc, sans autre calcul, les facteurs sont 7, 13 et 21.

La somme donnée étant 65, l'on trouverait de même que les trois facteurs sont forcément 3, 13 et 49, etc.

S'il y avait 14 de différence entre le plus grand et le plus petit, les facteurs seraient 7, 21 et 13, correspondant de 7×21.

Si la différence était 88, les facteurs seraient 3, 49 et 13, correspondant de 3×49, etc.

Si la différence entre les deux plus grands était 8, ces nombres seraient 13 et 21, et le plus petit 7, correspondant de 13×21. La différence étant 84, les nombres seraient 7, 91 et 3, correspondants de 7×91, etc., etc.

P. 91. — La somme de trois nombres est 36, et le produit du plus grand par la différence des deux plus petits est 133.

Quels sont ces nombres ?

SOLUTION.

Les facteurs de 133 donnent les plus grands nombres et les différences des deux plus petits.

$$1 \text{ et } 133$$
$$7 \text{ et } 19$$

$36 - 19 = 17 =$ la somme des deux plus petits nombres dont la différence est 7.

Ces nombres sont donc $(17 + 7) : 2$ et $\overline{17 - 7} : 2 = 12$ et 5.

La somme des trois nombres étant 62 et le produit 748 au lieu de 133, l'on aurait :

1 et 748	17 et 44
11 et 68	22 et 34

Le plus grand nombre devant forcément être au-dessous de 62, il ne peut être que 44 ou 34, pour 17 et 44 les nombres seraient $\frac{1}{2}$, 17 $\frac{1}{2}$ et 44, pour 22 et 34 ils sont 3, 25 et 34.

$$62 - 44 = 18 \quad \overline{18 + 17} : 2 = 17 \tfrac{1}{2} \quad \overline{18 - 17} : 2 = \tfrac{1}{2}$$
$$62 - 34 = 28 \quad \overline{28 + 22} : 2 = 25 \quad \overline{28 - 22} : 2 = 3$$

P. 92. — Le produit de deux facteurs est 162, et le carré du plus petit est égal à la somme de deux nombres dont la différence des carrés est 567.

Déterminer les nombres et les facteurs.

SOLUTION.

1 et 567
3 et 189
9 et 63
7 et 81,   nombres 44 et 37.

Suivant l'énoncé, le plus grand des deux facteurs de 567 doit forcément être un carré dont la racine est le plus petit des deux facteurs de 162.

Les deux facteurs demandés sont $\sqrt{81} = 9$ et $162 : 9 = 18$.

Les nombres sont 37 et 44.

Si le carré du plus petit nombre était égal à la différence de deux autres nombres ayant 567 pour la différence de leurs carrés, le plus petit facteur serait $\sqrt{9} = 3$, et le plus grand $162 : 3 = 54$.

Les nombres seraient $\dfrac{63 + 9}{2}$ et $\dfrac{63 - 9}{2} = 36$ et 27.

P. 93. — Quels sont les trois nombres dont la somme est **62** et dont le produit de la somme des deux plus petits par la différence des deux plus grands est **252** ?

SOLUTION.

Suivant l'énoncé, les facteurs de 252 donneront la somme des deux plus petits nombres et la différence des deux plus grands.

Pour obtenir une limite certaine on remarquera :

1° Que la somme des deux plus petits nombres ne peut être qu'au-dessous de 62, qui est la somme des trois ;

2° Que le plus grand nombre ne peut être qu'au-dessus de la moitié de la somme des deux plus petits.

D'après ces remarques, en déterminant les facteurs de 252 on reconnaîtra que les 5 premiers couples de ces facteurs ne peuvent résoudre la question.

1 et 252	7 et 36
2 et 126	9 et 28
3 et 84	12 et 21
4 et 63	14 et 18
6 et 42	

7 et 36, 9 et 28 donnent deux solutions en nombres entiers, qui sont :

1° 17 19 et 24.

2° 3 25 et 34.

1° $62 - 36 = 26 =$ le plus grand nombre.

$26 - 7 = 19 =$ le nombre intermédiaire.

$36 - 19 = 17 =$ le plus petit.

2° $62 - 28 = 34$

$34 - 9 = 25$

$28 - 25 = 3$, etc.

Pour 62 et 4, l'on aurait :

$62 - 42 = 20$

$20 - 6 = 14$

$42 - 14 = 28$ qui devrait être le plus petit nombre et qui est le plus grand ; dans ce cas le produit 252 est le produit de la somme du plus petit et du plus grand nombre par la différence des deux plus petits, etc.

Pour 21 et 12 :

$62 - 21 = 41$

$41 - 12 = 29$, nombre moyen plus grand que la somme des deux plus petits, etc. ; donc ces facteurs ne résolvent point la question.

P. 94. — Décomposer 30 en 4 parties telles que la différence des carrés de deux de ces parties soit 13, et le produit des deux autres 42.

SOLUTION.

1 et 13, nombres relatifs 6 et 7.

$30 - \overline{6 + 7} = 17 =$ la somme des deux nombres dont le produit est 42.

1 et 42
2 et 21
3 et 14   somme 17.

Les quatre nombres sont 3, 6, 7 et 14.

Si la différence des carrés de deux de ces parties était 11, et le produit des quatre 1800, l'on aurait :

1 et 11, nombres relatifs 5 et 6.

$5 \times 6 = 30 =$ le produit des deux nombres dont la différence des carrés est 11.

$1800 : 30 =$ le produit des deux nombres restants, $30 - 11 = 19$.

1 et 60
3 et 20
4 et 15,   somme 19.

Les nombres sont 4, 5, 6 et 15.

P. 95. — La somme de quatre nombres est 36, la différence des carrés des deux derniers est 275, et la différence des deux premiers est 5.

Quels sont ces nombres?

SOLUTION.

1 et 275
5 et 55
11 et 25

La somme des deux derniers nombres ne pouvant être au-dessus de 36, qui est la somme des quatre, elle ne peut être que 25. $36 - 25 = 11$ $\dfrac{11 - 5}{2} = 8$ $11 - 8 = 3$.

Les quatre nombres sont 3, 8, 7 et 18.

Les données étant 85, 2312 et 13, on aurait :

1 et 2312
4 et 1156
8 et 578
17 et 136
34 et   68,   nombres 17 et 51.

La somme des deux derniers qui ne peut être qu'au-dessous de 85, est forcément 68. Les nombres sont 2, 15, 17 et 51.

$85 - \overline{51 + 17} = 51 - 68 = 17 =$ la somme des deux premiers nombres dont la différence connue est 13, etc., etc.

P. 96. — La somme de trois nombres est 23, et le produit de la différence des carrés des deux plus grands par le plus petit est 120.

Quels sont ces nombres?

SOLUTION.

Les facteurs de 120 donnent les plus petits nombres et les différences des carrés des deux plus grands.

1 et 120	5 et 24
2 et 60	6 et 20
3 et 40	10 et 12
4 et 30	

Les facteurs 3 et 40 résolvent la question.

La différence des carrés des deux plus grands nombres est 40 et leur différence est 2.

Les nombres sont 3, 9 et 11.

Cette solution est la seule, parce qu'il n'y a que 3 qui, étant retranchés de 23, donnent un reste qui divise exactement son correspondant.

En effet en retranchant 3, qui est le plus petit nombre, de 23, qui est la somme des trois, le reste est la somme des deux plus grands dont la différence des carrés est 40; donc le reste doit diviser exactement 40, etc. (XXXII).

Les données étant 51 et 1316 au lieu de 23 et 120, l'on aurait :

$$1 \text{ et } 1316$$
$$2 \text{ et } 658$$
$$4 \text{ et } 329 \quad 51 - 4 = 47 \quad 319 : 47 = 47$$
$$7 \text{ et } 188$$
$$28 \text{ et } 47$$

La différence des deux plus grands nombres dont la somme est $329 : 47 = 47$.

Les trois nombres sont 4, 20 et 27.

P. 97. — Déterminer trois nombres tels que la différence des deux plus petits et des deux plus grands soit 240.

SOLUTION.

1 et 240		
2 et 120	nombres relatifs	56 et 61
4 et 60	—	28 et 32
5 et 48		
6 et 40	—	17 et 23
8 et 30	—	11 et 19

$$10 \text{ et } 24 \qquad - \qquad 7 \text{ et } 17$$
$$12 \text{ et } 20 \qquad - \qquad 4 \text{ et } 16$$
$$15 \text{ et } 16$$

Les facteurs 6 et 40 et 10 et 24 résolvent la question.

Les nombres sont 7, 17 et 23.

17, facteur commun, est le terme intermédiaire.

$$(17^2 - 7^2) = (23^2 - 17^2), \text{ etc., etc.}$$

Sans déterminer les nombres relatifs, la différence des facteurs 40 et 6 étant égale à la somme des facteurs 10 et 24, ces facteurs sont bien les sommes et les différences des nombres demandés.

P. 98. — Décomposer 33 en quatre parties telles que la différence des carrés des deux premières et le produit des deux dernières soient 60 et 126.

SOLUTION.

1 et 60

2 et 30 nombres relatifs 14 et 16.

3 et 10

4 et 15

5 et 12

6 et 10 nombres relatifs 2 et 8.

Les deux plus petits nombres sont 2 et 8,

$$33 - \overline{2+8} = 33 - 10 = 23 = \text{ la somme des deux plus grands}$$
nombres dont le produit est 126.

1 et 126

9 et 14,   somme 23.

Les quatre nombres sont 2, 8, 9 et 14; 14 et 16 ne peuvent être admis, car la somme des deux plus grands facteurs doit forcément être plus forte que celle des deux plus petits.

P. 99. — Décomposer 96 en deux parties telles que le produit de la plus grande par la racine carrée de la plus petite soit 360.

SOLUTION.

• 1 et 360	8 et 45
2 et 180	9 et 40
3 et 120	10 et 36
4 et 90	12 et 30
5 et 72	18 et 20
6 et 60	

Les parties sont 6 et 60, $36 + 60 = 96$.

Les sommes étant 184 ou 97, les parties seraient 4 et 180 ou 25 et 72.

Si l'on donnait les différences 24, 176 ou 47, les parties seraient les mêmes que pour les sommes 96, 184 et 97.

Si l'on connaissait seulement le produit du plus grand nombre par la racine carrée du plus petit, il y aurait autant de solutions que de couples de facteurs.

6 dans le sens de l'énoncé, et 5 en supposant le produit du plus petit par la racine carrée du plus grand.

1° 1 et 360. 4 et 180. 9 et 120. 16 et 90. 25 et 72. 36 et 60.
2° 45 et 64. 40 et 81. 36 et 100. 30 et 144. 20 et 324.

(Voir ci-dessus le septième exemple.)

P. 100. — Déterminer quatre nombres *entiers* et *inégaux* tels que le plus petit étant plus grand que l'unité, leur produit soit 520.

SOLUTION.

Ici l'on considérera 520 comme le produit du produit des deux plus petits facteurs par le produit des deux plus grands ; dans ce cas l'on aura :

1 et 520	8 et 65
2 et 260	10 et 52
4 et 130	13 et 40
5 et 104	20 et 26

Or, suivant l'énoncé, le plus petit facteur ne peut être au-dessous de 2; donc les facteurs 8 et 65, 10 et 52 et 20 et 26, sont les seuls qui puissent résoudre la question, les autres donneraient nécessairement 1 pour le plus petit facteur.

Les plus petits facteurs peuvent être 2 et 4, 2 et 5, 2 et 10 et 4 et 5.

Les plus grands relatifs seront :

$$5 \text{ et } 13$$
$$4 \text{ et } 13$$

Ainsi il n'y a qu'une solution.

Les facteurs ne peuvent être que 2, 4, 5 et 13.

Si le produit donné était 480, au lieu de 520 l'on aurait :

1 et 480	8 et 60
2 et 240	10 et 48
3 et 160	12 et 40
4 et 120	15 et 32
5 et 96	16 et 30
6 et 80	20 et 24

En raisonnant comme ci-dessus, l'on reconnaîtra que les plus petits facteurs ne peuvent être que 2 et 3, 2 et 4 (2 et 6, 3 et 4), 3 et 5, etc.

Les plus grands relatifs

pour	2 et 3 sont	4 et 20	5 et 16	8 et 10	
—	2 et 4 —	5 et 12	6 et 10		
—	2 et 6 —	4 et 10	5 et 8		
—	3 et 4 —	5 et 8			
—	3 et 5 —	2 et 86	4 et 8		
—	2 et 8 —	3 et 10	5 et 6		
—	2 et 10 —	2 et 12	3 et 8	4 et 6	
—	4 et 5 —	2 et 12	3 et 8	4 et 6	

Ainsi, en n'admettant pas les répétitions et les facteurs semblables, il y a 7 solutions.

Les facteurs peuvent être :

$$
\begin{array}{lll}
2 & 3 & 4 \text{ et } 20 \\
2 & 3 & 5 \text{ et } 16 \\
2 & 3 & 8 \text{ et } 10 \\
2 & 4 & 6 \text{ et } 10 \\
2 & 4 & 5 \text{ et } 12 \\
2 & 6 & 5 \text{ et } 8 \\
3 & 4 & 5 \text{ et } 8
\end{array}
$$

Si l'on voulait décomposer 26 en quatre parties telles qu'en ajoutant le produit des deux plus petites au produit des deux plus grandes, le total soit 86, le produit des quatre étant 480, les facteurs 6 et 80, dont la somme est 86, donneraient 6 pour le produit des deux plus petites, et 80 pour celui des deux plus grandes.

$$
\begin{array}{ll}
1 \text{ et } 6 & 1 \text{ et } 80 \\
2 \text{ et } 3 & 5 \text{ et } 16
\end{array}
$$

$$2+3+16=26$$

Les nombres sont donc 2, 3, 5 et 16.

Si l'on eût donné 74 pour la différence des deux produits : 80 — 6 = 74, les mêmes facteurs donneraient la même solution, si la somme à partager était 29 au lieu d'être 26.

En continuant d'extraire les facteurs de 80, on aurait :

$$
\begin{array}{l}
1 \text{ et } 80 \\
2 \text{ et } 40 \\
4 \text{ et } 20 + 2 + 3 = 29
\end{array}
$$

Les nombres sont 2, 3, 4 et 20

P. 101. — Le produit de quatre nombres est 1872, et en joignant successivement le 1er, le 2^{e} et le 3e au produit des trois autres, les totaux respectifs sont 627, 318 et 242.

Quels sont ces nombres ?

SOLUTION.

1 et 1872	6 et 312
3 et 624	8 et 234

Les trois premiers nombres sont 3, 6 et 8 ;
Le 4ᵉ est 1872 : $(3\times6\times8)$, etc., etc.

$$(3\times6\times8) = 1872 : 144 = 13$$

Si le produit était 2352, et qu'en joignant successivement le 1ᵉʳ, le 2ᵉ, le 3ᵉ et le 4ᵉ au produit des trois autres, les produits respectifs donnaient 1178, 343, 302 et 133, l'on aurait :

2 et 1176	somme	1178
7 et 336	—	343
8 et 294	—	302
21 et 112	—	133

Les nombres sont 2, 7, 8 et 21.

P. 102. — Le produit de quatre nombres est 2352, et en joignant successsivement le quintuple du 1ᵉʳ, le quadruple du 2ᵉ, le triple du 3ᵉ et le tiers du 4ᵉ aux produits des trois autres, les totaux respectifs sont 1186, 364, 318 et 119.

Déterminer ces nombres.

SOLUTION.

Comme au nᵒ précédent, les nombres sont (2, 7, 8 et 21).

$$1176 + 2\times5 = 1186$$
$$336 + 7\times4 = 364$$
$$294 + 8\times3 = 318$$
$$112 + \overline{21 : 3} = 119$$

P. 102 *bis*. Le produit de quatre nombres est 2352, et en divisant successivement par le 1ᵉʳ, le 2ᵉ, le 3ᵉ et le 4ᵉ le produit des trois autres, les quotients respectifs sont 588, 48, 36 $\frac{3}{4}$ et 5 $\frac{1}{3}$. Quels sont ces nombres?

SOLUTION.

En opérant comme dessus, on aura 2, 7, 8 et 21, pour ces nombres.

$$1176 : 2 = 588$$
$$336 : 7 = 48$$
$$298 : 8 = 36 \tfrac{3}{4}$$
$$112 : 21 = 5 \tfrac{1}{3}$$

P. 103. — Six nombres augmentent successivement ; les produits des 1er et 2e, 3e et 4e, 5e et 6e, sont respectivement 84, 224 et 777.

Quels sont ces nombres?

SOLUTION.

Les nombres peuvent être 7, 12, 14, 16, 21 et 27.

Les nombres du premier produit étant établis, le plus petit facteur du 2e doit être plus grand que celui du 1er, comme le plus petit du 3e doit être plus grand que le plus grand du 2e, etc.

1 et 84	1 et 224	1 et 777
3 et 28	4 et 56	7 et 111
6 et 14	7 et 32	21 et 27
7 et 12	14 et 16	

P. 104. — Déterminer six nombres entiers tels que les produits du 2e par le 1er, du 3e par le 2e, du 4e par le 3e et du 5e par le 6e, soient respectivement 24, 80, 140 et 252 ; il faut de plus que leur somme soit 74.

SOLUTION.

1 et 24	3 et 8
2 et 12	4 et 6

En prenant la première colonne pour les premiers nombres, la seconde indiquera les deuxièmes; ainsi le facteur de la 2e colonne qui divisera exactement 80 pourra être le 2e nombre ; or il n'y a que 8 qui soit dans ce cas, donc les trois premiers sont :

3, 8 et $80 : 8 = 10$.
Le $4^e = 140 : 10 = 14$.
Le $5^e = 252 : 14 = 18$.
Le $6^e = 74 - (3 + 8$ et $10 \times 14 + 18) = 74 - 53 = 21$.

Si les produits respectifs étaient 36, 216, 342 et 437, la somme des nombres serait 100.

En déterminant les facteurs de 36, tous ceux de la 2e colonne diviseraient exactement 216, et l'on serait embarrassé sur le choix d'un facteur à prendre. Dans ce cas l'on déterminerait les facteurs du produit qui a le moins de diviseurs, comme 437 qui donne seulement 19 et 23; de cette manière l'on est certain que les 4e et 5e parties sont 19 et 22,

La $3^e = 342 : 19 = 18$.
La $2^e = 216 : 18 = 12$.
La $1^{re} = 36 : 12 = 3$.
La $6^e = 100 - (3 + 12 + 19 + 18 + 23) = 100 - 75 = 25$.

P. 105. — La somme de trois nombres est égale au carré du plus petit, le produit des deux plus grands est 224 et celui des deux plus petits est 84.

Quels sont ces nombres?

SOLUTION.

1 et 84	1 et 224
2 et 42	2 et 114
3 et 28	4 et 56
4 et 21	8 et 28
6 et 4	7 et 32
7 et 12	14 et 16

Les nombres sont 6, 14 et 16; 14 étant le facteur commun à chaque produit, $6 + 14 + 16 = 36 = 6^2$.

Si l'on donnait 52 pour la somme des trois nombres, 84 pour le produit des deux plus petits, et 777 pour le produit des deux plus grands, en déterminant les facteurs de 777 pour les comparer à ceux de 84 déjà établis, on aurait :

$$1 \text{ et } 777$$
$$7 \text{ et } 111$$
$$21 \text{ et } \ 27$$

Les nombres sont 4, 21 et 27.

L'on voit que dans ce cas il suffit de connaître les deux produits, 21 est le facteur commun à ces produits.

Les deux produits étant 91 et 234, sans autres données, en déterminant les facteurs de 91 qui sont 7 et 13, on reconnaîtra que 234 n'est pas divisible par 11, mais qu'il l'est par 13, qui devient le facteur commun aux deux produits; dans ce cas $234 : 13 = 18$.

Les trois nombres sont 7, 13 et 18.

Si le produit des deux plus petits était 224, et le produit du plus petit par le plus grand 777, les trois nombres seraient 7, 32 et 111, 7 étant le facteur commun aux deux produits.

P. 106. — Partager 34 en six nombres entiers, de manière que la différence des carrés des deux premiers soit 64, que le 3ᵉ soit les deux tiers du premier, le 4ᵉ un cinquième du 2ᵉ, et que le produit des six soit 16800.

· SOLUTION.

$$1 \text{ et } 64$$
$$2 \text{ et } 32 \text{ donnent } 15 \text{ et } 17$$
$$4 \text{ et } 16 \quad - \quad 6 \text{ et } 10$$

Les deux premiers nombres peuvent être 15 et 17 ou 6 et 10.

Or, suivant l'énoncé, l'un doit être divisible par 3 et l'autre par 5. Ils ne peuvent donc être que 6 et 10; dans ce cas le 3ᵉ et le 4ᵉ sont 4 et 2 ; par suite :

$34 - (6 + 4 + 10 + 2) = 12 =$ la somme des 5e et 6e nombres.

Le produit de ces nombres par $(6 \times 4 \times 10 \times 2)$ ou par 480 $= 16800$, donc $16800 : 480 = 35 =$ le produit de ces deux nombres.

$$1 \text{ et } 35$$
$$5 \text{ et } 7, \quad \text{somme } 12.$$

Les six nombres sont 6, 10, 4, 2, 5 et 7.

P. 107. Le quotient de deux nombres est $1 \frac{1}{2}$, et le produit de leur produit par leur différence est 48.

Quels sont ces nombres?

SOLUTION.

$$1 \text{ à } 1 \frac{1}{2} = 2 \text{ à } 3.$$

Les nombres étant $\frac{2}{1}$ et $\frac{3}{1}$, leur produit est $\frac{62}{1}$, et leur différence $= \frac{1}{1}$; ainsi, suivant l'énoncé.

$$\frac{62}{1} \times \frac{1}{1} = 48 \qquad \frac{12}{1} \times \frac{1}{1} = 8; \frac{13}{1} = 8$$

$$\sqrt[3]{8} = 2 = \frac{1}{1} \qquad \frac{2}{1} = 4 \qquad \frac{3}{1} = 6$$

Si le quotient étant le même, le produit multiplié par la somme était 240, on aurait :

$$\left(\frac{2}{1} \times \frac{3}{1}\right) \times \frac{8}{1} = 240.$$

$$\frac{303}{1} = 240 \qquad \frac{13}{1} = 240 : 330 = 8 \qquad \sqrt[3]{8} = 2, \text{ etc.}$$

(Voir le n° suivant.)

P. 107 (*bis*). Par quel nombre faut-il diviser 54, pour que le quotient quadruplé soit égal au carré du diviseur?

SOLUTION.

$\frac{1}{1}$ étant le diviseur, $\dfrac{54}{\frac{1}{1}}$ sera le quotient; ainsi, suivant l'énoncé :

$$\dfrac{54}{\frac{1}{1}} \times 4 = \frac{12}{1}$$

$$\frac{216}{\frac{1}{4}} = \frac{1}{4}^2 \qquad 216 = \frac{1}{4}^2 \times \frac{1}{4} = \frac{1}{4}^3$$

$$\sqrt[3]{216} = 6 = \text{le diviseur.}$$

Ce problème qui, comme le précédent, est du 3ᵉ degré, se résout plus facilement par les facteurs correspondants; ici il suffit de déterminer les deux facteurs de 54, dont le quadruple du plus grand est égal au carré du plus petit.

$$
\begin{array}{l}
1 \text{ et } 54 \\
2 \text{ et } 27 \\
3 \text{ et } 18 \\
6 \text{ et } 9 \quad 9 \times 4 = 36 = 6^2
\end{array}
$$

Le diviseur est 6.

En déterminant les facteurs de 54×4 ou de 216, le plus grand facteur serait égal au carré du plus petit.

$$
\begin{array}{l}
1 \text{ et } 216 \\
3 \text{ et } 72 \\
6 \text{ et } 36 \quad 6^2 = 36 \text{ ou } \sqrt{36} = 6 = \frac{1}{4}
\end{array}
$$

Toutes les fois que le plus grand facteur est égal au carré du plus petit, leur produit est un cube et le plus petit est la racine cubique qui représente le produit.

Si le quotient du dividende 54, étant augmenté d'un, était égal à la racine cubique du diviseur, les facteurs de 54 donneraient immédiatement 27 pour le diviseur et 2 pour le quotient.

$$\sqrt[3]{27} = 2 + 1$$

La moitié du diviseur étant égale au carré du quotient, le diviseur serait 18, et le quotient 3.

Le plus grand des deux facteurs de 54 étant égal au carré de leur différence, les facteurs seraient 6 et 9, etc.

P. 108. — Déterminer deux nombres tels que leur différence étant 504, leur quotient soit égal au carré du plus petit.

SOLUTION.

$\frac{1}{1}$ et $\frac{1}{1} + 504$ sont les deux nombres; ainsi :

$$\frac{\frac{1}{1} + 504}{\frac{1}{1}} = \frac{1}{1}^2 \qquad \frac{1}{1} + 504 = \frac{1}{1}^2 \times \frac{1}{1} = \frac{1}{1}^3$$

$$\frac{1}{1}^3 - \frac{1}{1} = 504 \qquad \frac{1}{1}^2 - 1 \times \frac{1}{1} = 504$$

Suivant cette dernière équation, le produit de deux facteurs est 504, et le plus grand augmenté d'un est égal au carré du plus petit.

$$1 \text{ et } 504$$
$$4 \text{ et } 126$$
$$8 \text{ et } 63 \quad \overline{63 + 1} = 64 = 8^2$$

Les nombres sont 8 et $8 + 504 = 512$.

La différence étant 60 et le quotient égal au carré du plus petit, l'on aurait immédiatement :

$$1 \text{ et } 60$$
$$2 \text{ et } 30$$
$$4 \text{ et } 15 \quad 15 + 1 = 16 = 4^2$$

Les nombres sont 4 et $4 + 60 = 64$.

Si l'on connaissait la somme 520, au lieu de la différence 504, l'on aurait à déterminer les deux facteurs de 520, dont le plus grand diminué d'un est égal au carré du plus petit.

$$1 \text{ et } 520$$
$$4 \text{ et } 130$$
$$8 \text{ et } 65 \quad \overline{65 - 1} = 64 = 8^2$$

Les nombres sont 8 et $520 - 8 = 512$.

La somme donnée étant 10, on aurait :

$$1 \text{ et } 10$$
$$2 \text{ et } 5 \quad \overline{5 - 1} = 4 = 2^2.$$

Les nombres sont 2 et $\overline{10 - 2} = 8$.

Si, sans connaître la différence ou la somme, on voulait déterminer les deux facteurs, tout nombre entier pourrait être pris
pour le plus petit.

En prenant 7, par exemple, on aurait immédiatement :

$7 \times 7^2 - 1 = 7 \times 48 = 336 =$ la différence.

$7 \times 336 = 343 =$ le plus grand nombre.

$343 : 7 = 49 =$ le quotient.

Ainsi, dans tous les cas, quel que soit le plus petit nombre pris
abstraitement, son carré est le quotient et son cube est le plus
grand ; pour 3. 27 est le plus grand facteur, et 9 le quotient ou
27 : 3.

Donc ce problème a une infinité de solutions.

P. 109. — Il y a 504 de différence entre un cube et sa racine,
quelle est cette racine ?

SOLUTION.

$\frac{1}{1}$ étant le nombre ou la racine,

$$\frac{1}{1}^3 - \frac{1}{1} = 504 \qquad \overline{\frac{1}{1}^2 - 1} \times \frac{1}{1} = 504.$$

Ainsi, le produit de deux facteurs est 504, et le plus grand
augmenté d'un est égal au carré du plus petit.

1 et 504

2 et 252

4 et 126

8 et 63 $\overline{63 + 1} = 8^2 \quad \frac{1}{1} = 8$

Si la différence entre le cube et 3 fois ou 5 fois sa racine était
472 ou 488, le plus grand facteur augmenté de 5 ou augmenté
de 3 = le carré du plus petit.

En déterminant les facteurs de ces deux produits, on aura :

1° 1 et 488

2 et 244

4 et 122

8 et 61 $61 + 3 = 8^2 \quad \frac{1}{1} = 8.$

$$2° \quad 1 \text{ et } 472$$
$$2 \text{ et } 236$$
$$4 \text{ et } 118$$
$$8 \text{ et } 59 \quad 59 + 5 = 64 \quad \tfrac{1}{1} = 8.$$

Si la somme d'un cube et de sa racine était 520, l'on aurait par réciproque :

$$\tfrac{1}{1}^3 + \tfrac{1}{1} = 520$$
$$\tfrac{1}{1}^2 + 1 \times \tfrac{1}{1} = 520$$

Ainsi, le produit de deux facteurs est 520, et le plus grand diminué d'un est égal au carré du plus petit.

$$1 \text{ et } 520$$
$$4 \text{ et } 130$$
$$8 \text{ et } 65 \quad 65 - 1 = 8^2 \quad \tfrac{1}{1} = 8.$$

Pour la somme du cube et de trois fois, cinq fois sa racine, etc., le plus grand facteur diminué de 3, de 5, etc., devient égal au carré du plus petit.

Les sommes données étant 536 et 552, l'on aurait en déterminant les facteurs et les deux sommes considérées comme des produits :

$$1 \text{ et } 536 \qquad\qquad 1 \text{ et } 552$$
$$4 \text{ et } 134 \qquad\qquad 4 \text{ et } 138$$
$$8 \text{ et } 67 \qquad\qquad 8 \text{ et } 69$$
$$67 - 3 = 8^2 \qquad\qquad 69 - 5 = 8^2 \text{ etc., etc.}$$

P. 110. — Quels sont les trois nombres entiers et inégaux dont le produit des carrés est 18225 ? (Le plus petit nombre est au-dessus de l'unité.)

SOLUTION.

$$\sqrt{18225} = 135 = \text{le produit des trois racines (XXXIV).}$$

$$1 \text{ et } 135 \qquad\qquad 5 \text{ et } 27$$
$$3 \text{ et } 45 \qquad\qquad 9 \text{ et } 15$$

Les diverses combinaisons sont :

$$1^{\text{o}} \begin{cases} 3 \ \ 3 \ \text{et} \ 15 \\ 3 \ \ 5 \ \text{et} \ \ 9 \end{cases}$$

$$2^{\text{o}} \quad 5 \ \ 3 \ \text{et} \ \ 9$$

$$3^{\text{o}} \quad 9 \ \ 3 \ \text{et} \ \ 5$$

Ce qui donne une seule solution.

Les nombres sont 3, 5 et 9.

(Voir 1ʳᵉ et 2ᵉ exemple, LXXIX et LXXX.)

Le produit des trois carrés étant 3136 au lieu de 18225, en déterminant les facteurs de 3136 et prenant pour diviseurs des nombres qui puissent être deux fois facteurs, on aurait sans extraire la racine carrée :

1 et 3136	16 et 196
2 et 1568	7 et 448
4 et 784	49 et 64

La première colonne contenant indistinctement les trois facteurs qui doivent être les carrés, ces carrés sont 4, 16 et 49, et les racines 2, 4 et 7.

En extrayant la racine, on aurait :

1 et 56	
2 et 28	4 et 7
4 et 14	2 et 7
7 et 8	2 et 4

Les trois racines sont 2, 4 et 7. Les transpositions donnent 4, 2 et 7 ou 7, 2 et 4, etc.

P. 111. — Quels sont les trois nombres entiers et inégaux dont la somme est 51 et dont le produit des carrés est 13.286.025 ?

SOLUTION.

$$\sqrt{13286025} = 3645$$

1 et 3645	15 et 243
5 et 729	27 et 135
9 et 405	25 et 84

Les nombres sont 9, 15 et 27.

$9 \times 15 = 135$ correspondant de 27.

$$9 + 15 + 27 = 51.$$

P. 112. — Quels sont les deux nombres dont le produit des cubes est égal à 1404928?

SOLUTION.

$$\sqrt[3]{1404928} = 112 \text{ (XXXV)}.$$

1 et 112	7 et 16
2 et 56	8 et 14
4 et 28	

Cinq solutions autant que de couples de facteurs.

Les sommes des racines étant 32, 23 ou 58, les nombres seraient 8 et 14 ou 7 et 16 ou 4 et 28.

Les différences étant 54 ou 9, les nombres seraient 2 et 56 ou 7 et 16; si, outre le produit des cubes, l'on connaissait la somme des carrés 305, on aurait (XXXVI) :

$$\sqrt{305 - 112 \times 2} = \sqrt{81} = 9 = \text{la différence des racines.}$$

Les facteurs 7 et 16 donnent les racines.

Si l'on connaissait la différence des carrés 207 au lieu de leur somme, les facteurs 7 et 16 dont la somme est 23 et la différence 9, divisant exactement 207, donneraient 7 et 16 pour les deux nombres.

Si le quotient des deux racines était 7, après avoir déterminé le produit 112, on aurait :

$$\frac{1}{1} \times \frac{7}{1} = 112 \qquad \frac{7^2}{1} = 112$$

$$\frac{1^2}{1} = 16 \qquad \frac{1}{1} = \sqrt{16} = 4 = \text{la plus petite racine.}$$

$$4 \times 7 = 28 = \text{la plus grande.}$$

P. 113. — Il y a 54 de différence entre la 4ᵉ puissance d'un nombre et son cube.

Quel est ce nombre?

SOLUTION.

$\frac{4}{4}$ étant le nombre, on aura, suivant l'énoncé, $\frac{4}{4}^4 - \frac{4}{4}^3 = 54$.
Par suite :

$$1° \quad (\tfrac{4}{4}^3 - \tfrac{4}{4}^2) \times \tfrac{4}{4} = 54.$$
$$2° \quad (\tfrac{4}{4}^2 - \tfrac{4}{4}) \times \tfrac{4}{4}^2 = 54.$$
$$3° \quad \overline{\tfrac{4}{4} - 1} \times \tfrac{4}{4}^3 = 54.$$

En employant la méthode des facteurs correspondants, chacune de ces trois équations donne un moyen direct de solution.

$$1 \text{ et } 54$$
$$2 \text{ et } 27 \quad \overline{2+1}^3 = 27 \quad \tfrac{4}{4} = \overline{2+1} = 3. \quad (3°)$$
$$3 \text{ et } 18 \quad 3^3 - 3^3 = 27 - 9 = 18 \quad \tfrac{4}{4} = 3. \quad (1°)$$
$$6 \text{ et } 9 \quad 9 - 6 = 3 = \tfrac{4}{4} = \sqrt{9}$$

Par réciproque, pour déterminer la différence qui existe entre la 4ᵉ puissance d'un nombre et son cube, suivant la 3ᵉ équation, l'on aurait :

$$\text{Pour } 3 \quad 3 \times 3 \times 2 \times 2 = 9 \times 6 = 54.$$
$$- \quad 8 \quad 64 \times 8 \times 7 = 64 \times 56 = 3584.$$

Ce qui revient à dire qu'en multipliant le cube d'un nombre par sa racine diminuée d'un, l'on obtient la différence qui existe entre sa 4ᵉ puissance et son cube.

$$7^3 \times 6 = 343 \times 6 = 2058 = 7^4 - 7^3$$

Suivant la 3ᵉ équation, l'on obtiendrait le même résultat, en multipliant le carré par ce même carré diminué de sa racine.

$$7^2 - 7 \times 7^2 = 42 \times 49 = 2058$$

$9^2 \times 9^2 - 9 = 81 \times 72 = 5032 =$ la différence qui existe entre la 4ᵉ puissance de 9 et son cube $= 9^4 - 9^3$.

(Voir le n° suivant.)

P. 114. — Déterminer un nombre tel qu'en retranchant de sa 4ᵉ puissance le quotient de son carré, le reste soit 3776.

21

SOLUTION.

$\div$ étant le nombre, on aurait :

$$1^o \quad \div^4 - \div^2 = 3776.$$
$$2^o \quad \div^3 - \div \times \div = 3776.$$
$$3^o \quad \div^2 - 5 \times \div^2 = 3776$$

Suivant cette dernière équation, la différence des deux facteurs est 5, et $\div$ est égal à la racine carrée du plus grand.

$$1 \text{ et } 3776$$
$$8 \text{ et } 472$$
$$64 \text{ et } 59, \quad \text{différence } 5.$$
$$\sqrt{64} = 8 = \div.$$

Si en retranchant de la 4ᵉ puissance 30 fois le carré, le reste était 2176, on aurait immédiatement à déterminer les facteurs de 2176, dont la différence est 30 et le plus grand un carré dont la racine $= \div$.

$$1 \text{ et } 2176$$
$$8 \text{ et } 272$$
$$64 \text{ et } 34, \quad \text{différence } 30.$$
$$\sqrt{64} = 8 = \div.$$

S'il y avait 4 de différence entre la 4ᵉ puissance et le triple du carré, l'on aurait :

$$1 \text{ et } 4, \quad \text{différence } 3.$$
$$\div = \sqrt{4} = 2.$$
$$2^4 - 2^2 \times 3 = 16 - 12 = 4$$

D'après tout ce qui vient d'être dit et démontré, l'on voit que si l'on demandait à connaître la différence qui existe entre la 4ᵉ puissance de 17 et 13 fois son carré, on aurait $17^2 + 17^2 - 13 = 289 \times 276 = 79764.$

Pour la différence qui existe, la 4ᵉ puissance de 5 et le quintuple de son carré, l'on aurait :

$$5^2 \times 5^2 \times 5 = 25 \times 20 = 5000.$$

(Voir le nᵒ précédent dont celui-ci est le complément.)

P. 115. — Quel est le nombre dont la somme du cube et du carré est 1452?

SOLUTION.

1° $\mid^3 + \mid^2 = 1452.$
2° $(\mid^2 + \mid) \times \mid = 1452.$
3° $(\mid + 1) \times \mid^2 = 1457.$

Suivant la 3ᵉ équation, le total donné est le produit de deux facteurs dont le carré du plus petit, augmenté de sa racine, est égal au plus grand.

Suivant la 3ᵉ, ce total est le produit de deux facteurs dont le plus petit, diminué d'un, est égal à la racine carrée du plus grand.

```
 1 et 1452
 3 et  484
11 et  132    11² + 11 = 132      ∣ = 11
12 et  121    ‾12 − 1‾² = 121      ∣ = ‾12 − 1‾ = 11
```

Si le total du cube et du triple du carré était 490, on aurait :

1° $\mid^3 + 3\mid^2 = 490$
2° $(\mid^2 + 3\mid) \times \mid = 490$
3° $(\mid + 3) \times \mid^2 = 490$

```
 1 et 490
 7 et  70    7² + 7 × 3 = 49 + 21 = 70    ∣ = 7
10 et  40    10 − 3 = 7 = √49 = ∣
```

L'on voit que l'équation $(\mid + 1) \times \mid^2$ peut résoudre tous les cas, en substituant à 1, 3, 5, 7, etc., suivant qu'on aura ajouté au cube, 3 fois, 5 fois, 7 fois, etc., son carré.

Si en joignant 5 fois le carré au cube le total était 588, l'équation serait :

$$(\tfrac{?}{?} + 5) \times \tfrac{?}{?}{}^2 = 588.$$

1 et 588

7 et 84

12 et 49 $12 - 5 = 7 = \sqrt{49} = \tfrac{?}{?}.$

Dans ce cas le total donné est le produit de deux facteurs dont le plus petit, diminué de 1, 3, 5 ou 7, etc., est égal à la racine carrée du plus grand, suivant qu'on a ajouté une fois, deux fois, etc., le carré.

L'un des facteurs devant être un carré, il est toujours facile de déterminer la racine demandée en prenant un diviseur qui puisse être deux fois facteur.

L'équation $\tfrac{?}{?} + 7 \times \tfrac{?}{?}{}^2 = 198$ indique que le total des cubes et de 7 fois son carré est 176.

1 et 176

2 et 88

4 et 44

16 et 11 $\overline{11 - 7}^{\,2} = 4^2 = 16 \quad \tfrac{?}{?} = \sqrt{16} = 4$

Si le cube et 8 fois le carré donnaient 99, on aurait :

1 et 99

3 et 33

9 et 11 $\overline{11 - 8}^{\,2} = 3^2 = 9 \quad \tfrac{?}{?} = 11 - 8 = 3.$

Si en joignant au cube les $\tfrac{7}{8}$ de son carré le total était 568, on aurait :

$1^{\text{o}} \ (\tfrac{?}{?} + \tfrac{7}{8}) \times \tfrac{?}{?}{}^2 = 568.$

$2^{\text{o}} \ (\tfrac{8}{?} + 7) \times \tfrac{?}{?}{}^2 = 4544 = 568 \times 8.$

1°   1 et 568

4 et 142

8 et 71

64 et $8\tfrac{7}{8}$ $\overline{8\tfrac{7}{8} - \tfrac{7}{8}}^{\,2} = 64. \ \tfrac{?}{?} = \sqrt{64} = 8.$

2° 1 et 4544
    4 et 1136
    8 et 568
    64 et   71 $71 - 7 = 64$ $| = \sqrt{64} = 8$.

Si le total du cube et des $\frac{2}{3}$ du carré était 33, l'on aurait :

$$1°\ |^3 + \tfrac{2}{3} \times |^2 = 33$$
$$2°\ (| + 2) \times |^2 = 99.$$

1° 1 et 33
    3 et 11
    9 et $3\frac{2}{3}$ $\overline{3\tfrac{2}{3} - \tfrac{2}{3}}{}^{2} = 9$ $| = 3$.
2° 1 et 99
    3 et 33
    9 et 11,   différence 2.
    $\sqrt{9} = 3 = |$.

Si l'on demandait à déterminer le total du cube et du carré de 11, on aurait $11^2 \times 11 - 1 = 121 \times 12 = 1452$; pour le total du cube et des $\frac{2}{3}$ du carré de 3, on aurait $3^2 \times 3\tfrac{2}{3} = \dfrac{9 \times 11}{3} = 3 \times 11 = 32$.

P. 116. — En joignant le carré d'un nombre au triple de son cube, le total est 4114.

Quel est ce nombre ?

SOLUTION.

$$1°\ |^3 + |^2 = 4114.$$
$$2°\ (|^2 + |) \times | = 4114.$$
$$3°\ (| + 1) \times |^2 = 4114.$$

Suivant cette dernière équation, 4114 est le produit du (triple plus 1 de |) multiplié par son carré.

L'un des facteurs devant être un carré, il est facile de l'obtenir.

    1 et 4114
    11 et 374
    121 et   34 $\overline{34 - 1 : 3} = 11 = \sqrt{121} = |$.

Le total étant 1078, au lieu de 4114 on aurait :

$$1 \text{ et } 1078$$
$$7 \text{ et } 154$$
$$49 \text{ et } 22 \quad (22 - 1) : 3 = \sqrt{49} = ¦$$

Si l'on demandait de déterminer la somme du carré de 7 ajouté au triple de son cube, on aurait par réciproque :

$$7^2 \times \overline{7 \times 3} + 1 = 49 \times 22 = 1078.$$

Pour 11, on aurait :

$$11^2 \times \overline{11 \times 3} = 121 \times 34 = 4114, \text{ etc.}$$

(Voir les n^{os} suivants.)

P. 117. — Quels sont les deux nombres dont le cube excède le carré de 294 ?

SOLUTION.

¦ étant le nombre, on aura :

$$1° \quad ¦^3 - ¦^2 = 294.$$
$$2° \quad (¦^2 - ¦) \times ¦ = 294.$$
$$3° \quad \overline{¦ - 1} \times ¦^2 = 294.$$

La 2ᵉ équation donne un moyen très simple de résoudre la question ; en considérant que $¦^2 = ¦ + ¦ = ¦^2$, l'on peut dire : le produit de deux facteurs est 294 et leur somme est égale au carré du plus petit qui est le nombre demandé. Dans ce cas l'on a :

$$1 \text{ et } 294$$
$$2 \text{ et } 147$$
$$3 \text{ et } 98$$
$$6 \text{ et } 49$$
$$7 \text{ et } 42 \quad 7 + 42 = 49 = 7^2 \quad ¦ = 7.$$

L'excès donné étant 3840.

$$1 \text{ et } 3840$$
$$3 \text{ et } 1280$$
$$5 \text{ et } \ \ 768$$
$$8 \text{ et } \ \ 480$$
$$15 \text{ et } \ \ 256$$
$$16 \text{ et } \ \ 240, \quad \text{somme } 256 = 16^2.$$

L'on pourrait aussi dire, suivant la deuxième équation, le plus grand facteur est un carré dont le plus petit, augmenté d'un, est la racine; dans ce cas, les facteurs ci-dessus 6 et 49 et 15 et 256 donnent $6 + 1 = 7$ et $15 + 1 = 16$ pour le nombre ou $\frac{1}{1}$.

La différence du carré au cube étant 18, on aurait.

$$1 \text{ et } 18$$
$$2 \text{ et } 9 \quad \overline{2 + 1} = 3 \sqrt{9} = \tfrac{1}{1} = 3$$
$$3 \text{ et } \ 6 \quad 3 + 6 = 9 = 3^2 \quad \tfrac{1}{1} = 3.$$

Si la différence entre le cube et le quadruple du carré était 256, l'équation serait :

$$1^o \ \tfrac{1^3}{1} - \tfrac{1^2}{1} = 256.$$
$$2^o \ (\tfrac{1^2}{1} - \tfrac{4}{1}) \times \tfrac{1}{1} = 256.$$
$$3^o \ (\tfrac{1}{1} - 4) \times \tfrac{1^2}{1} = 256.$$

$$1 \text{ et } 256$$
$$2 \text{ et } 128$$
$$4 \text{ et } \ \ 64 \quad 3^u \ 4 + 4 = 8 = \sqrt{64}.$$
$$8 \text{ et } \ \ 32 \quad 2^o \ 8^2 - 8 \times 4 = 32.$$
$$16 \text{ et } \ \ 16$$

Si l'on demandait la différence qui existe entre le cube de 7 et son carré, l'on aurait immédiatement :

$$7^2 - 7 = 49 - 7 = 42.$$

$42 \times 7 = 294 =$ la différence, ou $49 \times \overline{7 - 1} = 49 \times 6 = 294$.

Si l'on demandait la différence qui existe entre le cube de 7 et 4 fois son carré, l'on aurait :

$$7 - 4 \times 7^2 = 3 \times 49 = 147$$
$$\text{ou } (7^2 - 7 \times 4) \times 7 = 21 \times 7 = 147.$$

(Voir le n° précédent.)

P. 118. Trouver un nombre tel qu'en l'ajoutant à son carré et à son cube, le total soit 584.

SOLUTION.

$$1^{o}\quad \tfrac{1}{1} + \tfrac{1}{1}^{2} + \tfrac{1}{1}^{3} = 584.$$
$$2^{o}\quad \left(\tfrac{1}{1} + 1 + \tfrac{1}{1}^{2}\right) \times \tfrac{1}{1} = 584.$$

Suivant cette 2e équation, l'on pourrait dire : le produit de deux nombres est 584, et si l'on ajoute le plus petit augmenté d'un à son carré, l'on obtient le plus grand.

1 et 584

2 et 292

4 et 146

8 et 73 $\overline{8+1} + 8^{2} = 9 + 64 = 73.$

Le nombre ou $\tfrac{1}{1} = 8$.

En d'autre termes, l'on pourrait dire aussi par quel nombre faut-il diviser 584, pour qu'en joignant le diviseur augmenté d'un à son carré l'on obtienne son quotient, etc. Le diviseur $= 8$.

Si par réciproque, l'on demandait quelle somme on obiendrait en ajoutant 8 à son carré et à son cube, on aurait :

$$(8^{2} + 8 + 1) \times 8 = 584, \text{ etc., etc.}$$

P. 119. — La différence de deux nombres est 6, et le total du cube du plus petit et de leur produit est 434.

Quels sont ces nombres?

SOLUTION.

$$1^{o}\quad \tfrac{1}{1}^{3} + \overline{\tfrac{1}{1} + 6} \times \tfrac{1}{1} = 434.$$
$$2^{o}\quad \tfrac{1}{1}^{3} + \tfrac{1}{1}^{2} + \tfrac{6}{1} = 434.$$
$$3^{o}\quad \left(\tfrac{1}{1}^{2} + \tfrac{1}{1} + 6\right) \times \tfrac{1}{1} = 434.$$

1 et 434

2 et 217

7 et 62 $(7^{2} + 7) + 6 = 56 + 6 = 62.$

$\tfrac{1}{1} + 6 = 7 + 6 = 13.$

Si la différence étant 5, le total du cube du plus grand et de leur produit était 536, on aurait :

$$(¦^2 + ¦ - 5) \times ¦ = 536.$$

        1 et 536
        2 et 268
        4 et 134
        8 et 67 $8^2 + \overline{8 - 5} = 64 + 3 = 67.$

Les nombres sont 8 et 8 — 5 = 3.

Le total étant 2288, et la différence 6, on aurait :

        1 et 2288
        4 et 512
       13 et 176 $13^2 + \overline{13 - 6} = 169 + 7 = 176.$

Les nombres sont 13 et 13 — 6 = 7.

P. 120. — Quels sont les deux nombres dont la différence est **3** et dont le total de la somme du produit, du carré du plus grand et du cube du plus petit est 50 ?

SOLUTION.

¦ et ¦ + 3 sont les nombres.

        1° la somme   = $¦ + 3$
        2° le produit = $¦ + \overline{3 \times ¦} = ¦^2 + ¦$
        3° $\overline{¦ + 3}^2$ = $¦^2 + ¦ + 9$
        4° $¦^3$ = $¦^3$
                                        ──────────────────
                Totaux $¦^3 + ¦^2 + ¦ + 12 = 50.$

Par suite $¦^3 + ¦ + ¦ = 50 - 12 = 38$

        $(¦^2 + ¦ + 11) \times ¦ = 38.$
            1 et 38
            2 et 19 $2^2 + \overline{2 \times 2} + 11 = 19$

Les nombres sont 2 et 2 + 3 = 5.

22

Si l'on eût donné 14 pour la somme au lieu de 50, l'on aurait :

$$1 \text{ et } 14 \quad 1 + \overline{1 \times 2} + 11 = 14.$$
$$2 \text{ et } 7$$

Les nombres sont 1 et $1 + 3 = 4$.

P. 121. — Quel est le nombre dont le cube est égal à la différence qui existe entre sa 4e puissance et 12 fois son carré ?

SOLUTION.

$$1^o \quad \tfrac{1}{1}^4 - \tfrac{12}{1}^2 = \tfrac{1}{1}^3.$$
$$2^o \quad \tfrac{1}{1}^2 - 12 = \tfrac{1}{1}.$$
$$3^o \quad \tfrac{1}{1}^2 - \tfrac{1}{1} = 12.$$
$$4^o \quad \overline{\tfrac{1}{1} - 1} \times \tfrac{1}{1} = 12.$$

$$1 \text{ et } 12$$
$$2 \text{ et } 6$$
$$3 \text{ et } 4, \quad \text{différence } 1. \quad \tfrac{1}{1} = 4.$$

Si l'on retranchait 56 fois le carré au lieu de 12 fois, l'on aurait immédiatement $\tfrac{1}{1} - 1 \times \tfrac{1}{1} - 56$.

$$2 \text{ et } 28$$
$$7 \text{ et } 8, \quad \text{différence } 1. \quad \tfrac{1}{1} = 8.$$

En prenant arbitrairement 12 et 13 dont la différence est 1, 13 serait le nombre ou la différence qui existe entre la 4e puissance et $12 \times 13 = 156$ fois son carré.

P. 122. — En retranchant la 4e puissance d'un nombre de 17 fois son carré, le reste est égal à 52.

Quel est ce nombre ?

SOLUTION.

$$\tfrac{17}{1}^2 - \tfrac{1}{1}^4 = 52$$
$$(17 - \tfrac{1}{1}^2) \times \tfrac{1}{1}^2 = 52$$

$$1 \text{ et } 52$$
$$2 \text{ et } 26$$
$$4 \text{ et } 13 \quad \text{somme } 17. \quad \tfrac{1}{1} = \sqrt{4} = 2.$$

Si en retranchant la 4e puissance de 52 fois le carré il restait
147, on aurait :

$$1 \text{ et } 147$$
$$3 \text{ et } 49 \quad \text{somme } 52. \quad \tfrac{x}{1} = \sqrt{49} = 7.$$
$$7 \text{ et } 21$$

Ce problème est un des réciproques du précédent, ici l'on
obtient la somme des deux facteurs au lieu de leur différence, etc., etc.

P. 123. — Quels sont les deux nombres dont le produit est
378, et dont le plus grand multiplié par 17 et augmenté de 15
donne le cube du plus petit?

SOLUTION.

$\tfrac{x}{1}$ et $\dfrac{378}{\frac{x}{1}}$ sont les deux nombres, ainsi :

$$1^\circ \quad \frac{378}{\frac{x}{1}} \times 17 = \tfrac{x}{1} - 15.$$

$$2^\circ \quad \tfrac{x^3}{1} - 15 = \frac{6426}{\frac{x}{1}}$$

$$3^\circ \quad \left(\tfrac{x^3}{1} - 15\right) \times \tfrac{x}{1} = 6426.$$

Ainsi le produit de deux facteurs est 6426, et le cube du plus
petit diminué de 15 est égal au plus grand; ou, le plus grand
diminué de 15 est égal au cube du plus petit. Suivant cet énoncé,
le cube du plus petit facteur doit forcément être plus grand que
son correspondant; ainsi, en déterminant les facteurs de 6426,
il sera facile d'établir une limite.

$$1 \text{ et } 6426 \qquad\qquad 6 \text{ et } 1071$$
$$3 \text{ et } 3213 \qquad\qquad 9 \text{ et } 714$$

9 est le premier facteur dont le cube est plus grand que son
correspondant 714, et ces deux facteurs résolvent la question.
Les nombres sont 9 et $378 : 9 = 42$.

$$9^3 - 15 = 714 \text{ ou } 714 + 15 = 9^3.$$

Si avec le même produit le double du plus grand facteur excédait de 171 la 4ᵉ puissance du plus petit, l'on aurait :

$$1° \quad \tfrac{1}{1}^4 + 171 = \frac{376}{\tfrac{1}{1}} \times 2.$$

$$2° \quad (\tfrac{1}{1}^4 + 171) \times 171 = 756.$$

1 et 756

2 et 378

3 et 252 $252 - 171 = 81 = 3^4$, etc.

4 et 189

Les nombres sont 3 et $\dfrac{378}{3} = 126$.

P. 124. — La différence de deux nombres est 83, et si après avoir ajouté 13 fois le plus petit à sa 4ᵉ puissance, on retranche du total le triple de son cube, et 17 fois son carré, il reste 60.
Quels sont ces nombres?

SOLUTION.

$$(\tfrac{1}{1}^4 + \tfrac{13}{1}) - (\tfrac{1}{1}^3 + \tfrac{17}{1}^2) = 630.$$
$$(\tfrac{1}{1}^3 + 13) - (\tfrac{1}{1}^2 + \tfrac{17}{1}) \times \tfrac{1}{1} = 630.$$

Ainsi $\tfrac{1}{1}$ est l'un des facteurs de 630; or $\tfrac{1}{1}$ est le plus petit nombre; donc $\tfrac{1}{1} + 83$ est le plus grand. Dans ce cas la 2ᵉ équation peut-être exprimée par $\overline{\tfrac{1}{1} + 83} \times \tfrac{1}{1} = 630$, par suite :

1 et 630

2 et 315

3 et 210

5 et 126

7 et 90,   différence 83,   nombres 7 et 90.

$\tfrac{1}{1}$ étant le plus petit facteur, l'autre ne peut forcément être que $\tfrac{1}{1} + 83$ ou son équivalent. En effet :

$$(7^2 + 13) - (147 + 7 \times 17) = 356 - 266 = 90 = 7 + 83.$$

P. 125. — La somme de deux nombres est 1862, et la 5ᵉ puissance du plus petit, augmenté de 5 fois son cube, excède 113 fois son carré de 12985.

Quels sont ces nombres?

SOLUTION.

$$1° \quad \tfrac{1}{1}^5 = \tfrac{1}{1}^3 - \tfrac{1}{1}^{1152} = 12985.$$
$$2° \quad \left(\tfrac{1}{1}^{11} + \tfrac{1}{1}^{52} - 113\right) \times \tfrac{1}{1} = 12985.$$

Comme au n° précédent, ici, l'un des facteurs étant $\tfrac{1}{1}$ il représente le plus petit nombre; donc le plus grand est forcément $1862 - \tfrac{1}{1}$ représenté par le premier terme du premier membre de la 2° équation, par suite :

1 et 12985

5 et 2597

7 et 1855,   somme $1862 = 1855 + 7$.

Les nombres sont 7 et 1855.

P. 126. — Un nombre est tel qu'en l'ajoutant à son cube et à son carré les deux nombres qu'on obtient ainsi sont entre eux comme 2 à 5.

Quels sont ces nombres?

SOLUTION.

$\tfrac{1}{1}$ étant le nombre, on aura :

$$1° \quad \left(\tfrac{1}{1}^2 + \tfrac{1}{1}\right) : \left(\tfrac{1}{1}^3 + \tfrac{1}{1}\right) :: 2 : 5.$$
$$2° \quad \left(\tfrac{1}{1}^2 + \tfrac{1}{1}^3\right) = \tfrac{1}{1}^2 + \tfrac{1}{1}^2 \ (\text{LVIII}).$$
$$3° \quad \left(\tfrac{1}{1}^3 + 5\right) = \tfrac{2}{1} + 2.$$
$$4° \quad \left(\tfrac{1}{1}^3 + 3\right) = \tfrac{2}{1}.$$
$$5° \quad \overline{\tfrac{2}{1} - 5} \times \tfrac{1}{1} = 3.$$
$$6° \quad \overline{\tfrac{2}{1} - 5} \times \tfrac{2}{1} = 6.$$

1 et 6,   différence 5. $\tfrac{1}{1} = 6 : 2 = 3.$

2 et 3

Si tout en restant le même le rapport était **4** à **25**, au lieu d'être 2 à 5, on aurait :

$$(\tfrac{1}{1}{}^2 + \tfrac{1}{1}) : (\tfrac{1}{1}{}^3 + \tfrac{1}{1}) :: 4 : 25,$$

qui se réduit à $\overline{\tfrac{1}{1} - 25} \times \tfrac{1}{1} = \overline{25 - 4} \times 4 = 84.$

Par suite, en déterminant les facteurs de 84, on aura :

  1 et 84
  2 et 42
  3 et 28,   différence 25, $\tfrac{1}{1} = 28 : 4 \times 27.$

P. 127. — En ajoutant un nombre à son carré, et en le retranchant de son cube, l'on obtient deux nouveaux nombres qui ont entre eux le rapport de 1 à 6.

Quel est ce nombre?

SOLUTION.

Réciproque du précédent.

$$1^o \ (\tfrac{1}{1}{}^2 + \tfrac{1}{1}) : (\tfrac{1}{1}{}^3 - \tfrac{1}{1} :: 1 : 6.$$
$$2^o \ \tfrac{6}{1}{}^2 + \tfrac{6}{1} = \tfrac{1}{3}{}^3 - \tfrac{1}{1}.$$
$$3^o \ \tfrac{6}{1}{}^2 + \tfrac{7}{1} = \tfrac{1}{1}{}^3.$$
$$4^o \ \tfrac{6}{1} + 7 = \tfrac{1}{1}{}^2 \quad \tfrac{1}{4} - 6 = \tfrac{1}{1} = 7.$$
$$1 \text{ et } 7, \quad \text{différence } 6. \quad \tfrac{1}{1} = 7$$
$$49 + 7 = 56 \quad 7^3 - 7 = 343 - 7 = 336. \quad 56 \text{ à } 336 = 1 \text{ à } 6.$$

P. 128. La différence de deux nombres est 5, et en ajoutant leur somme, augmentée de 4 au cube du plus petit, l'on obtient le carré du plus grand.

Quels sont ces nombres?

SOLUTION.

$$1^o \ \tfrac{1}{1}{}^3 + \overline{\tfrac{2}{1} + 5} + 4 = \overline{\tfrac{1}{1} + 5}{}^2.$$
$$2^o \ \tfrac{1}{1}{}^3 + \tfrac{2}{1} + 9 = (25 + \tfrac{10}{1} + \tfrac{1}{1}{}^2).$$
$$3^o \ \overline{\tfrac{1}{1}{}^3} - \overline{\tfrac{1}{1}{}^2} - \tfrac{8}{1} = 16.$$
$$4^o \ (\tfrac{1}{1}{}^2 - \tfrac{1}{1}) - 8) \times \tfrac{1}{1} = 16.$$

      1 et 16
      2 et 8
      4 et 4 $(4^2 - 4 - 8) = 12 - 8 = 4.$

$\frac{1}{1} = 4 =$ le plus petit nombre.

$4 + 5 = 9 =$ le plus grand.

$4^3 + 9 + 4 + 4 = 64 + 17 = 81 = 9^2.$

P. 129. — Un nombre est tel qu'en augmentant 9 fois son carré de 24, on obtient le résultat que si on l'ajoutait 26 fois à son cube.

Quel est ce nombre?

SOLUTION.

1° $\frac{1^3}{1} + \frac{26}{1} = \frac{1^2}{1} + 24.$

2° $\left(\frac{1^2}{1} + 26 - \frac{1}{1}\right) \times \frac{1}{1} = 24.$

      1 et 24

      2 et 12 $\overline{4 + 26} - 18 = 12.$

      3 et 8 $\overline{9 + 26} - 27 = 8.$

      4 et 6 $\overline{16 + 26} - 36 = 6.$

Trois solutions en nombres entiers. $\frac{1}{1}$ peut-être 6, 8 et 12.

L'on pourrait changer l'énoncé et dire : le produit de deux nombres est 24, et si après avoir ajouté 26 au carré du plus petit on retranche du total 9 fois le même nombre, on obtient le plus grand; dans ce cas les nombres seraient 2 et 12 ou 3 et 8 ou 4 et 6.

P. 130. — Quelle est la racine du double du cube de 12?

SOLUTION.

En multipliant le côté donné par la racine cubique de 2, le nombre ainsi obtenu sera la racine du cube doublé, de même qu'on aurait son triple, son quadruple, etc., etc., en multipliant ce côté par la racine cubique de **3**, de **4**, etc.

$\sqrt[3]{2} = 1{,}26$ qui donne pour rapport **50** à **63**; donc en multipliant **12** ou la racine donnée par $\frac{63}{50}$, on aura **15,12** pour la nouvelle racine; $12^3 = 1728$. $\overline{15{,}12}^3 = 3456$ à moins d'une unité près, etc., etc.

CHAPITRE III.

DES PROPORTIONS ET RAPPORTS.

P. 131. — De quatre nombres qui forment une proportion les deux extrêmes sont 6 et 14.

Quels sont les deux moyens?

SOLUTION.

$$6 \times 14 = 84.$$

2 et 42	6 et 14
3 et 28	7 et 12
4 et 21	

Si les extrêmes sont 6 et 14, les moyens peuvent être 1 et 84, 2 et 42, 3 et 28, 4 et 21, 7 et 12.

En tout cinq solutions en nombres entiers.

Dans toutes les solutions de ce genre les nombres ne peuvent être autres que ceux déterminés par les calculs; mais, suivant la théorie des proportions, leur ordre peut être interverti sans rien changer à leur valeur et sans détruire la proportion.

Si les quatre nombres croissaient successivement à partir du premier qui est le plus petit, il n'y aurait qu'une solution. La proportion serait 6 : 7 :: 12 : 14.

Si l'on donnait 6 et 14 pour les moyens, les extrêmes deviendraient les moyens et il y aurait de même 5 solutions.

P. 132. — Deux personnes ont fait une spéculation, la première a mis 6 fr., la seconde en a gagné 14.

Le bénéfice devant être proportionnel à la mise, l'on veut connaître le gain du premier et la mise du second.

SOLUTION.

Ce problème est le même que le précédent, et il y a 5 solutions en nombres entiers.

Les bénéfices relatifs à la mise du premier peuvent être 84, 42, 28, 21 ou 12.

Les mises relatives au bénéfice du second peuvent être 1, 2, 3, 4 ou 7.

Si le total du gain du premier et de la mise du second était 25, il n'y aurait qu'une solution.

Le premier aurait mis 4 fr., le second aurait gagné 21 fr.

Si 51 était le total des deux mises et des deux bénéfices, l'on aurait :

$$51 - (6 + 4) = 31$$

Les facteurs 3 et 28 donneraient 3 pour le gain du second et 28 pour la mise du premier.

Si l'un ayant mis 7 fr. et l'autre 12, le gain du premier excédait de 40 fr. la mise du deuxième, le premier aurait gagné 42 fr. avec 7 fr., et le second aurait mis 2 fr. pour en avoir 12.

P. 133. — Deux associés ont fait une mise de fonds, et ils ont partagé les bénéfices en raison de leurs mises.

Le produit des deux mises est 3872, celui des deux bénéfices est 1558.

Déterminer la mise et les bénéfices de chacun.

SOLUTION.

Afin d'opérer sur un plus petit nombre, l'on divisera les produits donnés par 4^2, ce qui ne changera rien au rapport des deux facteurs, alors on aura :

1 et 242	1 et 98
2 et 121	2 et 49
11 et 22	7 et 14

11 et 22 et 7 et 14 dont le rapport est semblable résolvent la question.

Les mises sont 11×4 et $21 \times 4 = 44$ et 88.

Les bénéfices 7×4 et $14 \times 4 = 28$ et 56.

P. 134. — De quatre nombres qui sont en proportion, le produit des deux premiers est 63, et celui des deux derniers 448.

Quels sont ces nombres?

SOLUTION.

Ici comme au n° précédent le rapport des deux premiers termes doit être le même que celui des deux derniers. Ainsi, en déterminant les facteurs des deux produits, l'on aura :

1 et 63	1 et 448
3 et 21	2 et 224
7 et 9	8 et 56

Les nombres sont 3, 21, 8 et 56.

Les deux produits étant 88 et 792, on aurait pour abréger $\dfrac{88}{4} = 22$ $\dfrac{792}{4} = 198$.

1 et 22	1 et 198
2 et 11	3 et 66
	6 et 33

Deux solutions, la proportion peut être :

$$1 : 22 :: 3 : 66 \text{ qui devient } 2 : 44 :: 6 : 12$$
$$\text{ou } 2 : 11 :: 6 : 33 \text{ qui devient } 4 : 22 :: 12 : 66$$

La somme des quatre termes étant 184, ou la somme des moyens 34, ou leur somme 50, il n'y aurait qu'une solution relative, les proportions seraient comme dessus.

P. 135. — Déterminer quatre nombres en proportions de manière que leur produit soit 584.

SOLUTION.

$$\sqrt{584} = 28 \ \text{(LVIII)}.$$

1 et 28

2 et 14

4 et 7

Les nombres peuvent être :

1° $\ 1 : 2 :: 14 : 28.$

2° $\ 1 : 4 :: \ 7 : 28.$

3° $\ 2 : 4 :: \ 7 : 28.$

Trois solutions en nombres entiers.

Si l'on donnait en outre la somme 11 des moyens, il n'y aurait que 2 solutions, 2° et 3°.

Si cette somme était 16, il n'y aurait qu'une solution.

$$1 : 2 :: 4 : 28$$

Si l'on donnait 3 pour la différence des extrêmes, il y aurait 2 proportions qui seraient :

$$4 : 2 :: 14 : 7 \ \text{et} \ 4 : 1 :: 28 : 7.$$

Si l'on donnait 39 pour la somme des trois derniers termes, la proportion serait :

$$1 : 4 :: 7 : 28$$

Si la somme des trois premiers était 13, la proportion serait :

$$2 : 4 :: 7 : 14.$$

P. 136. — Déterminer quatre nombres en proportions, sachant que 11, 14 et 221 sont la somme des moyens, celle des extrêmes et celle de leurs carrés.

SOLUTION.

$$(11^2 + 14^2) - 221 = \tfrac{4}{1} = \text{quatre fois le produit (LIX)}.$$

$$\frac{317 - 221}{4} = 96 : 4 = \tfrac{1}{1} = 24.$$

Or les sommes respectives des moyens et des extrèmes sont
11 et 14 ; donc :

$$
\begin{aligned}
&1 \text{ et } 24 \\
&2 \text{ et } 12, \quad \text{somme } 14. \\
&3 \text{ et } 8, \quad\ \ — \quad 11. \\
&4 \text{ et } 6
\end{aligned}
$$

Les termes de la proportion sont donc :

$$2 : 3 :: 8 : 12$$

Soient les données 16, 24 et 580, l'on aurait par réduction :

$$8^2 + 12^2 - 145 = \tfrac{}{} = 63$$

$$
\begin{aligned}
&1 \text{ et } 63 \\
&3 \text{ et } 21, \quad \text{somme } 24. \\
&7 \text{ et } 9, \quad\ \ — \quad 16.
\end{aligned}
$$

La proportion est $3 : 7 :: 9 : 21$.
Soient enfin les données 28, 44 et 1940.

$$(28^2 + 44^2) - 1940 = \tfrac{}{}.$$
$$(14^2 + 22^2) - 485 = \tfrac{}{} = 195 = 1940 : 4$$

$$
\begin{aligned}
&1 \text{ et } 195 \\
&5 \text{ et } 39, \quad \text{somme } 44. \\
&13 \text{ et } 15, \quad\ \ — \quad 28.
\end{aligned}
$$

La proportion $= 5 : 13 :: 15 : 39$.

P. 137. — De quatre nombres en proportions, les différences
des moyens et des extrèmes sont 7 et 47, et la somme de leurs
carrés est 2650.

Quels sont ces nombres?

SOLUTION.

Réciproque du n° précédent.

$2650 - 7^2 + 47^2 = 394 : 4 = 98 =$ le produit commun des extrêmes et des moyens.

$$1 \text{ et } 98$$
$$2 \text{ et } 49, \quad \text{différence } 47.$$
$$7 \text{ et } 14, \quad — \quad 7.$$

Les nombres sont 2, 7, 14 et 49.

P. 138. — La somme des moyens de quatre nombres en proportion est 29, le produit des deux premiers est 63 et celui des deux derniers 448.

Quels sont ces nombres?

SOLUTION.

1 et 63	1 et 448
3 et 21 $8 + 21 = 29.$	4 et 112
7 et 9	8 et 56 $21 + 8 = 29.$

Les nombres de la proportion sont :

$$3 : 21 :: 8 : 56$$

L'on voit que le plus grand facteur de 63 donne le 2e nombre. Le plus petit de 448 donne le 3e.

Or, les 2e et 3e nombres sont les moyens dont la somme est 29. Donc, leurs correspondants 3 et 56 sont les extrêmes. Les données étant 88, 792 et et 35, on aurait :

1 et 88	1 et 792
2 et 44	6 et 132
4 et 12	12 et 66
8 et 11 $11 + 24 = 35.$	24 et 33 $24 + 11 = 35.$

Les nombres de la proportion sont :

$$8 : 11 :: 24 : 33, \text{ etc., etc.}$$

P. 139. — La somme des extrêmes d'une proportion est 25, et la différence des carrés des moyens est 95.

Quelle est cette proportion?

SOLUTION.

En déterminant les facteurs de 95, on aura la somme des moyens et leur différence.

> 1 et 95
> 5 et 19   7 et 12 termes moyens.
> $7 \times 12 = 84$
>
> 3 et 28
> 4 et 21   somme 25 des extrêmes.

La proportion est $4 : 7 :: 12 : 21$.

Si 425 était la différence des carrés des extrêmes et 19 la somme des moyens, on aurait :

> 1 et 425
> 7 et 45   4 et 21 extrêmes.
>
> $21 \times 4 = 84$
> 7 et 12,   somme 19,   termes moyens 7 et 12.

La proportion est $4 : 7 :: 12 : 21$.

P. 140. — La somme des quatre termes d'une proportion est 68.

La différence des carrés des extrêmes est 665, et la différence des deux termes moyens est 15.

Quelle est cette proportion?

SOLUTION.

> 1 et 665
> 7 et 95
> 19 et 35   8 et 27 sont les extrêmes.

Or la somme des extrêmes ne peut être qu'au-dessous de celle de la proportion, elle est donc forcément 35; dans ce cas la somme des moyens est $68 - 35 = 33$, et leur différence est 15.

La proportion est $8 : 9 :: 24 : 27$.

Si la somme des quatre termes restant 68, la différence des carrés des termes moyens était 495, et la différence des extrêmes 19, par réciproque et par la même analogie en déterminant les facteurs de 495, on aurait :

$$1 \text{ et } 495$$
$$5 \text{ et } 99$$
$$15 \text{ et } 33 \quad 9 \text{ et } 24 \text{ termes moyens.}$$

Les facteurs 15 et 33 résolvent la question et donnent la proportion.

$$8 : 9 :: 24 : 25$$
$$68 - 33 = 35 \quad \frac{35 + 19}{2} = 27 \quad 33 - 25 = 8.$$

P. 141. — La somme de quatre nombres en proportion est 40, et le produit de ses extrêmes est 60.

Quels sont ces nombres?

SOLUTION.

$$1 \text{ et } 60$$
$$2 \text{ et } 30$$
$$3 \text{ et } 20 \quad 40 - 23 = 17.$$
$$4 \text{ et } 15$$
$$5 \text{ et } 12 \quad 12 + 5 = 17.$$
$$6 \text{ et } 10$$

Les nombres moyens sont 5 et 12.

Les extrêmes 3 et 20.

Les données étant 84 et 312 au lieu de 40 et 60, on aurait :

$$1 \text{ et } 312$$
$$6 \text{ et } 52 \quad 84 - 58 = 26.$$
$$8 \text{ et } 39 \quad 84 - 47 = 37.$$
$$13 \text{ et } 24 \quad 13 + 24 = 37.$$

13 et 24 sont les moyens.

8 et 39 sont les extrêmes.

Les extrêmes étant 13 et 24, les moyens seraient 8 et 39.

P. 142. — La somme de quatre nombres en proportion est 65 et le produit des deux premiers est 40.

Quels sont ces nombres ?

SOLUTION.

    1 et 40
    2 et 20   65 — 22 = 43.
    4 et 10   65 — 14 = 51.
    5 et 8   65 — 13 = 52   52 : 13 = 4

Les deux premiers nombres sont 5 et 8.

La somme des deux derniers est 13, et puisque 52 divisé par 13 = 4, la proportion est quadruple, c'est-à-dire que les deux derniers termes sont quadruples du premier ; ils sont donc 5×4 = 20 et $8 \times 4 = 32$.

Il n'y a que cette solution en nombres entiers, parce qu'il n'y a que 5 et 8 dont la somme 13 divise exactement la somme des deux autres termes.

La somme étant 21 au lieu d'être 65, les facteurs 4 et 10 donneraient 2 et 5 pour les deux derniers termes.

$$21 — (4 + 10) = 7 \quad 7 : 14 = \tfrac{1}{2} \quad 4 \times \tfrac{1}{2} = 2 \quad 10 \times \tfrac{1}{2} = 5$$

Proportion 4 : 10 : : 2 : 5.

Lorsque les deux derniers nombres sont plus petits que les deux premiers, l'on peut diviser le plus grand total par le plus petit ; ici l'on aurait 14 : 7 = 2, ce qui indique que les deux premiers nombres sont doubles des deux derniers.

Si l'on donnait 13 et 17 pour la somme des moyens et des extrêmes, et 1764 pour le produit des quatre, on aurait :

$\sqrt{1746} = 42$ (LVIII) = le produit des extrêmes ou des moyens.

    2 et 21, somme 23.
    3 et 14,   —   17.
    6 et 7,   —   13.

La proportion est 3 : 6 : : 7 : 14.

36 étant la somme des quatre nombres, le produit restant le même, les nombres seraient 2 : 6 : : 7 : 21, etc., etc.

———

24

CHAPITRE IV.

DES PROGRESSIONS PAR DIFFÉRENCE.

P. 143. — Déterminer une progression par différence telle que la somme de ses termes étant 156 le premier soit 6.

SOLUTION.

En déterminant les facteurs de 156×2 ou 312, l'on obtiendra les sommes des extrêmes et le nombre des termes.

Par suite (LXIII),

$$1 \text{ et } 312$$
$$2 \text{ et } 156$$
$$3 \text{ et } 104 \quad (104 - 12): \overline{3 - 1} = 46.$$
$$4 \text{ et } 78 \quad (78 - 12): \overline{4 - 1} = 22.$$
$$6 \text{ et } 52 \quad (52 - 12): \overline{6 - 1} = 8.$$
$$8 \text{ et } 39 \quad (39 - 12): \overline{8 - 1} = 6 \tfrac{6}{7}.$$
$$12 \text{ et } 36 \quad (36 - 12): \overline{12 - 1} = 2 \tfrac{2}{11}.$$
$$13 \text{ et } 26 \quad (24 - 12): \overline{13 - 1} = 1.$$

La différence ou la raison de la progression devant être exprimée par un nombre entier, il y a quatre progressions :

$$\text{Une de } 3 \text{ termes ayant } 46 \text{ pour différence,}$$
$$- \quad 4 \quad\quad - \quad 22 \quad\quad -$$
$$- \quad 6 \quad\quad - \quad8 \quad\quad -$$
$$- \quad 13 \quad\quad - \quad1 \quad\quad -$$

En admettant des différences fractionnaires, il y a deux solutions de plus :

$$\text{Une de } 8 \text{ termes ayant } 3 \tfrac{6}{7} \text{ pour différence,}$$
$$- \quad 12 \quad\quad - \quad 2 \tfrac{2}{11} \quad\quad -$$

Les données étant 7 et 87 au lieu de 6 et 156, la somme à retrancher du plus grand facteur serait $7 \times 2 = 14$, c'est-à-dire que dans tous les cas semblables la somme à retrancher est le double du premier terme connu.

$$1 \text{ et } 89 \times 2 = 174$$
$$3 \text{ et } 58 \quad \overline{58 - 14 : 3 - 1} = 22.$$
$$6 \text{ et } 29 \quad (29 - 14) : \overline{6 - 1} = 3.$$

Deux progressions en nombres entiers :

Une de 3 termes ayant 22 pour différence,
— 6 — 3 —

Ainsi, en considérant le double de la somme connue comme un produit, le plus grand facteur diminué du double du plus petit terme connu, et divisé par le plus petit facteur diminué d'un, donne la différence ou la raison de la progression, etc., etc.

P. 144. Déterminer une progression par différence telle que la somme de ses termes étant 156 son dernier terme soit 46.

SOLUTION.

Ici les limites sont plus faciles à établir ; les facteurs 6 et 52 du produit 312 (P. 143) donnent le nombre des termes et la somme des extrêmes.

$52 - 46 =$ le premier terme $= 6$.

$46 - 6 = 40 =$ la différence des extrêmes.

$40 : \overline{6 - 1} = 40 : 5 = 8 =$ la différence de la progression qui est composée de 6 termes.

Il n'y a que cette progression en nombres entiers.

Pour 8 et 39 la somme des extrêmes serait moindre que le dernier terme.

Pour 4 et 78, l'on aurait pour différence $14 : \overline{4 - 1} = 4\frac{2}{3}$, le premier terme étant 32.

33 et 126 étant le dernier terme et la somme de la progression, on aurait après 1 et 252.

$$3 \text{ et } 84 \qquad\qquad 7 \text{ et } 36$$
$$4 \text{ et } 63 \qquad\qquad 9 \text{ et } 28$$
$$6 \text{ et } 42 \qquad\qquad 12 \text{ et } 21$$

L'on remarquera d'abord que la somme des extrêmes doit forcément être au-dessus de 33.

En prenant 7 et 36, on aura :

$36 - 33 = 3 =$ le premier terme.

$33 - 3 = 30 =$ la différence des extrêmes.

$30 : \overline{7 - 1} = 5 =$ la raison.

6 et 42 donneraient :

$42 - 33 = 9 =$ le premier terme.

$33 - 9 = 24 =$ la différence des extrêmes.

$24 : \overline{6 - 1} = 4\frac{2}{5} =$ la raison.

La différence seule est exprimée par un nombre fractionnaire. Pour 4 et 63, on aurait :

$63 - 33 = 30 =$ le premier terme.

$33 - 30 = 3 =$ la différence de la progression.

$3 : \overline{4 - 1} = 1 =$ la raison.

Progression 30, 31, 32, 33, etc., etc.

P. 145. Déterminer une progression de six termes de manière que la différence soit 13.

SOLUTION.

(Suite du n° précédent).

La différence des extrêmes ne peut être que $13 \times \overline{(6 - 1)}$ $= 13 \times 5 = 65$. Par suite, 1 étant le plus petit extrême, on aura $65 + 1 = 66$ pour le plus grand.

La proportion sera 1, 14, 27, 40, 53, 66.

En supposant successivement 2, 3, 4, etc., etc., pour le premier terme, on aurait une infinité de solutions en nombres entiers.

Pour 7 par exemple, la progression sera 7, 20, 33, 46, 59, 72, etc., etc.

P. 146. — Déterminer le nombre des termes d'une progression dont le dernier terme, la différence et la somme sont 33, 4 et 152.

SOLUTION.

(Réciproque du n° précédent).

  1 et 304
  2 et 152
  4 et 76
  8 et 38 $38 - 33 = 5$ $\dfrac{33 - 5}{8 - 1} = 28 : 7 = 4$, etc.
 16 et 19

La progression est de 8 termes, le 1er est 5, etc.

Progression 5, 9, etc., 33, 8e terme.

Il est facile de reconnaitre qu'il n'y a que cette solution en nombres entiers.

P. 147. — La somme d'une progression décroissante est 140, sa différence et son premier terme sont 2 et 26.

 Quelle est-elle?

SOLUTION.

Pour rendre cette progression croissante, l'on considérera 26 comme le dernier terme au lieu d'être le premier; alors la solution sera la même que la précédente; après 280, l'on aura :

  2 et 140
  5 et 70
  7 et 40 $40 - 26 = 14$ $\dfrac{26 - 14}{2} = 7 - 1 = 6.$
  8 et 35
 10 et 28, etc.

La progression est de 7 termes.

Le premier est 26, le dernier 14.

P. 148. Déterminer une progression telle que sa somme étant 126, son premier terme et sa différence soient 3 et 5.

SOLUTION.

$$1 \text{ et } 252$$
$$3 \text{ et } 84$$
$$4 \text{ et } 63$$
$$6 \text{ et } 42$$
$$7 \text{ et } 36 \qquad \frac{36-6}{5} = 6 = 7-1 \text{ ou } \frac{36-6}{7-1} = 5.$$
$$9 \text{ et } 28$$
$$12 \text{ et } 21$$

Le nombre des termes est 7, c'est-à-dire qu'en divisant par la différence connue le plus grand des deux facteurs, après en avoir retranché le double du premier terme connu, le quotient est égal au nombre moins un des termes; ou, en divisant par le nombre *moins un* des termes le plus grand facteur, on obtient la différence connue.

Les données étant 17, 5 et 135 pour le premier terme, la différence et la somme, on aurait après 270.

$$3 \text{ et } 90$$
$$5 \text{ et } 54 \qquad \frac{54-34}{5-1} = 20 : 4 = 5 \text{ ou } \frac{54-24}{5} = 4 = 5-1.$$
$$6 \text{ et } 45$$
$$9 \text{ et } 30$$
$$10 \text{ et } 27$$
$$15 \text{ et } 18$$

Il n'y a qu'une solution de 5 termes, dont le dernier est $17 + 5 \times \overline{5-1} = 17 + 20 = 37$.

Progression 17, 22, 27, 32, 37.

6 et 45 donneraient des résultats fractionnaires.

30, 27 et 18 étant au-dessous de 34, ils ne peuvent être admis, etc.

La progression précédente de 7 termes est 3 , 8, 13, etc., 33, 7ᵉ terme.

P. 149. — Déterminer une progression telle que la somme de ses termes étant 156, la différence ou *la raison* soit 22.

SOLUTION.

Réciproque du problème précédent.

En prenant les facteurs de 312 qui donnent les nombres des termes et les sommes des extrêmes, on déterminera facilement les premiers termes.

1 et 312

3 et 104 $\dfrac{104 - (22 \times \overline{3 - 1})}{2} = 30 =$ le premier terme.

4 et 78 $\dfrac{78 - (22 \times 4 - 1)}{2} = 6 = \quad —$

6 et 52

8 et 39, etc., etc.

Deux solutions, une de trois termes et une de quatre :

1º 30. 52. 74.

2º 6. 28. 50. 72.

Il est facile de voir qu'après 4 et 78 il n'y a plus de solutions possibles, car la différence des extrêmes serait plus grande que leur somme.

Pour 6 et 52, l'on aurait :

$$\frac{52 - 22 \times \overline{6 - 1}}{2} = \overline{52 - {}_{\text{\i}}10}, \text{ etc., etc.}$$

Si la différence était 8 au lieu d'être 22, il y aurait une solution de plus.

L'on aurait successivement :

$$\frac{104 - (8 \times 2)}{2} = 44 = \text{le premier terme :}$$

$$\frac{78 - (8 \times 3)}{2} = 27 = \qquad —$$

$$\frac{52 - (8 \times 5)}{2} = 6 = \qquad —$$

Trois progressions de 3, 4 et 6 termes.

    1° 44. 52. 60.
    2° 27. 35. 43. 51.
    3° 6. 14. 22. 30. 38 46, etc.

P. Quelle est la progression dont la somme des extrêmes est 30 et la différence 8 ?

SOLUTION.

La différence de la progression doit diviser exactement la différence des extrêmes (LXV); donc la différence des extrêmes ne peut être que 24 ou 16; pour 24, les extrêmes sont 3 et 21 et le nombre des termes $\frac{24}{8} + 1 = 4$.

Pour 16, les extrêmes sont 7 et 23 et le nombre des termes $\frac{16}{8} + = 3$.

Ce qui donne deux solutions seulement, sans qu'il puisse y en avoir davantage, une de 4 et une de 3 termes :

    1° 3. 11. 19. 27.
    2° 7. 15. 23.

Soient les données prises arbitrairement 54 et 9, la différence des extrêmes ne peut être que 18, 27, 36, 45, ce qui donne 4 solutions en admettant les fractions décimales.

Pour 27, les extrêmes seront $\frac{54 + 27}{2} = 40\frac{1}{2}$ et $\overline{54 - 40\frac{1}{2}}$,

Le nombre des termes sera $\dfrac{27}{9} + 1 = 4$.

Pour 18, les extrêmes seront $\dfrac{54 + 18}{2} = 36$ et $\overline{54 - 36} = 18$.

$\dfrac{18}{9} + 1 = 3 = $ le nombre des termes.

Pour 36, les extrêmes seront $\dfrac{54 + 36}{2} = 45$ et $54 - 45 = 9$.

$\dfrac{36}{9} + 1 = 5 = $ le nombre des termes.

Pour 45, les extrêmes seront $\dfrac{54 + 45}{2} = 49\tfrac{1}{2}$ et $54 - 49\tfrac{1}{2} = 4\tfrac{1}{2}$.

$\dfrac{45}{9} + 1 = 6 = $ le nombre des termes.

Ce qui donne 4 solutions, une de 4, une de 3, une de 5 et une de 6 termes.

P. 151. — La somme des extrêmes et la différence d'une progression sont 7 et 62.

Quelle est cette progression?

SOLUTION.

$\frac{a}{i}$ étant le plus petit des deux extrêmes, l'on aura (LXII) :

$62 - \frac{2a}{i} = $ la différence des extrêmes.

Par suite $(62 - \frac{2a}{i} : 7) + 1 = $ le nombre des termes.

Ici la différence qui existe entre 62 et le double du plus petit extrême quel qu'il soit, doit être forcément divisible par 7 et être exprimée par un nombre pair.

Or, après 62, les nombres pairs divisibles par 4, sont 56, 42, 28 et 14, ce qui donne 4 solutions en nombres entiers.

$$\frac{62 - 56}{2} = 3. \qquad \frac{62 - 42}{2} = 10. \qquad \frac{62 - 28}{2} = 17. \qquad \frac{62 - 14}{2} = 24.$$

Ainsi la différence étant 7 :

1° Les extrêmes sont 3 et 59, et le nombre des termes $= (56 : 7) + 1 = 9$.

2° Les extrêmes sont 10 et 52, et le nombre des termes $(42 : 7) + 1 = 7$.

3° Extrêmes 17 et 45, nombres des termes $(28 : 7) + 1 = 5$.

4° Extrêmes 24 et 38, nombres des termes $(14 : 7) + 1 = 3$.

Si les données étaient 13 et 77; après 77, le plus grand nombre divisible par 13 est 65.

$$\frac{77 - 65}{2} = 6. \qquad\qquad \frac{77 - 39}{2} = 19.$$

1° 13 étant la différence, les extrêmes sont 6 et 71, le nombre des termes $(65 : 13) + 1 = 6$.

2° Extrêmes 19 et 58, nombres des termes $(39 : 13) + 1 = 4$.

Ici la somme des extrêmes étant impaire, le nombre divisible par 13 doit aussi être impair, 52 et 26 donnent un résultat fractionnaire.

(Voir le n° suivant.)

P. 152. — Quelle est la progression par différence dont la somme des deux derniers termes est 89 et le produit des deux premiers 374?

SOLUTION.

```
 1 et 374
 4 et  91
11 et  34
17 et  22    22 — 17 = 5 = la différence de la progression.
```

L'on remarquera que la différence des deux premiers termes est égale à celle des deux derniers.

Les deux premiers étant 17 et 22, les deux derniers sont : 89 $+ 5 : 2$ et $\dfrac{89 - 5}{2} = 47$ et 42.

Le nombre des termes $= \dfrac{47 - 17}{5} + 1 = 7$.

P. 153. Quelle est la progression par différence, dont le produit des moyens est 375 et le produit des extrêmes 165 ?

SOLUTION.

L'on remarquera 1° que la différence de la progression est la même que la différence des moyens.

2° Que la somme des moyens est égale à celle des extrêmes.

1 et 375	7 et 51
2 et 119	17 et 21

L'on voit que forcément les moyens ne peuvent être que 17 et 21, alors la différence de la progression est **4** et la somme des extrêmes 38.

1 et 165
5 et 33, somme 38.

Les extrêmes sont 5 et 33.

Par suite $\dfrac{33-5}{4}+1=8=$ le nombre des termes de la progression qui est 5. 9. etc., etc., le 8e terme est 33.

Si l'on donnait le nombre des termes 8 au lieu du produit des extrêmes, l'on reconnaîtrait que **17** et **21** étant les moyens il a trois termes avant 17, et que le premier de ces termes $= 17 - \overline{4\times 3} = 17 - 12 = 5$; par suite $5 + 4 \times 7 = 5 + 28 = 33 = $ le dernier terme, la différence étant 4, etc.

(Voir les n°ˢ suivants.)

P. 154. — La somme d'une progression par différence est 152, et le produit de ses extrêmes est 165.

Quelle est cette progression?

SOLUTION.

Les facteurs de 165 donneront les deux extrêmes, dont le total doit diviser exactement le double de la somme donnée.

1 et 165
3 et 55
5 et 33,   somme 38.
11 et 15

Les extrêmes sont 5 et 33.

$$\frac{152 \times 2}{38} = 8 = \text{le nombre des termes.}$$

$$\overline{33 - 5} : 8 - 1 = 28 : 7 = 4 = \text{la différence, etc.}$$

Les données étant 93 et 84, en déterminant les facteurs de 84 et de 93×2, on aurait :

1 et 84	1 et 186
3 et 28	3 et 62
4 et 21	6 et 31
6 et 14	

3 et 28 sont les extrêmes, leur somme est 31 et le nombre des termes est 6.

$$\overline{28 - 3} : 6 - 1 = 5 = \text{la différence.}$$

La progression est 3, 8, 13; 28 6ᵉ terme.

P. 155. Quelle est la progression dont la différence est 4 et le produit des extrêmes est 165?

SOLUTION.

Les facteurs de 165 donnent les extrêmes; 3 et 55 et 5 et 33 du n° précédent donnent 2 solutions.

$$1° \quad \frac{55 - 3}{4} + 1 = 14.$$

$$2° \quad \frac{33 - 5}{4} + 1 = 8.$$

Une progression de 14 termes et une de 8.

1° 3, 7, 11; 55, 14ᵉ terme.
2° 5, 9; 33, 8ᵉ terme.

P. 156. Quelle est la progression par différence dont la somme est 152 et le produit des deux plus grands termes 957?

SOLUTION.

1 et 957   11 et 87
3 et 319   29 et 33

Les deux plus grands termes sont 29 et 33, et leur différence, qui est la différence de la progression, est 4.

1 et 304
4 et 76
8 et 38

Le nombre des termes est 8 et la somme des extrêmes 38.

$38 - 33 = 5 =$ le 1er terme.

Progression 5, 9; 33, 8e terme.

Il est facile de voir qu'il n'y a et qu'il ne peut y avoir que cette solution, car le plus petit des deux facteurs de 957 doit forcément être plus grand que leur différence, etc.

Si l'on donnait 45 pour le produit des deux plus petits termes la somme restant 152, on aurait :

1 et 45

3 et 15

5 et 9 $9 - 5 = 4 =$ la différence de la progression, par suite :

$38 - 5 = 33 =$ le plus grand terme.

La progression est de 8 termes, le 1er est 5, le dernier 33, la différence 4 et la somme des termes 152, etc.

P. 157. — Déterminer la progression par différence de 9 termes dont le produit des extrêmes est 273.

SOLUTION.

1 et 273   7 et 39
3 et 91   13 et 21

La différence qui existe entre chaque couple de facteurs qui représentent les extrêmes étant divisible par $(\overline{9-1})$ (LXV) il en résulte qu'il y a 4 solutions en nombres entiers.

$$272 : 8 = 34 \quad 88 : 8 = 11 \quad 32 : 8 = 4 \quad 8 : 8 = 1$$

Les 4 nombres sont 34, 11, 4 et 1.

$$1^{re} \text{ progression} \quad 1, \ 35, \ 49; \ 273, \ 9^e \text{ terme.}$$
$$2^e \qquad — \qquad 3, \ 14, \ 25; \ \ 91, \qquad —$$
$$3^e \qquad — \qquad 7, \ 11, \ 15; \ \ 39. \qquad —$$
$$4^e \qquad — \qquad 13, \ 14, \ 15; \ \ 21, \qquad —$$

Si le nombre des termes était 12, il n'y aurait qu'une solution, parce qu'il n'y a que 3 et 91, dont la différence 88 est divisible par 12 — 1.

Le nombre des termes étant 17, il y aurait 2 solutions, parce que les deux différences, 272 et 32, sont divisibles par 17—1=16.

Si le produit des extrêmes restant le même, le nombre des termes étant 8, il n'y aurait pas de solution possible en nombres entiers, les différences ne pourraient être que fractionnaires; elles seraient respectivement :

$$1^o \ \ 272 : 7 = 38 \ \tfrac{6}{7}.$$
$$2^o \ \ \ 88 : 7 = 12 \ \tfrac{4}{7}.$$
$$3^o \ \ \ 32 : 7 = \ \ 4 \ \tfrac{4}{7}.$$
$$4^o \ \ \ \ 8 : 7 = \ \ 1 \ \tfrac{1}{7}, \text{ etc., etc.}$$

En admettant les nombres fractionnaires, quel que soit le nombre des termes, l'on obtient autant de solutions qu'il y a de couples de facteurs dans le produit.

P. 158.—Quelle est la progression par différence dont la somme des deux premiers termes est 16 et le produit des extrêmes 147?

SOLUTION.

Réciproque des deux problèmes précédents; par la même analogie on aura :

$$1 \text{ et } 147$$
$$3 \text{ et } \ \ 49$$
$$7 \text{ et } \ \ 21$$

$16 - 7 = 9 =$ le 2ᵉ terme.

$\overline{9 - 7} = 2 =$ la différence.

7 et 21 sont les deux extrèmes, la différence est 2.

$$\frac{21 - 7}{2} + 1 = 8 =$$ le nombre des termes.

Progression 7, 9; 21, 8ᵉ terme.

3 et 49, dont la différence relative est 10, ne peuvent être admis, $49 - 3 = 46$ n'étant pas divisible par 10, etc., etc.

P. 159. — Les données étant exprimées en nombres entiers, on demande combien il y a de progression par différence dont le produit des extrêmes est 165?

SOLUTION.

1°	1 et 165	164 différence des extrèmes.
2°	3 et 55	52 —
3°	5 et 33	28 —
4°	11 et 15	4 —

Pour première limite l'on a 4 combinaisons qui donnent les extrêmes et leur différence; or en divisant la différence des extrêmes par la différence de la progression on obtient le nombre *moins un* des termes.

1° 1 et 164

2 et 82

4 et 41

Tous les diviseurs de 164 étant pris pour la différence de la progression, cette différence pourra être 1, 2, 4, 41 et 82, et le nombre des termes 165, 83, 42, 5 ou 3; ainsi les extrêmes étant 1 et 165, il y a cinq solutions en nombres entiers; pour les autres facteurs l'on aura :

2° 1 et 52

2 et 26

4 et 13

$$3^\circ \quad 1 \text{ et } 28$$
$$2 \text{ et } 14$$
$$4 \text{ et } 7$$

$$4^\circ \quad 1 \text{ et } 4$$
$$2 \text{ et } 2$$

Les extrêmes étant 3 et 55, la différence peut être 1, 2, 4, 13, 26, et le nombre des termes 53, 27, 14 et 3.

Pour 5 et 33, la différence peut être 1, 2, 4, 7 ou 14. Le nombre des termes 29, 15, 8, 5, ou 3.

Pour 11 et 15 la différence peut être 1 ou 2, et le nombre des termes 5 ou 3.

Ce qui donne 17 progressions dont le produit des extrêmes est 165.

Il ne peut y en avoir davantage en nombres entiers.

Les problèmes ci-dessus, qui se rapportent à celui-ci, ayant une donnée de plus ils n'ont qu'une solution.

P. 160. — La différence des carrés des extrêmes d'une progression par différence de 8 termes est 1064.

Quelle est cette progression ?

SOLUTION.

Le nombre *moins un* des termes doit diviser exactement la différence des extrêmes.

Or, les facteurs de 1064 donnent les différences et les sommes des extrêmes ; donc, en prenant $\overline{8-1} = 7$ ou un de ses multiples, on aura :

$$1 \text{ et } 1064$$
$$7 \text{ et } 152$$
$$14 \text{ et } 76 \quad 14 : 7 = 2.$$
$$28 \text{ et } 38 \quad 28 : 7 = 4.$$

Deux solutions, la différence de la progression peut être 2

ou 4, dans le premier cas les extrêmes sont $\dfrac{76 + 14}{2} = 45$ et 76 $- 45 = 31$.

Dans le 2ᵉ ils sont 5 et 33.

Les progressions respectives sont :

$$1° \ 31, 33 \ . \ . \ . \ . \ . \ 45, \ 8^e \text{ terme.}$$
$$2° \ 5, 9 \ . \ . \ . \ . \ . \ 33, \ 8^e \text{ terme.}$$

P. 161. — Les sommes respectives de trois progressions par différence de 6 termes sont 291, 84 et 66.

Pour les trois le produit des extrêmes est 96.

Quelles sont ces progressions?

SOLUTION.

En divisant la somme de la progression par la moitié des termes, on obtient la somme des extrêmes; donc les sommes des extrêmes sont $(291 : 3)$, $(84 : 3)$ et $(66 : 3) = 97$, 28 et 32.

$$1 \text{ et } 96, \quad \text{somme } 97.$$
$$2 \text{ et } 48$$
$$4 \text{ et } 24, \quad \text{somme } 28.$$
$$6 \text{ et } 16, \quad \text{somme } 22.$$
$$8 \text{ et } 12$$

Les extrêmes sont 1 et 96, 4 et 24, 6 et 16.

Les différences sont $(96 - 1) : 5$, $(24 - 4) : 5$ et $16 - 6 : 5 = 19$, 4 et 2.

Les trois progressions sont :

$$1° \ 1, 20 \ . \ . \ . \ 96, \ 6^e \text{ terme.}$$
$$2° \ 4, \ 8 \ . \ . \ . \ 24, \quad —$$
$$3° \ 6, \ 8 \ . \ . \ . \ 16, \quad —$$

P. 162. — Quelle est la progression par différence dont la somme est 152 et la différence des carrés des extrêmes 1064?

SOLUTION.

Les facteurs de 1064 donneront les sommes des extrêmes et leurs différences; ainsi la somme des extrêmes doit se trouver parmi les plus grands facteurs des deux produits.

1 et 1064	1 et 304
7 et 152	2 et 152
14 et 76	4 et 76
19 et 56	8 et 38
28 et 38	16 et 19

La somme des extrêmes peut être 76 et 38.

Pour 76, le nombre des termes est 4 et la différence des extrêmes 14.

Pour 38 il y a 8 termes, et la différence des extrêmes est 28.

Or, 14 n'est pas divisible par $\overline{4-1}$, tandis que 28 est divisible par $\overline{8-1}$; donc le nombre des termes est 8, la différence est $28 : 7 = 4$.

Le 1er terme est $\dfrac{38 - 28}{2} = 5$.

Le dernier est $38 - 5 = 33$.

Il n'y a donc qu'une solution possible qui est 5, 9 . . . . . . 33, 8e terme.

Si l'on donnait 1080 et 126, les facteurs de 1080 étant nombreux, l'on pourrait se dispenser de les établir en prenant ceux de $126 \times 2 = 252$.

1 et 252	7 et 36
3 et 84	9 et 18
4 et 63	12 et 21
6 et 42	14 et 18

Il n'y a que 18 et 36 qui divisent exactement 1080; donc les sommes des extrêmes ne peuvent être que 36 et 18, et comme 18 donnerait pour la différence des extrêmes un nombre plus grand que leur somme, ce qui ne peut arriver, il n'y a qu'une solution.

$1080 : 36 = 30 =$ la différence des extrêmes.

$30 : 7 — 1 = 5 =$ la différence de la progression.

Le 1er terme $= \dfrac{36 — 20}{2} = 3.$

Le dernier $= 36 — 3 = 3$, etc.

Progression 3, 8 . . . . . 33, 7e terme.

P. 163. — La différence des carrés des extrêmes d'une progression par différence est 160, et le produit de ses moyens est 53.

Quelle est cette progression ?

SOLUTION.

La somme des extrêmes est égale à celle des moyens ; donc, en déterminant les facteurs de 63, lorsque la somme des deux qui se correspondent divisera exactement 160, ces facteurs seront les termes moyens et la question sera résolue.

$\qquad$ 1 et 63

$\qquad$ 3 et 21

$\qquad$ 7 et 9,$\quad$ somme 16,$\quad$ différence 2.

$160 : 16 = 10 \qquad \dfrac{16 — 10}{2} = 3 =$ le 1er terme.

$3 + 10 = 13 =$ le dernier.

$\dfrac{13 — 3}{2} + 1 = 6 =$ le nombre des termes.

Progression 3, 5 . . . 13, 6e terme.

P. 164. — Le produit des termes d'une progression par différence est 58240 et le produit de ses extrêmes est 64.

Quelle est cette progression ?

SOLUTION.

En divisant 58240 par 64, on aura au quotient le produit des termes intermédiaires entre le 1er et le dernier.

$$58240 : 64 = 910.$$

$$7 \text{ et } 130$$
$$10 \text{ et } 91$$
$$13 \text{ et } 70$$

Or, il n'y a que 7, 10 et 13 qui aient entre eux la même différence ; donc la progression est de 5 termes, le premier $= 7 - 3 = 4$ et le dernier $= 13 + 3 = 16$.

P. 165. — En multipliant la somme d'une progression de 8 termes par sa différence, le produit est 608.

Quelle est cette progression ?

SOLUTION.

Les facteurs de 608 donnent les différences et les sommes.

Deux solutions en nombres entiers, la différence peut être 2 ou 4, la somme des termes 304 ou 152.

$$1 \text{ et } 608 \qquad 4 \text{ et } 152$$
$$2 \text{ et } 304 \qquad 8 \text{ et } 76$$

$1°$ $304 : \dfrac{8}{2} = 76 =$ (LXXII) la somme des extrêmes.

$$\dfrac{76 - \overline{2 \times 7}}{2} = 31 = \text{le premier terme}$$

$76 - 31 + 45 =$ le dernier terme.

$2°$ $152 : \dfrac{8}{2} = 38 =$ la somme des extrêmes.

$$\dfrac{38 - 4 \times 7}{2} = 5 = \text{le premier terme.}$$

$38 - 5 = 33 =$ le dernier.

Deux solutions.

$$1° \ 31, \ 33 \ . \ . \ . \ . \ . \ 45, \ 8^e \text{ terme.}$$
$$2° \ 5, \ 9 \ . \ . \ . \ . \ . \ 33. \ 8^e \text{ terme.}$$

Pour 8 et 76, la différence des extrêmes serait plus grande que leur somme ; donc ils ne peuvent résoudre la question.

P. 166. — La différence des extrêmes d'une progression de 8 termes est 28, et en multipliant la somme des termes par la différence ou la raison, le produit est 608.

Quelle est cette progression?

SOLUTION.

Les facteurs 4 et 152 du problème précédent résolvent la question.

$$28 : 4 = 7.$$

$6 + 1 = 8 =$ le nombre des termes.

$152 : 4 = 38 =$ la somme des extrèmes.

$$\frac{38 - 28}{2} = 5 =$$ le premier terme.

$38 - 5 = 33 =$ le dernier terme.

Si la différence était 14 au lieu de 28, 2 et 304 donneraient la différence et la somme de la progression, etc., etc.

P. 167. — Déterminer combien il y a de progressions par différence, dont la somme des carrés des extrêmes est 298.

SOLUTION.

$\sqrt{298} = 17$ et il reste 9 qui est un carré; donc les extrèmes sont 17, et $\sqrt{9} = 3$, leur différence est 14.

1 et 14
2 et 7

Il y a trois solutions, le nombre des termes peut être 15, 8 ou 3, La différence peut être 1, 2 ou 7.

1re progression 3, 4, 5 . . . . . 17, 15e terme.
2e —   3, 5, 7 . . . . . 18, 8e —
3e —   3, 10, 17.

La somme des carrés étant 218 au lieu de 298, on aurait :

$\sqrt{298} = 14$, et il reste 22 qui n'est pas un carré.

$$218 - 13^2 = 49 \quad \sqrt{49} = 7.$$

Les extrêmes sont 13 et 7, leur différence est 8.

$$1 \text{ et } 6$$
$$2 \text{ et } 3$$

Trois solutions, le nombre des termes peut être 7, 4 ou 3, la différence 1, 2 ou 3.

1re progression 7, 8 . . . . . 13, 7e terme.
2e —   7, 9, 11, 13.
3e —   7, 10, 13.

P. 168. — Quelle est la progression par différence de cinq termes dont le terme moyen est 17 et la somme des carrés des extrêmes 970 ?

SOLUTION.

La somme des extrêmes $= 17 \times 2 = 34$, par suite (LXI et LXIV)
$$\frac{34^2 - 970}{2} = 93 = \text{ le produit des extrêmes dont la somme est 34.}$$

$$1 \text{ et } 93$$
$$3 \text{ et } 31$$

Les extrêmes sont 3 et 31.

La différence de la progression $= \dfrac{31 - 3}{5 - 1} = 7$.

La somme $= 34 \times 2\frac{1}{2} = 85$.
(Voir les n^{os} suivants.)

P. 169. — Quelle est la progression par différence dont la somme est 615 et la différence des extrêmes 117 ?

SOLUTION.

Les plus petits facteurs de 117 étant augmentés d'un, donneront les nombres des termes, les plus grands donneront les différences des progressions (LXV).

$$1 \text{ et } 117$$
$$3 \text{ et } 39$$
$$9 \text{ et } 13$$

Le nombre des termes ne peut être que 4 ou 10 ; or, 615 n'est pas divisible par $\dfrac{4}{2}$ et l'est par $\dfrac{10}{2}=5$; le nombre des termes est donc 10 et la différence 13.

$615 : 5 = 123 =$ la somme des extrêmes.

$$\frac{123 - 117}{2} = 3 = \text{le premier terme.}$$

$123 - 3 = 120 =$ le dernier.

Progressions 3, 16, 29 . . . . . . 120, 10ᵉ terme.

P. 170. — Déterminer une progression telle que sa différence étant 7 la différence des carrés de ses extrêmes soit 1365.

SOLUTION.

En déterminant les facteurs de 1305, on aura (XXXVI) les différences des extrêmes et leurs sommes.

Or, la différence des extrêmes (LXV) doit être un multiple de la différence de la progression.

(Voir le n° suivant.)

$$1 \text{ et } 1365$$
$$7 \text{ et } 195$$
$$35 \text{ et } 39, \quad \text{extrêmes } 2 \text{ et } 37.$$

Le nombre des termes $= (35 : 7) + 1 = 6$.

La proportion est donc 2, 9 . . . . . 87, 6ᵉ terme.

Soit pour un autre exemple 3 et 783, on aura :

$$1 \text{ et } 783$$
$$3 \text{ et } 261$$
$$9 \text{ et } 87 \qquad 39 \text{ et } 48$$
$$27 \text{ et } 29 \qquad 1 \text{ et } 28$$

Deux solutions en nombres entiers, et il ne peut y en avoir davantage.

$$1^o \quad 9 : 3 = 3 \quad 8 + 1 = 4.$$
$$2^o \quad 27 : 3 = 9 \quad 9 + 1 = 10.$$

1re progression 39, 42, 45, 48.
2e — $1, 4, 7 \ldots \ldots 28$, 10e terme.

P. 171. — En multipliant la somme d'une progression par différence par le produit de ses 8 termes, le produit est 760.

Quelle est cette progression?

SOLUTION.

Le produit 760 est le produit de trois facteurs qui sont le plus petit terme, la demi somme des termes et la somme des extrêmes ; donc en divisant 760 par $8 : 2 = 4$, on aurait 190 pour le produit de la somme des extrêmes par le plus petit terme.

| 1 et 190 | 5 et 38 |
| 2 et 95 | 10 et 19 |

1° En retranchant le plus petit des extrêmes de leur somme, on obtient le plus grand.

2° En retranchant le plus petit du plus grand, l'on obtient leur différence.

3° En divisant la différence des extrêmes par le nombre moins un des termes, l'on obtient la différence de la progression.

Or, ici le nombre des termes est 8 ; donc, lorsqu'après avoir retranché du plus grand des facteurs de 90 le double de son correspondant, le reste sera divisible par $8 - 1 = 7$. Ces facteurs donneront une solution.

$$95 - 2 = 93 \quad 93 - 2 = 91 \cdot 91 : 7 = 13.$$
$$38 - 5 = 33 \quad 33 = 28, \quad 28 : 7 = 4.$$

Le nombre des termes étant 8, il y a deux solutions.

1° Les extrêmes sont 2 et 93, et la différence 13.
2° — 5 et 33, — 4.

Les données étant 5 et 1105 au lieu de 8 et 760, on aurait :

$$1105 : 2\tfrac{1}{2} = 442.$$

$$1 \text{ et } 442 \quad \frac{442 - 2}{5 - 1} = 110 = \text{la différence.}$$

$$2 \text{ et } 221$$

$$13 \text{ et } 34 \quad \frac{34 - 26}{5 - 1} = \quad 2 = \quad — \quad \text{etc.}$$

Deux solutions; les nombres relatifs sont :

$$1° \quad 1. \ 111. \ 221. \ 331. \ 441.$$
$$2° \ 13. \quad 15. \quad 17. \quad 19. \quad 21, \text{ etc.}$$

P. 172. — En multipliant la somme d'une progression de 8 termes par sa différence, le produit est 608.

Quelle est cette progression?

SOLUTION.

Réciproque du n° précédent.

$$608 : \frac{8}{2} = 152 = \text{ le produit de la somme des extrêmes, par la}$$

somme de la progression qui, multipliée par $\overline{8 - 1} = 7$, donne la différence des extrêmes.

Donc par les facteurs de 152 l'on aura :

$$1 \text{ et } 152$$

$$2 \text{ et } \ 96 \quad \frac{76 - 14}{2} = 31.$$

$$4 \text{ et } \ 38 \quad \frac{38 - 28}{2} = 5.$$

$$8 \text{ et } \ 19$$

Deux solutions en nombres entiers.

$$1° \ 31, \ 33 \ldots \ldots 45, \ 8^e \text{ terme} = 76 - 31.$$
$$2° \ \ 5, \ \ 9 \ldots \ldots 33, \quad — \quad = 38 - 5.$$

Le nombre des termes étant 5 et le produit 170 au lieu de 608, on aurait :

$$170 : 2\tfrac{1}{2} = 68.$$
$$1 \text{ et } 68$$
$$2 \text{ et } 34$$
$$4 \text{ et } 17$$

Deux progressions :

$$1^{\text{o}} \ 32, \ 33 \ . \ . \ 36, \ 5^e \text{ terme.}$$
$$2^{\text{o}} \ 13, \ 15 \ . \ . \ 21, \ 5^e \ —$$

P. 173. — Quelle est la progression par différence dont le produit des moyens est 132 et la somme des carrés des extrêmes 377?

SOLUTION.

$$\sqrt{377} = 19 \text{ et il reste } 16 \ (\text{P. } 290).$$
$$\sqrt{16} = 4$$

Les extrêmes sont 4 et 19, dont la somme est 23; or la somme des moyens égale celle des extrêmes; donc la somme des moyens est 23 et le produit 130.

$$1 \text{ et } 130$$
$$2 \text{ et } \ 65$$
$$10 \text{ et } \ 13, \quad \text{somme } 23, \quad \text{différence } 3.$$

Les moyens sont 10 et 13.

Le nombre des termes $= \dfrac{19 - 4}{3} + 1 = 6.$

La progression est donc 4, 7, 10, 13, 16, 19.
Les données étant 1178 et 4365, on aurait :

$$\sqrt{4365} = 66 \text{ et il reste } 9.$$

$$\sqrt{9} = 3$$

Les extrêmes sont **3** et **66**, dont la somme 69 est aussi celle des moyens.

$$1 \text{ et } 1178$$
$$19 \text{ et } \quad 62$$
$$31 \text{ et } \quad 38, \quad \text{somme } 69, \quad \text{différence } 7.$$

Les moyens sont 31 et 38.

Le nombre des termes $= \dfrac{66-3}{7} + 1 = 10$.

La progression est donc 3, 10 . . . . . . 66, 10e terme.

P. 174. — Une progression de 8 termes a 4 pour différence, et la somme des carrés de ses extrêmes est 1114.

Quelle est cette progression?

SOLUTION.

La différence des extrêmes $= 4 \times \overline{8-1} = 28$.

$\dfrac{1114-28^2}{2} = 165$ (XLV) $=$ le produit des racines dont la différence est 28.

$$1 \text{ et } 165$$
$$3 \text{ et } \quad 55$$
$$5 \text{ et } \quad 33, \quad \text{différence } 28.$$

Les extrêmes sont 5 et 33.

La somme est $\overline{33+5} \times 4 = 152$.

La progression est 5, 9 . . . . . 33, 8e terme.

P. 175. — La différence d'une progression de 11 termes est 7 et la somme des carrés des 2e et 5e termes est 1061.

Déterminer cette progression.

SOLUTION.

Du 2e au 5e terme il y a 4 termes.

Ainsi la différence du 2e au 5e terme est $7 \times 4 - 1 = 21$.

$$\frac{1061 - 21^2}{3} = 310 \text{ (XLV)}.$$

$$1 \text{ et } 310$$
$$5 \text{ et } 62$$
$$10 \text{ et } 31, \quad \text{différence } 21.$$

Le 2e terme est 10, le 5e 31.

Le $1^{er} = 10 - 7 = 3$.

Le dernier $= 3 + \overline{7 \times 11 - 1} = 73$.

$73 + 3 \times 5\frac{1}{2} = 418 =$ la somme de la progression dont la différence est 7, etc.

P. 176. — Quelle est la progression par différence de 11 termes dont la somme est 418 et la somme des carrés des extrêmes 5338?

SOLUTION.

$418 : 5\frac{1}{2} = 76 =$ la somme des extrêmes.

$$\frac{76^2 - 5338}{2} = 219 =$$ leur produit (LXV).

$$1 \text{ et } 219$$
$$3 \text{ et } 73, \quad \text{somme } 76.$$

Les extrêmes sont 3 et 73.

La différence est $70 : \overline{11 - 1} = 7$, etc.

Progression 3, 10, 7 . . . . 73, 11e terme.

(Voir les n^{os} précédents.)

P. 177. — Quelle est la proportion par différence de 10 termes exprimés en nombres entiers dont la somme des carrés des extrêmes est 305?

SOLUTION.

$$\sqrt{305} = 17 \text{ et il reste } 16.$$
$$\sqrt{16} = 4$$

Les extrèmes peuvent être 4 et 17.

$17 - 4 = 13 =$ leur différence.

$13 : \overline{10 - 1} = 1\,\frac{4}{9} = $ (LXX) la différence de la progression.

$(17 + 4) \times 5 = 21 \times 5 = 105 = $ la somme des termes.

Progression 4, 5 $\frac{4}{9}$ . . . . 17, 10° terme.

Mais, suivant l'énoncé, les termes sont exprimés en nombres entiers; pour trouver cette nouvelle progression, l'on prendra 16 pour le plus grand terme; alors on aura $305 - 256 = 49$.

$$\sqrt{49} = 7$$

Dans ce cas, les extrèmes sont 7 et 16, dont la différence $= 9$.

$9 : 9 = 1 = $ la différence de la progression.

$\overline{16 + 7} \times 5 = 115 = $ la somme des termes.

Progression 7, 8 . . . . 16, 10° terme.

P. 178. — Trois nombres forment une progression par différence, dont la somme est 30 et la somme de leur carrés 318.

Quels sont ces nombres?

SOLUTION.

$30 : 3 = 10 = $ le terme moyen.

$318 - 10^2 = 218 = $ la somme des carrés des deux nombres dont la somme est $30 - 10 = 20$.

$$\frac{20^2 \; 218}{2} = 182 \; \text{(LXV)}.$$

$$1 \text{ et } 91$$
$$7 \text{ et } 13, \quad \text{somme } 20.$$

Les nombres sont 7, 10 et 13, etc.

(Voir le problème suivant.)

$$20^2 - 218 = 182$$

$218 - 182 = 136$ $\quad \sqrt{36} = 6 = $ la différence des deux facteurs

dont le total est 20 $\quad \dfrac{20 + 6}{2} = 13 \quad 20 - 13 = 7$.

Les nombres sont 7, 10, 13.

P. 179. — Déterminer 5 nombres entiers et tels que, formant une progression par différence ayant 40 pour somme, la somme de leurs carrés soit 410.

SOLUTION.

$40 : 5 = 8 =$ le terme moyen.

$\frac{1}{1}$ étant la différence, la progression peut s'exprimer par :

$$8 - \frac{2}{1} + 8 - \frac{1}{1} + 8 + \frac{1}{1} + 8 - \frac{2}{1}.$$

La somme des carrés sera :

$$\overline{8 - \frac{2}{1}}^2 + \overline{8 - \frac{2}{1}}^2 + 8^2 + \overline{8 + \frac{1}{1}}^2 + \overline{8 + \frac{2}{1}}^2.$$

En carrant chaque terme il viendra :

$$\begin{array}{llllll}
1^o & \overline{8 - \frac{2}{1}}^2 = & \frac{4}{1}^2 + & » & \frac{32}{1} + 8^2. \\
2^o & \overline{8 - \frac{1}{1}}^2 = & \frac{1}{1}^2 + & » & \frac{16}{1} + 8^2. \\
3^o & 8^2 = & & & 8^2. \\
4^o & \overline{8 + \frac{1}{1}}^2 = & \frac{1}{1}^2 + \frac{32}{1} + & » & 8^2. \\
5^o & \overline{8 - \frac{2}{1}}^2 = & \frac{4}{1}^2 + \frac{16}{1} + & » & 8^2. \\
\hline
 & & \frac{10}{1}^2 + \frac{48}{1} - \frac{48}{1} + 8^2 \times 5. & &
\end{array}$$

Donc $\frac{10}{1}^2 + 8^2 \times 5 = 410$; $\frac{10}{1}^2 + 320 = 410$ $\frac{10}{1}^2 = 90$; $\frac{1}{1}^2 = 9$.

$\frac{1}{1} = \sqrt{9} = 3$ — la différence de la progression.

Les nombres sont $8-6.\ 8-3.\ 8.\ 8+3.\ 8+6 = 2.\ 5.\ 8.\ 11.\ 14.$

Si l'on considère maintenant que $\frac{10}{1}^2$ est la somme des carrés des différences, et $8^2 \times 5 =$ le produit du terme moyen par le nombre des termes, l'on reconnaîtra que sans carrer les termes il suffit de carrer les différences pour ajouter à la somme de ces carrés le produit du carré du terme moyen par le nombre des termes.

Soit pour exemple une progression de 9 termes ayant 270 pour somme et 11040 pour sa somme des carrés, l'on aura :

1° $270 : 9 = 30 =$ le terme moyen.

$\frac{1}{1}$ étant la différence, la somme des carrés des différences sera :

$$\frac{16^2}{1} + \frac{9^2}{1} + \frac{4^2}{1} + \frac{1^2}{1} + \frac{1^2}{1} + \frac{4^2}{1} + \frac{6^2}{1} + \frac{16^2}{1} = \frac{60^2}{1}.$$

$\frac{60^2}{1} + (30^2 \times 9) = \frac{60^2}{1} + 8100 = 11040$ qui devient $\frac{60^2}{1} = 11040$
$- 8100 = 2940 \quad \frac{1^2}{1} = 2940 : 60 = 204 : 6 = 49.$

$\sqrt{49} = 7 = $ la différence de la progression.

Progression $30 - 28. 30 - 21$, etc.

Soit, 3, 9, 16 . . . . 58, 9ᵉ terme, les données étant 7, 77 et 1099.

Le terme moyen $= 77 : 7 = 11.$

Les différences sont $\frac{3}{1}, \frac{2}{1}, \frac{1}{1}, \frac{1}{1}, \frac{2}{1}, \frac{3}{1},$ dont la somme des carrés est $\frac{28^2}{1}.$

$$\frac{28^2}{1} + 11^2 \times 7 = 1099 \quad \frac{28^2}{1} = 1099 = 847 = 252.$$
$$\frac{1^2}{1} = 252 : 28 = 9.$$

$\sqrt{9} = 3 = $ la différence de la progression qui est :

$$11 - 9 \quad 11 - 6 \text{ ou } 2, 5, 8, 11, 14, 17 \text{ et } 20, \text{ etc.}$$

P. 180. — La somme de 4 nombres qui forment une progression par différence est 56 et la somme de leurs carrés est 864.

Quels sont ces nombres?

SOLUTION.

$56 : 2 = 28 = $ la somme des moyens.

La progression étant exprimée par un nombre pair, il n'y a pas de terme moyen; mais 14 étant la moitié des termes moyens, et $\frac{1}{1}$ étant la moitié de la différence, l'on pourra établir la progression ainsi qu'il suit :

$$\frac{1}{1} - \frac{3}{1} + 14 - \frac{1}{1} + 14 + \frac{1}{1} + 14 + \frac{3}{1} = 56.$$

Comme au n° précédent, en ne carrant que les différences, on aura pour la somme de leurs carrés :

$$\frac{9^2}{1} + \frac{1^2}{1} + \frac{1^2}{1} + \frac{9^2}{1} = \frac{20}{1} \quad \frac{20^2}{1} + 784 = 864 \quad \frac{20^2}{1} = 8 \quad \frac{1^2}{1} = 4$$
$$\frac{1}{1} = \sqrt{4} = 2 = \text{ la demi différence.}$$

La progression est donc 8, 12, 16 et 20.

Si la progression était de 8, 10 ou 12 termes, le procédé serait le même; ainsi, que le nombre des termes soit pair ou impair, l'on peut toujours sans difficulté obtenir une solution directe.

Cette solution, de même que la précédente, ne nécessite pas l'emploi des facteurs correspondants; elle se rapporte à la théorie des équations numériques du 2ᵉ degré; ici je les ai mises en raison de l'analogie qu'elles ont avec celles qui nous occupent; elles font suite aux solutions des problèmes 1 à 49.

P. 181. — Quelle est la progression dont la différence est 5 et la somme des carrés des six termes 1699?

SOLUTION.

En opérant comme il a été indiqué ci-dessus, on aura pour la somme des carrés :

$$\frac{1}{1}^2 = \frac{1}{1}^2$$
$$\overline{\frac{1}{1}+5}^2 = \frac{1}{1}^2 + \frac{10}{1} + 5^2.$$
$$\overline{\frac{1}{1}+10}^2 = \frac{1}{1}^2 + \frac{20}{1} + 10^2.$$
$$\overline{\frac{1}{1}+15}^2 = \frac{1}{1}^2 + \frac{30}{1} + 15^2.$$
$$\overline{\frac{1}{1}+20}^2 = \frac{1}{1}^2 + \frac{40}{1} + 20^2.$$
$$\frac{1}{1}+25 = \frac{1}{1}^2 + \frac{50}{1} + 25^2.$$

Ainsi $\frac{6^2}{1} + \frac{150}{1} +$ la somme des carrés des différences successives donnent la somme des carrés de la progression.

Les éléments dont se compose la somme demandée des carrés étant connus, sans établir d'équation, en opérant directement sur les données de l'énoncé, il est facile d'obtenir la solution.

D'abord, pour établir la somme des carrés des différences, on établira celle des $6 - 1 = 5$, premiers nombres 1, 4, 9, 16 et 25 qui est 55.

Cette progression étant la 5ᵉ de la progression réelle, on aura $55 \times 5 \times 5 = 1375$ pour la somme des carrés de 5, 10, 15, 20, 25.

Pour obtenir la progression dont le premier terme et la différence sont 10, on établira la somme des 5 premiers nombres qui forment une progression dont le premier terme et la différence sont 1.

Cette somme est $\overline{5+1} \times 2\frac{1}{2} = 15$.

$15 \times 10 = 150 =$ la somme réelle de la progression cherchée ; on aura donc :

$$1° \quad \frac{6^2}{1} + \frac{180}{1} + 1375 = 1690.$$
$$2° \quad \frac{6^2}{1} + \frac{180}{1} = 324 = 1690 - 1375.$$
$$3° \quad \frac{1^2}{1} + \frac{2.5}{11} = 54 = 324 : 6.$$

D'où il résulte que la différence des extrêmes et leur produit sont 25 et 54.

$$1 \text{ et } 54$$
$$2 \text{ et } 27, \quad \text{différence } 25.$$

Les extrêmes sont 2 et 27, la somme est $29 \times 3 = 87$.

. Progression 2, 7, 12 . . . . 27, 6° terme.

P. 182. — Déterminer une progression de 10 termes telle que sa différence étant 4, la somme des carrés de ses termes soit 5730.

SOLUTION.

Ce problème est le même que le précédent ; en se rappelant ce qui vient d'être dit, on aura successivement :

1° La somme des carrés de 10 — 1 = 9; premier terme 285, qui multiplié par 4^2 donne 4560 pour la somme réelle des carrés des différences.

2° $\overline{9 \times 1} \times 4\frac{1}{2} = 45 =$ la somme d'une progression de 9 termes dont le premier et la différence sont l'unité, au lieu d'être 8.

$$45 \times 8 = 360.$$

Ainsi $\frac{10^2}{1} + \frac{360}{1} + 4560 = 5730$. (Voir le n° précédent.)

$$\frac{10^2}{1} + \frac{360}{1} = 1170$$
$$\frac{1^2}{1} + \frac{36}{1} = 117.$$

$$1 \text{ et } 117$$
$$3 \text{ et } 39, \quad \text{différence } 36.$$

Les extrêmes sont 3 et 39.

La somme $= 42 \times 5 = 210$.

Progression 3, 7, 11 . . . . . . 39, 10ᵉ terme.

P. 183. — La différence d'une progression est 3, et le produit des 4 termes dont elle se compose est 880.

Quelle est cette progression?

SOLUTION.

1 et 880	8 et 110
2 et 440	11 et 80
5 et 176	

Les nombres sont 2, 5, 8 et 11 compris dans la première colonne.

Le produit étant 3465 et la raison ou différence 4, on aurait :

1 et 3465	11 et 315
3 et 1155	15 et 231
7 et 495	

Les termes sont 3, 7, 11 et 15.

Les facteurs qui forment la progression sont faciles à établir; pour 880 on n'a pris pour diviseurs que des nombres ayant 3 pour différence.

Comme pour 3465 on n'a pris que des nombres dont la différence est 4.

Après 11, 14 n'est pas un des diviseurs de 880.

Après 15, 19 n'est pas un des diviseurs de 3465.

Ainsi l'on est bien sûr que les progressions trouvées sont bien celles qui remplissent les conditions.

Si l'on eût donné 18 pour la somme des moyens et 3465 pour le produit des termes, sans connaître leur nombre, les mêmes facteurs résoudraient la question.

$$- + 11 = 18, \text{ etc.}$$

Connaissant la somme 19 des deux plus grands termes et le produit 880, les facteurs 2, 5, 8 et 11 formeraient la progression, etc., etc.

Connaissant seulement le produit de 4 termes, les progressions seraient comme dessus, 2, 5, 8, 11 ou 3, 7, 11 et 15, suivant les produits.

P. 184. — Quelle est la progression dont la somme des termes est 160 et dont le nombre des termes est exprimé par le double de la différence?

SOLUTION.

$$1 \text{ et } 320 \ (\text{P. } 143).$$
$$4 \text{ et } \ 80$$
$$5 \text{ et } \ 64$$
$$8 \text{ et } \ 40$$
$$10 \text{ et } \ 32$$

Sans autre donnée, ce problème a deux solutions en nombres entiers; les différences peuvent être 2 ou 4 provenant des facteurs 4 et 80 et 8 et 40.

1° $2 \times \overline{4-1} = 6 \quad 80 - 6 = 74 \quad 74 : 2 = 37 =$ le 1er terme.

$80 - 37 = 43 =$ le 4e ou le dernier.

2° $4 \times \overline{8-1} = 28 \quad \dfrac{40-28}{2} = 6 =$ le 1er terme.

$40 - 6 = 34 =$ le 8e et dernier.

Après 8 et 40 il n'y a plus de solution possible.

Si le nombre des termes était triple de la différence et le produit des termes 171, on aurait :

1 et 342	9 et 38
3 et 114	18 et 19
6 et 57	

Deux solutions en nombres entiers; elles sont relatives aux facteurs **3 et 114 et 9 et 38.**

6 et 57,   18 et 19 donneraient des résultats fractionnaires.
Les différences sont 1 et 3.

$$1° \quad 1 \times \overline{3 - 1} = 2 \qquad \frac{114 - 2}{2} = 56 = \text{le 1}^{er} \text{ terme.}$$

Les 2ᵉ et 3ᵉ termes sont 57 et 58.

$$2° \quad 3 \times \overline{9 - 1} = 24 \qquad \frac{38 - 24}{2} = 7 = \text{le 1}^{er} \text{ terme.}$$

$$38 - 7 = 31 = \text{le 9}^e \text{ et dernier terme.}$$

P. 185. — Quelle est la progression par différence dont le produit des deux premiers termes est 45 et celui des deux derniers 957 ?

Les facteurs des deux produits donnés qui auront entre eux la même différence résoudront la question.

1 et 45	1 et 957
3 et 15	11 et 87
5 et 9, différence 4.	29 et 33 différence 4.

Le premier terme est 5, le dernier 33, la différence 4.
$33 - 5 = 28 \quad 28 : 4 = 7 \quad 7 \times 1 = 8 = $ le nombre des termes.
238 et 754 étant les produits, l'on aurait :

1 et 238	1 et 754
2 et 119	13 et 58
7 et 34	26 et 29
14 et 17	

Le 1ᵉʳ terme $= 14$, le dernier 29, la différence 3.
Le nombre des termes $= \dfrac{29 - 14}{3} + 1 = 6$, etc.

P. 186. — La somme d'une progression par différence est 168, et son dernier terme est 15 fois plus grand que le premier.

1 et 334	7 et 48
3 et 112	8 et 42
4 et 84	12 et 28
6 et 56	

L'on remarquera que l'un des facteurs étant 15 fois plus grand que l'autre, leur somme doit être divisible par 16.

Or il n'y a que 112 et 48 qui soient dans ce cas; donc il peut y avoir deux solutions, une progression de 3 et une de 7 termes.

1re 7, 56 et 105 $\dfrac{105 - 7}{3 - 1} = 49 =$ la différence.

2e 3, 10; 45, 7e terme, etc.

P. 187. — Une personne arrive à Paris avec une somme de 3390 fr.; le premier jour elle dépense 5 fr., et les jours suivants elle augmente d'une somme égale. Si l'augmentation successive eût été chaque jour moindre de 2 fr., son argent lui aurait duré trois jours de plus.

Après combien de jours la somme a-t-elle été dépensée?

SOLUTION.

En ne s'occupant que de la première partie de l'énoncé, il s'agit de déterminer la différence d'une progression dont on connaît la somme et le premier terme. Dans ce cas (P. 143) en déterminant les facteurs de 780, l'on aura les nombres des termes et les sommes des extrêmes.

1 et 780	
3 et 260	$(260 - 10) : 2 = 125 =$ la différence.
4 et 195	
5 et 156	$(156 - 10) : 4 = 36,50.$
6 et 130	$(130 - 10) : 5 = 24.$
10 et 78	
12 et 65	$(65 - 10) : 11 = 5.$
13 et 60	

$$15 \text{ et } 52 \quad (52 - 10) : 14 = 3.$$
$$20 \text{ et } 39$$
$$26 \text{ et } 30 \quad (30 - 10) : 25 = 0,80.$$

Sans la 2ᵉ condition il y aurait 6 solutions, l'augmentation progressive pourrait être 125, 36, 50, 24, 5 ou 3.

La somme aurait été dépensée en 3, 5, 6, 12, 15 ou 26 jours.

Mais par cette condition la solution est précisée, l'augmentation a été de 5 fr. et l'argent a duré 12 jours.

2 fr. de moins, l'argent eût duré 15 jours, et l'augmentation égale eût été de 3 fr. au lieu de 5.

Si l'augmentation successive eût été de 19 fr. de plus, il aurait mis moitié moins de jours à dépenser la somme.

Les facteurs 6 et 130 et 12 et 65 résolveraient la question.

Avec 19 fr. de plus l'argent n'aurait duré que $\dfrac{12}{2} = 6$ jours.

L'augmentation progressive étant moindre de 35,70, l'argent eût duré 21 jours de plus.

Les facteurs 5 et 156, 3 et 260 donneraient la solution.

L'augmentation est 36,50, et l'argent a duré 5 jours.

P. 188. — Un marchand achète plusieurs pièces de drap de différentes qualités; elles contiennent ensemble 137 mètres, les prix forment une progression par différence, et chaque pièce coûte 180 fr.

Déterminer :

1° Le prix d'un mètre de chaque qualité.

2° Combien il y a de pièces.

3° Combien chaque pièce contient de mètres.

SOLUTION.

1 et 180	6 et 30
2 et 90	9 et 20
3 et 60	10 et 18
4 et 45	12 et 15
5 et 36	

Les prix sont 3, 6, 9, 12 et 15 fr.
Il y a 5 pièces de drap.
Une de 60 mètres à 3 fr.
Une de 30 mètres à 6 fr.
Une de 20 mètres à 9 fr.
Une de 15 mètres à 12 fr.
Une de 12 mètres à 15 fr.
Total, 137 mètres.

Si tout restant le même l'on donnait la somme des prix 50 au lieu du nombre de mètres, les facteurs 5, 10, 15 et 20 donneraient les prix ; leurs correspondants 36, 18, 12 et 9 donneraient le contenu de chaque pièce.

Une pièce de 36 mètres à 5 fr.
Une pièce de 18 mètres à 10 fr.
Une pièce de 12 mètres à 15 fr.
Une pièce de 9 mètres à 20 fr.

P. 189. — Le produit de deux nombres est 13.824, et les chiffres dont se compose le plus grand forment dans l'ordre de sa numération une progression par différence de trois termes.
Quels sont ces nombres?

SOLUTION.

1 et 13824	8 et 1728
2 et 6912	9 et 1536
4 et 3456	12 et 1152
6 et 2304	16 et 864

Les facteurs sont 2 et 6912.
La progression est 6, 9, et 12.
Si le plus grand facteur formait une progression de 4 termes, 4 et 3456 donneraient pour la progression 3, 4, 5, 6.
Si la progression était décroissante, 16 et 864 donneraient la progression 8, 6, 4, etc.

P. 190. — Le produit de deux nombres est 39369, et les chiffres dont ils se composent forment une progression par différence dont le plus petit nombre est le dernier terme.

Quels sont ces nombres?

SOLUTION.

$$1 \text{ et } 39369$$
$$3 \text{ et } 13123$$
$$11 \text{ et } 3579$$

Progression 3, 5, 7, 9, et 11.

Si l'on disait que les chiffres dont se composent les deux facteurs de 5910 forment une progression par différence décroissante et que le plus petit de ces facteurs en est le 4e terme, on aurait :

1 et 5910	5 et 1182
2 et 2655	10 et 591

Facteurs 5 et 1182, progression, 11 8, 5 et 2.

Si le produit étant 321390 les chiffres des facteurs formaient une progression par différence ayant le plus petit facteur pour 4e terme, on aurait :

$$1 \text{ et } 321399$$
$$3 \text{ et } 107133$$
$$9 \text{ et } 35711$$

Progression 3, 5, 7, 9 et 11.

CHAPITRE V.

DES PROGRESSIONS PAR QUOTIENT.

P. 191. — Une progression par quotient est composée de 6 termes, et le produit de ses extrêmes est 512.

Quelle est-elle?

SOLUTION.

1 et 512	8 et 64
2 et 256	16 et 32
4 et 128	

La progression est 4 : 8 : 16 : 32 : 64 : 128.

Si l'on eût donné 10 termes, la progression serait :

$$1 : 2 : 3 \ldots \ldots \ldots 512. \quad 10^e \text{ terme.}$$

De 4 termes, elle serait 8 : 16 : 32 : 64.

Dans les trois cas le quotient ou la raison est 2.

Le produit des extrêmes étant 512 et le nombre des termes 8, pour déterminer la somme de la progression, l'on aurait (LXVII).

$$\frac{256 \times 2 - 2}{2 - 1} = 510.$$

La progression n'étant que de 4 termes, les extrêmes seraient 8 et 64 ; dans ce cas la somme serait :

$$\frac{\overline{64 \times 2} - 8}{2 - 1} = 120.$$

Le produit restant 152 et le nombre des termes 6, pour déterminer ce quotient ou la raison, l'on aurait :

4 et 128 pour les extrêmes, le nombre des termes étant 6.

Donc le quotient = 8 : 4 = 2, etc., etc.

P. 192. — Le terme moyen d'une progression par quotient de sept termes est 64.

Quelle est cette progression?

SOLUTION.

En déterminant les facteurs de 64^2 ou de 64×64, on aura d'une manière abrégée :

64 et 64	4 et 1024
32 et 128	2 et 2048
16 et 256	1 et 4096
8 et 512	

Puisque le terme moyen est 64, il ne peut être que le 4e terme, et il est précédé et suivi de 3 termes. Ainsi la progression est exactement 8 : 16 : . . . . . 512, 7e terme.

En opérant de cette manière sur la racine au lieu d'opérer sur le carré, l'on peut facilement ne déterminer que les facteurs qui sont nécessaires à la solution.

Si le nombre des termes n'était pas indiqué il y aurait 5 autres solutions :

Une de 3 termes.

Une de 5

Une de 9

Une de 11

Une de 13

P. 193. — Quatre nombres forment une progression par quotient dont la somme est 65 et le produit des moyens 216.

Déterminer ces nombres.

SOLUTION.

1 et 216	8 et 27
3 et 72	9 et 24
4 et 54	12 et 18
6 et 36	

Les facteurs 12 et 18 sont les moyens, 8 et 27 sont les extrêmes.

Progression 8 : 12 : 18 : 27 ; somme 65.

Si l'on donnait 216 pour le produit des moyens et 19 pour la différence des extrêmes, les extrêmes seraient 8 et 27, et les moyens 12 et 18.

Si l'on donnait 6 pour la différence des moyens ou 30 pour leur somme, le produit des extrêmes restant 216, la progression serait la même :

$$18 - 12 = 6 \quad 18 + 12 = 30, \text{ etc., etc.}$$

P. 194. — Quatre nombres qui augmentent successivement forment une progression par quotient dont la somme et le produit sont 30 et 1024.

Quelle est cette progression?

SOLUTION.

$$\sqrt{1024} = 32 \text{ (LXXVIII)}.$$

1 et 32
2 et 16
4 et 8

Les termes sont 2, 4, 8 et 16.

Si 32768 était le produit des six nombres en progression par quotient, l'on aurait :

$$\sqrt[3]{32768} = 32.$$

Dans ce cas la progression est forcément (LXXVIII) 1 : 2 : 4 : 8 : 16 : 32, etc.

Il suffit donc de connaître le produit des termes pour déterminer la progression, parce que les facteurs de la racine carrée ou cubique ou quatrième donnent forcément les termes de cette progression, suivant qu'elle est de 4, de 6 ou de 8 termes.

Si l'on donnait 11644 pour le produit des 4 termes d'une progression par quotient, l'on aurait :

$$\sqrt{11664} = 108 \qquad\qquad 4 \text{ et } 27$$
$$2 \text{ et } 54 \qquad\qquad 6 \text{ et } 18$$
$$3 \text{ et } 36 \qquad\qquad 9 \text{ et } 12$$

Les 4 termes de la progression seraient 2, 6, 18 et 54, etc., etc.

P. 195. — Trois nombres forment une progression dont le quotient est 2 et la somme 21.

Quels sont-ils?

SOLUTION.

$\frac{1}{1}$ étant le 1ᵉʳ terme, le 2ᵉ est $\frac{2}{1}$ et le 3ᵉ $\frac{4}{1}$.

Ainsi, $\frac{1}{1} + \frac{2}{1} + \frac{4}{1} = 21$. $\frac{7}{1} = 21$. $21 : 7 = 3 = \frac{1}{1}$.

Par la nature de la question la somme est représentée par le premier terme répété un certain nombre de fois.

Or, les facteurs de 21 sont :

$$1 \text{ et } 21$$
$$3 \text{ et } 7$$

Le premier terme peut donc être **1** ou **3**.

Ici le quotient étant connu, l'on voit que **3** est le 1ᵉʳ terme; alors $3 + 6 + 12 = 21$.

Si le 1ᵉʳ terme était 1, le 2ᵉ serait 2 et le 3ᵉ 4; la somme des trois serait 7 au lieu d'être 21.

$$21 : 7 = 3.$$

La progression dont la somme est 21 doit donc être trois fois plus grande, et elle l'est réellement.

$$3 : 6 : 12.$$

Ainsi le quotient de la progression augmenté de son carré et de l'unité est égal au quotient de la somme connue des trois termes par le plus petit; donc, dans tous les cas, en divisant la somme donnée par $\frac{1}{1}$ qui représente le plus petit terme, le quotient qu'on obtiendra sera égal au carré du quotient de la progression augmenté de sa racine et de l'unité.

5 étant le quotient de la progression et 31 la somme des trois termes, on aurait :

$$\overline{\tfrac{1}{1}+1}+\tfrac{1}{1}^{2}=31 \qquad \overline{\tfrac{1}{1}+1}\times\tfrac{1}{1}=31=5^{2}+5^{3}+1.$$

D'où il résulte qu'en divisant la somme d'une progression par quotient de 3 termes par $\frac{1}{1}$, l'on obtient le produit de deux facteurs dont la différence est 1 et dont le plus petit est le quotient.

Il suffit donc de connaître la somme des 3 termes consécutifs d'une progression par quotient pour déterminer cette progression.

La somme des 3 termes consécutifs étant 31 par exemple, on aurait :

<pre>
    1 et 31
        31 — 2 = 30
        2 et 15
        3 et 10
        5 et 6,   1ᵉʳ terme 1, quotient 5.
</pre>

Progression 1, 5, 25.

21 étant la somme :

<pre>
        1 et 21   21 — 1 = 20
        3 et 7   7 — 1 = 6

    1 et 20   1 et 6
    2 et 10   2 et 3
    4 et 5
</pre>

Deux progressions $(1 : 4 : 16)$ $(3 : 4 : 12)$.

52 étant la somme, on aurait :

<pre>
        1 et 52
        2 et 26   26 — 1 = 25.
        4 et 13   13 — 1 = 12.
</pre>

25 ne pouvant avoir deux facteurs avec 1 de différence, il n'y a qu'une solution :

$$1 \text{ et } 12$$
$$3 \text{ et } 4$$

4 est le plus petit des 3 termes.

3 est le quotient.

Progression 4, 12 et 36.

L'on n'admet que des solutions dont toutes les données sont exprimées en nombres entiers.

217 étant la somme d'une progression de 3 termes, on aurait :

$$1 \text{ et } 217$$
$$7 \text{ et } 31$$
$$31 - 1 = 30$$
$$5 \text{ et } 6$$

Le plus petit nombre est 7.

Le quotient est 5.

La progression est 7 : 35 et 175.

Si la somme des 3 termes moyens d'une progression de 7 termes était 21, les 3 termes connus ci-dessus seraient :

$$1 : 4 : 16 \text{ ou } 3 : 6 : 12.$$

Donc les 7 termes de la progression sont :

$$\tfrac{3}{4} : 1\tfrac{1}{2} : 3 : 6 : 12 : 24 : 48 \text{ ou } \tfrac{1}{16} : \tfrac{1}{4} : 1 : 4 : 16 : 64 : 256.$$

La progression n'étant que de 5 termes, elle serait :

$$1\tfrac{1}{2} : 3 : 6 : 12 : 24 \text{ ou } \tfrac{1}{4} : 1 : 4 : 16 : 64.$$

Si la progression étant de 7 termes la somme des 3 plus grands était 21, la progression serait :

$$\tfrac{3}{16} : \tfrac{3}{8} : \tfrac{3}{4} : 1\tfrac{1}{2} : 3 : 6 : 12 \text{ ou } \tfrac{1}{64} : \tfrac{1}{32} : \tfrac{1}{16} : \tfrac{1}{4} : 1 : 4 : 16.$$

Si la somme des 3 plus petits étant 21 le nombre des termes était 6, les progressions seraient :

$$3 : 6 : 12 : 24 : 48 : 96 \text{ ou } 1 : 4 : 16 : 64 : 256 : 1024.$$

P. 196. — Trois nombres forment une progression par quotient dont la somme des carrés est 189.

Quelle est cette progression ?

Cette question se rapporte aux trois précédentes et se résout d'après les mêmes principes ; sans autre démonstration, la suite des opérations indique suffisamment la marche à suivre.

$$1 \text{ et } 189$$
$$3 \text{ et } 63$$
$$9 \text{ et } 21$$
$$21 - 1 = 20$$
$$4 \text{ et } 5$$

$\sqrt{9} = 3 =$ le plus petit nombre.

$\sqrt{4} = 2 =$ le quotient.

Comme on le voit, la manière d'opérer est la même.

Le diviseur de la somme des carrés doit être un carré dont la racine est le plus petit des trois termes.

Le 2e diviseur doit être aussi un carré dont la racine est le quotient.

La somme des carrés étant 31899, on aura en déterminant les facteurs de cette somme :

$$1 \text{ et } 31899$$
$$7 \text{ et } 4557$$
$$49 \text{ et } 651$$
$$651 - 1 = 650$$
$$5 \text{ et } 130$$
$$25 \text{ et } 26$$

$\sqrt{49} = 7 =$ le plus petit terme.

$\sqrt{25} = 5 =$ le quotient.

Progression 7 : 35 : 175.
(Voir le n° précédent.)

Si l'on connaissait en outre le quotient 5 et la progression, l'on aurait par réciproque :

$$(5^2 + 1) \times 5^2 = 26 \times 25 = 650$$
$$650 + 1 = 651 ; \quad 31899 : 651 = 49.$$

$\sqrt{49} = 7 =$ le plus petit terme.

La progression est 7 : 35 : 175.

Le quotient étant 2 et la somme des carrés 189, l'on aurait :

$$(2^2 + 1) \times 2^2 = 20 \quad 20 + 1 = 21 \quad 189 : 21 = 9.$$

$\sqrt{9} = 3 =$ le premier terme.

La progression est 3 : 6 : 12, etc.

Si l'on donnait $1\frac{1}{2}$ pour le quotient et 133 pour la somme des carrés, ici le quotient étant exprimé par un nombre fractionnaire, on prendrait $\frac{4}{1}$ pour le plus petit terme ; par suite l'on aurait pour la progression :

$\frac{4}{1} : \frac{6}{1} : \frac{9}{1}$ dont la somme des carrés est $\frac{133}{1}$.

$$\frac{133}{1} = 133 \quad \frac{1}{1} = 1.$$

La progression est donc $1 \times 4 : 1 \times 6 : 1 \times 9 = 4, 6$ et 9, etc., etc.
(Voir les n^{os} suivants.)

P. 197. — Déterminer la somme des carrés d'une progression de 3 termes dont le 1er est 7 et le quotient 5.

SOLUTION.

Réciproque du précédent.

$$\overline{5^2 + 1} \times 5^2 = 650.$$

$(650 + 1) \times 7^2 = 651 \times 49 = 31899 =$ la somme demandée des carrés.

Si l'on donnait 3 pour le 1er terme et 7 pour le quotient, l'on aurait :

$1°\ \overline{7^2 + 1} \times 7^2 = 50 \times 49 = 2450.$

$2° \overline{2450 + 1} \times 3^2 = 2451 \times 9 = 22059 =$ la somme des carrés de la progression, etc.

P. 198. — Trois nombres forment une progression dont la somme est 684 et le quotient 7.

Quelle est cette progression?

SOLUTION.

Réciproque des deux nᵒˢ précédents.

$$7 \times \overline{7 + 1} = 7 \times 8 = 56.$$

$56 + 1 = 57 \quad 684 : 57 = 12 =$ le premier terme.

La progression est donc 12, 84 et 588.

Les données étant 217 et 5, on aurait :

$$5 \times \overline{5 + 1} = 30$$

$217 : \overline{30 + 1} = 7 =$ le premier terme.

La progression est 7, 35 et 175.

P. 199. — Trois nombres forment une progression par quotient dont la somme des cubes est 425277.

Quels sont-ils?

SOLUTION.

Suivant ce qui vient d'être dit pour les solutions précédentes, il suffit de prendre un diviseur qui puisse être trois fois facteur. Alors on aura :

1 et 425277

3 et 141759

9 et 47253

27 et 15751

$15751 - 1 = 15750$

5 et 3150

25 et 630

125 et 126

$\sqrt[3]{27} = 3 =$ le premier terme.

$\sqrt[3]{125} = 5 =$ le quotient

Les trois termes sont 3, 15 et 75.

Comme pour les carrés, il suffit de connaître la somme des cubes de 3 termes successifs d'une progression pour la déterminer en entier.

La manière d'opérer est semblable, les diviseurs doivent être des cubes et leurs racines respectives sont les plus petits nombres et le quotient.

(Voir les n^os suivants.)

P. 200. — Trois nombres forment une progression dont le quotient est 5 et la somme des cubes 425277.

Quels sont ces nombres?

SOLUTION.

Réciproque du problème précédent.

$$(5^3 + 1) \times 5^3 = 125 \times 126 = 15740.$$
$$425277 : 15750 + 1 = 27.$$

$\sqrt[3]{27} =$ le premier terme $= 3$.

La progression est 3 : 15 : 75.

P. 201. — Trois nombres forment une progression dont le quotient est 5 et le 1er terme 3.

Quelle est la somme de leurs cubes?

SOLUTION.

Réciproque des deux problèmes précédents.

$$5^3 \times 5^3 + 1 = 15750$$
$$\overline{15750 + 1} \times 3^3 = 425277 =$$ la somme des nombres.

P. 202. — Huit nombres sont tels que les quatre premiers qui sont les 4 plus petits forment une progression par quotient dont le produit du 8ᵉ par le 1ᵉʳ, du 7ᵉ par le 2ᵉ, du 6ᵉ par le 3ᵉ et du 5ᵉ par le 4ᵉ est 1512.

SOLUTION.

1 et 1512	12 et 126
2 et 756	14 et 108
3 et 504	18 et 84
4 et 378	21 et 72
6 et 252	24 et 63
7 et 216	27 et 56
8 et 189	28 et 54
9 et 168	36 et 42

Par la nature de la question, il suffit de déterminer les 4 premiers nombres qui forment une progression.

Ces 4 nombres trouvés, leurs correspondants donneront les 4 derniers.

Or, les 4 premiers peuvent être :

$$1° \quad 1 : 2 : 4 : 8.$$
$$2° \quad 3 : 6 : 12 : 24.$$
$$3° \quad 8 : 12 : 18 : 27.$$
$$4° \quad 1 : 3 : 9 : 27.$$

Les 4 derniers qui forment une nouvelle progression ayant le même quotient que la 1ʳᵉ sont donc :

$$1° \quad 189 : 378 : 756 : 1512.$$
$$2° \quad 63 : 126 : 252 : 504.$$
$$3° \quad 56 : 84 : 126 : 189.$$
$$4° \quad 56 : 168 : 504 : 1510.$$

Ce qui donne, en admettant l'unité pour l'un des termes, quatre solutions en nombres entiers.

P. 203. — Quelle est la progression par quotient de 4 termes dont la somme des termes de rang pair est 210 et celle de rang impair 70 ?

SOLUTION.

$210 : 70 = 3 =$ le quotient (LXXIX).

Le plus grand nombre étant $\frac{1}{1}$, les autres sont $\frac{3}{1}$; $\frac{9}{1}$ et $\frac{27}{1}$; par suite $\frac{1}{1} + \frac{3}{1} = 70$ $\frac{9}{1} + \frac{27}{1} = 210$.

$\frac{1}{1}$ ou le premier terme $= 7$.

La progression est donc $7 : 21 : 63 : 189$.

Si la progression était de 9 termes, que la somme des termes de rang impair fût $511\frac{1}{2}$ et celle des termes de rang pair 255, on aurait pour la progression :

$$511\frac{1}{2} : 255 = 2 \text{ et il reste } 1\frac{1}{2}.$$

Le premier terme est $1\frac{1}{2}$, le quotient est 2.

La progression est $1\frac{1}{2} : 3$, etc., le 9ᵉ terme est 384.

P. 204. — La somme des termes de rang pair d'une progression par quotient de 6 termes est 126, celle des termes de rang impair est 63.

Quelle est cette progression?

SOLUTION.

$126 : 63 = 2 =$ (LXIX) le quotient.

La progression est $\frac{1}{1} : \frac{2}{1} : \frac{4}{1} : \frac{8}{1} : \frac{16}{1} : \frac{32}{1}$.

$\frac{1}{1} + \frac{4}{1} + \frac{16}{1} = \frac{21}{1} = 63$; $\frac{1}{1} = 3 =$ le premier terme.

La progression est $3 : 6$, etc., le 6ᵉ terme est 96.

La progression étant de 8 termes, la somme de rang pair étant $127\frac{1}{2}$, celle de rang impair 255, on aurait :

$$255 : 127\frac{1}{2} = 2$$
$$\frac{1}{1} + \frac{4}{1} + \frac{16}{1} + \frac{64}{1} = \frac{85}{1} = 127; \quad \frac{1}{1} = 1\frac{1}{2}.$$

Progression $1\frac{1}{2}$, 3, etc., le 8ᵉ terme est 192.

La progression étant de 5 termes, la somme de rang impair 63, celle de rang pair 30, on aura :

$63 : 30 = 2$, et il reste 3 qui représente le premier terme.

La progression $= 3 : 6 : 12 : 24 : 48$, etc.

CHAPITRE VI.

SOMMATION DES PUISSANCES.

P. 205. — Déterminer la somme de 100 nombres établis dans leur ordre naturel à partir de l'unité.

SOLUTION.

$$100 + 1 \times \frac{100}{2} = 101 \times 50 = 5050 = \text{la somme demandée} =$$

la somme d'une progression dont le 1er terme et la différence sont 1 et le nombre des termes 100 (LXI), etc., etc.

La somme des 37 premiers nombres $= \dfrac{37+1}{2} \times 37 = 703$;

pour éviter les fractions l'on a substitué $\dfrac{37+1}{2} \times 37$ à $\dfrac{37}{2} \times 37 + 1$.

Pour la somme des 50 premiers nombres *impairs*, on aurait, suivant la théorie des progressions, en considérant que le dernier terme de la progression est 99 :

$$99 + 1 \times \frac{50}{2} = 100 \times 25 = \text{par transposition } 50 \times 50 = 2500$$

$=$ la somme demandée (XLV).

Les sommes des 11, 13, 15, etc., etc., premiers termes sont 121, 169, 225, etc., etc.; celle des trois premiers est 9.

Pour la somme des 60 premiers nombres *pairs*, on aurait, suivant les mêmes principes, considérant que 120 est le 60e terme :

$$120 + 2 \times \frac{60}{2} = 122 \times 30 = 61 \times 60 = 3660 = \text{la somme des}$$

60 premiers nombres pairs.

Celle des 60 premiers nombres serait $61 \times \dfrac{60}{2} = 61 \times 30 =$ 1830. On voit que la même formule résout deux cas différents.

La somme des 12 premiers nombres $= 12 + 1 \times 6 = 78$.

Celle d'une suite double (2, 4, 6, etc.,) $= 78 \times 2 = 156$.

Celle d'une suite triple (3, 6, 9, etc.,) $= 78 \times 3 = 224$.

Celle d'une suite décuple (5, 10, 15, etc.,) $= 78 \times 10 = 780$.

P. 206. — Combien faut-il de nombres établis dans leur ordre naturel à partir de 1 pour que leur somme soit 703 ?

SOLUTION.

Réciproque du problème précédent.

L'on peut changer l'énoncé et dire : Déterminer le plus petit de deux facteurs de 1406 dont la différence est 1. Dans ce cas l'on aura :

$$\sqrt{1^2 + 1406 \times 4} = \sqrt{5625} = 75 = \text{la somme des deux facteurs}$$

dont le plus petit est $\dfrac{75 - 1}{2} = 37$.

Ainsi il faut 37 nombres, etc.

Si l'on donnait 91 au lieu 703, l'on aurait 1 et 182 pour la différence et le produit. Par suite :

$$\sqrt{1^2 = 182 \times 4} = \sqrt{729} = 27.$$

$$\dfrac{27 - 1}{25} = 13 = \text{le plus petit facteur, etc.}$$

Ainsi il faut les 13 premiers nombres pour que leur somme soit 91.

L'on voit que dans tous les cas le double de la somme donnée étant considéré comme un produit, le plus petit de ses deux facteurs dont la différence est exprimée par l'unité, indique combien il faut de nombres, ou, par une autre analogie, en déterminant la racine du plus grand carré contenu dans la

somme, on obtiendra le nombre des termes et le reste de l'extraction sera ce même nombre.

$$\sqrt{5050 \times 2} = 100 \text{ et il reste } 100.$$
$$\sqrt{703 \times 2} = 37 \quad — \quad 7.$$
$$\sqrt{666 \times 2} = 36 \quad — \quad 6.$$
$$\sqrt{78 \times 2} = 12 \quad — \quad 12.$$

Les restes ou les racines donnent les nombres des termes.

Pour les nombres pairs la solution serait la même.

La somme donnée, au lieu de son double, est le produit de
deux facteurs dont la différence est l'unité.

Pour 1406, somme d'une suite de nombre pairs, on aurait
immédiatement :

$$\sqrt{1^2 + 1406 \times 4} = \sqrt{5625} = 75$$

$$\frac{75 - 1}{2} = 37 = \text{le nombre des termes dont la somme est } 1406.$$

Ainsi, en doublant la somme des 37 premiers nombres, on a
celle des 37 premiers nombres pairs, et réciproquement, en divisant par 2 la somme des nombre pairs, etc., etc.

Pour les nombres impairs, la racine carrée de la somme donnée
indique exactement de combien de nombres la suite est composée.

Pour les sommes 169, 144. 49, etc., on aura :

$$\sqrt{169} = 13 \quad \sqrt{144} = 12 \quad \sqrt{49} = 7.$$

Les suites relatives se composent de 13, 12 ou 7 nombres, etc.

P. 207. — Déterminer la somme des 6 premiers carrés établis
dans leur ordre naturel.

SOLUTION.

$$\frac{6 \times 6\frac{1}{2} \times 7}{3} = 2 \times 6\frac{1}{2} \times 7 = 13 \times 7 = 91 = \text{la somme des } 6$$

premiers carrés (XLIX).

On voit que $6 \times 6\frac{1}{2} \times 7 = \frac{?}{1}$ ou trois fois la somme demandée.

En faisant disparaître la fraction, $6 \times 7 \times 43 = \frac{u}{1}$.

Formule déjà indiquée (XLIX).

Cette dernière équation donnera le moyen de déterminer directement le nombre des carrés lorsqu'on connaît leur somme, question inverse de celle-ci, et qui par sa nature est plus difficile à résoudre.

(Voir les n^{os} suivants.)

P. 207 *bis.* — Combien faut-il de nombres carrés dans leur ordre naturel à partir de 1^2 pour que leur somme soit 91 ?

SOLUTION.

Réciproque du n° précédent.

En prenant l'équation $7 \times 6 \times 13 = \frac{6}{1}$, l'on pourrait, en changeant l'énoncé, dire : Le plus grand de trois facteurs est égal à la somme des deux plus petits dont la différence est 1 et leur produit est $91 \times 6 = 156$.

1 et 156	7 et 91
6 et 91	13 et 42

Les facteurs sont 7, 6 et 13.

Ainsi il faut six nombres carrés à partir de 1 pour que leur somme soit 91.

Si 819 était la somme, on aurait :

1 et $819 \times 6 = 4914$.

1 et 4914	13 et 378
6 et 819	14 et 352
7 et 704	27 et 182

Les trois facteurs sont 13, 14 et 27.

13 indique le nombre des carrés dont la somme est 819.

Pour que 6 et 7 dont la somme est 13 puissent convenir, il faudrait que leur produit 42 fût le correspondant de 13, ce qui n'est pas : donc, etc.. etc.

En reprenant les deux équations $\dfrac{6 \times 6\frac{1}{2} \times 7}{3} = 91$ et

$\dfrac{13 \times 13\frac{1}{2} \times 14}{3} = 819$, l'on remarquera que les différences des

trois termes sont telles que leur produit ne peut être qu'entre

$\frac{1}{1}^3$ et $\overline{\frac{1}{1}+1}^3$. Ainsi, quelle que soit la somme donnée des carrés,
la racine du plus grand cube contenu dans son triple indique le
nombre qui exprime de combien de carrés la suite est composée.

Les sommes étant respectivement 819, 140 et 1240, etc., on
aurait :

1° $\sqrt[3]{819 \times 3} = 13$, et il reste 260.

2° $\sqrt[3]{140 \times 3} = 7 \quad - \quad 77$.

3° $\sqrt[3]{1240 \times 3} = 15 \quad - \quad 345$.

Ici que les sommes des carrés sont exactes, les restes sont les
différences qui existent entre $\frac{1}{1}^3$ et $(\frac{1}{1} \times \frac{1}{1} + \frac{1}{2} \times \frac{1}{1} + 1)$; il faut
donc ou 13 ou 7 ou 15 carrés successifs, etc., etc.

Si l'on demandait combien il faut de carrés dans l'ordre naturel
à partir de 1^2 pour que leur somme soit le plus près possible
de 136, nombre pris arbitrairement, on aurait :

$$\sqrt{136} = 7, \text{ et il reste } 65.$$

Pour s'assurer de la valeur des 7 premiers carrés, on aurait :

$$\dfrac{7 \times 7\frac{1}{2} \times 8}{3} = 56 \times 2\frac{1}{2} = 140.$$

Pour les 7 premiers carrés il faudrait ajouter 4.
Pour les 6 premiers il faudrait retrancher 45.

P. 208. — Déterminer la somme des cubes des 10 premiers
nombres.

SOLUTION.

La somme des 10 premiers nombres $= 11 \times 5 = 55$.

$55^2 = 3025 =$ la somme demandée des 10 premiers cubes (LI).

La somme des 13 ou des 24 premiers cubes est :

$$1^\circ \ \overline{13 + 1 \times 6\tfrac{1}{2}}^2 = 91^2 = 8281.$$

$$2^\circ \ \overline{25 \times 12}^2 = 300^2 = 90000, \text{ etc., etc.}$$

P. 209. Six nombres forment une progression dont le premier terme et la différence sont 7 et 1.

Quelle est la somme de leurs cubes?

SOLUTION.

La suite des nombres ou des racines est de 7 à 12.

La somme des 12 premiers cubes $= \overline{13 \times 6}^2 = 78^2 = 6084.$

Celle des 6 premiers $= \overline{7 \times 3}^2 = 441.$

$6084 - 441 = 5643 =$ la somme demandée, etc., etc.

P. 210. Combien faut-il de nombres dans leur ordre naturel à partir de l'unité pour que la somme de leurs cubes soit 2881?

SOLUTION.

$\sqrt{2881} = 91 =$ la somme des racines.

Réciproque des deux problèmes précédents.

$\sqrt{91 \times 2} = 13$, et il reste 13; donc il faut les 13 premiers cubes.

Les facteurs correspondants donneraient :

$$1 \text{ et } 91 \times 2 = 182 \quad \text{ou} \quad 1 \text{ et } 91$$
$$2 \text{ et } 91 \qquad\qquad - \quad 7 \text{ et } 13 \quad \overline{7 \times 2} - 1 = 13, \text{ etc.}$$
$$13 \text{ et } 14, \quad \text{différence } 1.$$

Dans les deux cas le facteur **13** donne le nombre des cubes.

P. 211. — Quelle est la somme des carrés des 6 premiers nombres impairs?

SOLUTION.

Le plus grand des 6 nombres est 11.

$$\frac{11 \times 12 \times 13}{6} = 22 \times 13 = 286 = \text{la somme demandée des 6}$$

premiers carrés (XLIX).

La somme des 17 premiers carrés impairs $= \dfrac{33 \times 34 \times 35}{6} =$

$11 \times 17 \times 35 = 645$.

P. 212. — Déterminer la somme des carrés des 6 premiers nombres pairs.

SOLUTION.

Le plus grand des 6 nombres est 12.

$$\frac{12 \times 13 \times 14}{6} = 26 \times 14 = 364 = \text{la somme demandée (XLIX}$$

et L).

$364 : 4 = 91 =$ la somme des 6 premiers carrés.

L'on voit que la même formule résout les deux cas.

$$\frac{12 \times 13 \times 14}{6} = 364 = \text{la somme des 6 premiers carrés pairs.}$$

$$\frac{12 \times 13 \times 14}{24} = 91 = \text{celle des 6 premiers carrés.}$$

Si maintenant l'on demandait la somme des carrés des 34 premiers nombres, il suffirait d'ajouter la somme des 17 carrés impairs à celle des 17 carrés pairs; dans ce cas l'on aurait :

$$6545 + 7140 = 13685.$$

En effet,

$$\frac{34 \times 34\frac{1}{2} \times 35}{3} = 34 \times 11\frac{1}{2} \times 35 = 13684.$$

(Voir les n⁰ˢ précédents.)

P. 213.— Quelle est la somme des 6 premiers cubes impairs?

SOLUTION.

La somme des 6 premiers nombres impairs $= 6^2 \times 36$.

La somme de leurs cubes $= 36 \times \overline{36 \times 2} - 1 = 2556$.

Celle des 17 premiers cubes $= 17^2 \times \overline{17^2 \times 2} - 1 = 289 \times 577 = 166733$.

Celle des 7 premiers cubes impairs serait :

$$49 \times \overline{98 - 1} = 49 \times 97 = 4753 \text{ (LIII)}.$$

Si l'on demandait la somme des 34 premiers cubes, il suffirait d'ajouter la somme des 17 premiers cubes impairs à celle des 17 premiers cubes pairs; alors on aurait :

$$166733 + 187272 = 354025.$$

En effet $35 \times 17^2 = 354025$. (Voir le n° suivant).

P. 214. — Combien faut-il de cubes pairs établis dans leur ordre naturel à partir de 8, cube de 2, pour que leur somme soit 3528 ?

SOLUTION.

Réciproque des deux problèmes précédents.

L'on peut considérer la somme 3528 comme le produit de deux facteurs dont l'un est le double de l'autre et dont le plus petit est égal à la somme de leurs racines.

$$\frac{1}{1} \times \frac{2}{1} = \frac{2}{1}{}^2 = 3528 \qquad \frac{1}{1}{}^2 = 1764 \text{ (LII)}.$$

$\sqrt{1764} = 42 =$ la somme des racines ; par suite :

1 et 42

2 et 21

6 et 7, différence 1.

Il faut 6 cubes pairs, etc.

La somme étant 187272, on aurait d'abord :

$$\sqrt{187272 \cdot 2} = 306.$$

1 et 306
9 et   36
18 et   17,   différence 1.

Il faut **17** cubes pairs.

P. 215. — Combien faut-il de cubes impairs à partir de 1 pour que leur somme soit 2556?

SOLUTION.

Réciproque du (P. 213).

$$\tfrac{s}{i} \times \overline{\tfrac{s}{i} - 1} = 2556 \qquad \overline{\tfrac{s}{i} - 1} \times \tfrac{s}{i} = 2556.$$

Or (LIII) $\tfrac{s}{i}$ est le carré du nombre des cubes ; donc en prenant pour diviseur un carré, l'on aura :

1 et 2556
6 et   426
36 et   71 $36 \times 2 - 1 = 71.$

$\sqrt{36} = 6$; il faut donc 6 cubes.
La somme donnée des cubes étant 4753, on aurait :

1 et 4753
7 et   679
49 et   97 $\sqrt{49} = 7$; il faut donc 7 cubes.

L'on voit que dans tous les cas, la somme exacte d'une suite de cubes impairs à partir de 1 est forcément divisible par le carré du nombre qui indique de combien de cubes cette suite est composée.

Pour les sommes 153 et 8128, on aurait :

1° 1 et 153
3 et   51
9 et   17 $9 \times 2 - 1 = 17.$

$$2^o \quad 1 \text{ et } 8128$$
$$4 \text{ et } 2032$$
$$8 \text{ et } 1016$$

$$64 \text{ et } 127 \quad \overline{64 \times 2} - 1 = 127.$$

Il faut les 3 premiers cubes pour 153 et les 8 premiers pour 8128.

P. 216. — L'un des côtés d'une pile à base carrée contient 25 boulets.

Combien la pile complète en contient-elle?

SOLUTION.

Les piles de boulets ont ordinairement pour base un carré, un rectangle ou carré long ou un triangle équilatéral à trois côtés égaux.

Ici la base étant un carré long, la pile se compose d'une suite de carrés dont la différence des racines est 1. Ainsi tout ce qui a été dit précédemment pour la formation des carrés peut s'appliquer à cette solution; il s'agit donc de déterminer la somme des 25 premiers carrés. Voir (P. 207).

$$1^o \quad \frac{25 \times 26 \times 51}{6} = 25 \times 13 \times 17 = 5525.$$

ou

$$2^o \quad \frac{25 \times 25\frac{1}{2} \times 26}{3} = 25 \times 8\frac{1}{2} \times 26 = 5525.$$

La pile contient 5525 boulets.

P. 217. — Le côté de la base contient 12 boulets, combien en restera-t-il lorsqu'on aura retranché de la pile complète les quatre rangées supérieures ?

SOLUTION.

La pile contiendrait :

$$12 \times 12\tfrac{1}{2} \times 13 = 650 \text{ boulets.}$$
$$4 \times 4\tfrac{1}{2} \times 5 = 4 \times 1\tfrac{1}{2} \times 5 = 30.$$

Il restera $650 - 30 = 620$ boulets.

P. 218. — Sur une pile carrée dont le côté de la base est 17, il ne reste plus que 7 rangées et 10 boulets.

Combien en a-t-on pris?

SOLUTION.

$17 \times 17\tfrac{1}{2} \times 6 = 1785 =$ le complet de la pile.
On en a retiré 10 rangées moins 10.

$$10 \times 3\tfrac{1}{2} \times 11 = 35 \times 11 = 385; \quad 385 - 10 = 375.$$

Il reste $1785 - 375 = 1410$ boulets.

P. 219. — Les deux côtés de la base d'une pile rectangle contiennent 10 et 7 boulets.

Combien y en a-t-il dans la pile?

SOLUTION.

En opérant d'abord sur la pile carrée qui a **7** pour base, on aura pour son contenu :

$$7 \times 1\tfrac{1}{2} \times 8 = 140$$

En ajoutant ensuite **3** fois le contenu de la face triangulaire $(10 + 7) \times 3$, on aura :

$$\frac{\overline{7 + 1} \times 7 \times 3}{2} = 84; \quad 140 + 84 = 234 = \text{le contenu de la pile.}$$

L'on voit que la face triangulaire représente la somme des racines des 7 premiers carrés ou des 7 premiers nombres.

Les côtés étant 11 et 19, leur différence $= 8$; on aurait :

$$\frac{11 \times 11\frac{1}{2} \times 12}{3} = 46 \times 11 = 506$$

$$\frac{11 \times 12}{2} \times 8 = 66 \times 8 \qquad = 528$$

Contenu de la pile   1834 boulets

Ainsi, en ajoutant à la somme des carrés la somme des racines répétées autant de fois qu'il y a d'unités dans la différence des côtés, le total donne le contenu de la pile.

Les côtés étant 17 et 8 dont la différence est 9, on aurait :

$$1^{\text{o}} \quad 8 \times 8\frac{1}{2} + 3 = 204$$

$$2^{\text{o}} \quad \frac{8 \times 9}{2} \times 9 \quad = 324$$

Total des boulets   528.

De toutes les manières d'évaluer une pile rectangle, celle-ci est la plus simple et la plus facile ; cependant, en réunissant les opérations, l'on peut établir en principe que des trois facteurs qui produisent le sextuple des boulets ;

1° Le 1ᵉʳ est le plus petit côté ;

2° Le 2ᵉ est ce même côté augmenté d'un ;

3° Le 3ᵉ est le double plus un du plus grand côté augmenté de la différence qui existe entre lui et le plus petit.

Pour 8 et 17 dont la différence est 9, les trois facteurs seraient :

$$8. \quad (8 + 1) \text{ et } (34 + 1 + 9) = 8, 9 \text{ et } 44.$$

Ainsi $\frac{1}{1}$ étant la somme des boulets :

$$\frac{8 \times 9 \times 44}{6} = \frac{1}{1} = 4 \times 3 \times 44 = 528.$$

Les côtés étant 17 et 23 dont la différence est 6, on aurait :

$$\frac{17 \times 18 \times \overline{46 + 1} + 6}{6} = 17 \times 3 \times 53 = 2703.$$

La pile contient donc 2703 boulets.

P. 220. — On a 1200 boulets dont on veut faire une pile rectangle de manière que le plus petit côté de la base soit **10**.

Combien y aura-t-il de boulets dans le plus grand côté?

SOLUTION.

$$\frac{10 \times 10\frac{1}{2} \times 11}{3} = 35 \times 11 = 385 = \text{le contenu de la pile carrée}$$

qui a **10** pour base.

1200 — **385** = **815** = le total des boulets contenus dans les faces triangulaires.

$$815 : \overline{10 + 1} \times 5 = 815 : 55 = 14 \text{ et il reste } 45.$$

Ainsi il y aura **10** boulets de moins dans l'une des faces triangulaires, et l'arête supérieure aura **15** boulets au lieu de **16** qu'elle aurait si la pile était complète.

Les côtés étant **10** et **25** il faudrait 1210 boulets; pour **10** et **26** il n'en faudrait que 1155.

P. 221. — L'un des côtés de la base d'une pile triangulaire contient **12** boulets.

Combien y en a-t-il dans la pile complète?

SOLUTION.

$$\frac{12 \times 13}{2} = 6 \times 3 = 78 = \text{le nombre de boulets contenus dans}$$

l'une des faces.

$$\frac{12 - 1}{3} + 1 = 4\frac{2}{3} \qquad 87 \times 4\frac{2}{3} = 564 = \text{le nombre de boulets}$$

demandé.

Les côtés donnés de la base étant **13**, on aurait pour l'expression entière de la valeur de $\frac{3}{1}$:

$$13 \times 14 \times \frac{13 - 1}{3} + 1.$$

Les déductions successives donneraient :

$$1^o \quad 13 \times 14 \times \frac{13 - 1}{3} + 1 = \frac{2}{1}.$$

$$2^o \quad 13 \times 14 \times 13 - 1 + 3 = \frac{6}{1}.$$

$$3^o \quad 13 \times 14 \times 15 \qquad\qquad = \frac{6}{1},$$

32

D'où il résulte que les trois facteurs du nombre qui représente 6 fois la somme des boulets contenus dans une pile complète triangulaire forment une progression dont la différence est 1 et dont le plus petit est le côté donné.

Or, comme les divisions par 2, par 3 ou par 6 peuvent toujours avoir lieu sur l'un ou sur l'autre des facteurs, l'on peut toujours réduire avant la multiplication et n'avoir au produit que la somme demandée de la pile.

Pour le côté donné 13 la réduction donnerait :

$13 \times 7 \times 5 = 13 \times 35 = 455 =$ le total des boulets contenus dans la pile.

Ce total est aussi celui des 7 premiers carrés impairs.

Le côté de la base étant 17, l'on aurait :

$$\frac{19 \times 18 \times 17}{6} = 17 \times 3 \times 19 = 51 \times 19 = 969 =$$ le total des boulets contenus dans la pile, et aussi la somme des 9 premiers carrés impairs.

Le côté donné de la base étant 18, l'on aurait :

$$\frac{18 \times 19 \times 20}{6} = 57 \times 20 = 1140 =$$ le nombre des boulets et la somme des 9 premiers carrés pairs.

Si l'on demandait à connaitre la somme des 13 premiers carrés impairs ou celle de 15 premiers carrés pairs, l'on aurait les mêmes résultats qui si l'on demandait combien une pile triangulaire contient de boulets, sachant que le côté de sa base contient 25 ou 30 boulets, etc.

$$1° \quad \frac{25 \times 26 \times 27}{6} = 25 \times 13 \times 9 = \frac{1}{1} = 2927.$$

$$2° \quad \frac{30 \times 31 \times 32}{6} = 5 \times 31 \times 32 = \frac{1}{1} = 4960.$$

Ainsi la somme des 13 premiers carrés impairs est 2927 comme celle des boulets contenus dans une pile triangulaire dont le côté de la base est 30.

P. 222. — Quel est le côté de la base d'une pile qui contient au complet 819 boulets?

SOLUTION.

Suivant ce qui a été dit pour les problèmes précédents, ici il s'agit de déterminer combien il y faut de carrés dans leur ordre naturel pour que la somme soit 819.

$$819 \times 6 = 4914.$$

6 et 819	14 et 35
7 et 705	27 et 182
13 et 378	

Les trois facteurs sont 13, 14 et 27, le côté est 13.

La pile étant composée de 506 boulets, on aurait :

$$506 \times 6 = 3036.$$

6 et 506	12 et 231
11 et 276	23 et 132

Le côté est 11.

Pour preuve (P. 220).

$$\frac{11 \times 11\frac{1}{2} \times 12}{3} = \frac{1}{1} \quad 11 \times 11\frac{1}{2} \times 4 = 46 \times 11 = 506$$

$$\left(\frac{13 \times 13\frac{1}{2} \times 14}{3}\right) = \frac{1}{1} \quad 13 \times 4\frac{1}{2} \times 14 = 63 \times 13 = 819.$$

L'on remarquera que les facteurs 6 et 7 du produit 819, dont la somme 13 se trouve dans la même colonne, ne peuvent convenir, car leur produit 42 ne se trouve pas parmi les autres facteurs, etc.

P. 223. — On a 500 boulets dont on veut faire une pile quadrangulaire à base carrée.

Combien devra-t-on mettre de boulets dans chaque côté?

SOLUTION.

Le nombre donné n'étant pas le nombre exact que contiendra la pile, on devra extraire la racine cubique ; alors on aura :

$$\sqrt[3]{1500} = 11 \text{ et il reste } 169.$$

$$\frac{11 + 11\frac{1}{2} \times 12}{3} = 506.$$

Donc en mettant 11 boulets sur chaque côté il en manquera 6 pour compléter la pile, qui dans ce cas n'aura que 8 rangées complètes, et la 9ᵉ n'aura que 8 boulets au lieu de 9.

Si l'on avait 1200 au lieu de 500, l'on aurait :

$$\sqrt[3]{3600} = 15,\ \text{etc.}$$

$$\frac{15 \times 15\tfrac{1}{2} \times 16}{3} = 5 \times 15\tfrac{1}{2} \times 16 = 1240.$$

Ainsi en mettant 15 boulets de chaque côté il en manquerait 40, la 11ᵉ rangée n'aurait que 26 boulets au lieu de 36. En en mettant 14 il en resterait 85 ; en en mettant 2 de plus sur l'un des côtés il en manquerait 5, et l'on aurait une base rectangle dont les côtés seraient 16 et 14.

P. 224. — Une pile triangulaire contient 560 boulets. Quel est le côté de sa base?

SOLUTION.

Réciproque du problème (P. 221).

$$540 \times 6 = 3360.$$

6 et 560	15 et 214
7 et 480	16 et 20
14 et 240	

Les côtés de la base sont 14.

$$\frac{14 \times 15 \times 16}{6} = 14 \times 5 \times 8 = 560.$$

P. 225. — On a 500 boulets dont on veut faire une pile triangulaire.

Combien faudra-t-il mettre de boulets aux côtés de base?

SOLUTION.

Ici comme on l'a vu précédemment le produit des trois facteurs ne peut être qu'entre $\frac{l^3}{1}$ et $\overline{\frac{l}{1} + 1}^3$.

La racine du plus grand cube contenu dans 500 est 14.

$$\frac{14 \times 15 \times 16}{5} = 560.$$

La base étant 14 il manquerait 60 boulets.

En n'en mettant que 13 il en resterait 15, etc.

P. 226. — Un espion s'est introduit dans une forteresse, il a noté le nombre de piles de projectiles renfermées dans le parc d'artillerie, et pour chaque pile le nombre de boulets des côtés de la base.

1° Six piles quadrangulaires à base rectangle dont les côtés contenaient 7 et 14 boulets de 24.

2° Une pile quadrangulaire tronquée dont la base supérieure avait 6 et 9 et la base inférieure 18 et 12.

3° Une pile quadrangulaire à base carrée dont le côté était de 10 bombes.

4° Une pile triangulaire d'obus dont les côtés de la base supérieure et inférieure étaient 6 et 10.

Combien y avait-il de boulets de 24, de 36, de bombes et d'obus?

Ritt, Problèmes d'algèbre.

SOLUTION.

$$1° \quad \frac{7 \times 7\frac{1}{2} \times 8}{3} = 7 \times 20 = \qquad 140$$

$$\frac{7 + 1 \times 7}{2} \times 15 - 7 = 28 \times 8 = 224$$

$$\text{Contenu de la pile.} \ldots \ldots \quad \overline{364 \times 6} = 2184$$

$$2° \quad \frac{12 \times 12\frac{1}{2} \times 13}{3} = 50 \times 13 \qquad = 650$$

$$\frac{12 + 1 \times 12}{2} \times 6 \qquad = 468$$

$$\text{Pile complète} \qquad \overline{1118}$$

$$\text{Pour 5 rangées qui manquent} \qquad 100 : \text{reste} \quad 1018$$

$$5 \times \tfrac{1}{2} \times 6 = 11 \times 5 = 55$$

$$\frac{5 + 1 \times 5}{2} \times 3 = 15 \times 3 = 45$$

$$3° \quad 10 \times 10\frac{1}{2} \times 11 = 35 \times 11 \qquad = \qquad 385$$

$$4° \quad 10 \times 11 \times 12 = 110 \times 2 \qquad = 220$$

Pour les 5 rangées qui manquent

$$\frac{5\times 6\times 7}{6}=5\times 7\qquad =\quad 35$$

Reste   185   185

Donc il y a :

1° Boulets de 24   2184
2° — 36   1018
3° Bombes   385
4° Obus   185

(Voir les nᵒˢ précédents.)

CHAPITRE VII.

DES TRIANGLES RECTANGLES EN NOMBRES.

P. 227. – Déterminer en nombres entiers et positifs trois nombres tels que la somme des carrés des deux plus petits soit égale au carré du plus grand.

SOLUTION.

Par les procédés algébriques l'on pourrait bien établir l'équation qui a rapport à cet énoncé; en prenant $x\ y\ z$ pour les trois nombres ou racines, on aura $x^2 + y^2 = z^2$ qui par transposition devient $= $ à $z^2 - y^2 = x^2$ ou $z^2 - x^2 = y^2$, c'est-à-dire que z^2 est la somme des deux autres carrés, tandis que x^2 et y^2 peuvent en être les différences.

Tous les auteurs tant anciens que modernes ont établi des formules plus ou moins compliquées, et ont indiqué divers procédés, pour résoudre cette question et celles analogues qui se rapportent à la résolution numérique des triangles rectangles, dont Diophante, l'un des plus anciens géomètres connus, s'est occupé et dont ils ont conservé le nom.

Toutes les formules et tous les procédés employés jusqu'à ce jour sont incomplets, en ce sens que dans tous les cas ils ne donnent qu'une solution, tandis que presque toujours il y en a plusieurs pour un même énoncé.

Voici l'une des méthodes indiquées par les auteurs; je l'ai choisie de préférence parce qu'elle est une des plus simples; elle repose sur cette propriété des triangles rectangles : que la somme de deux carrés pris arbitrairement forme, ainsi que leur différence, l'hypothénuse et la hauteur du triangle, et que le double du produit de leurs racines en forme la base.

Soient 3 et 8 pris arbitrairement la somme de leurs carrés $= 9 + 64 = 73$, leur différence $= 64 - 9 = 55$, le double de leur produit $= 24 \times 2 = 48$; ainsi le triangle relatif $= 48$, 55 et 73.

1 et 6 étant pris pour les racines, la base sera $\overline{1 \times 6} \times 2 = 12$, l'hypothénuse $36 + 1 = 37$, et la hauteur $36 - 1 = 35$.

Soient les deux carrés 9 et 144, leur somme est 153, leur différence 135; le double du produit des racines est $\overline{3 \times 12} \times 2 = 72$; ainsi le triangle relatif est 72, 135 et 153.

L'on pourrait dire plus simplement encore, que tout carré quel qu'il soit, diminué d'un et divisé par 2, donne la hauteur du triangle, que la hauteur augmentée d'un donne l'hypoténuse, et que la racine du carré donne la base.

Soit 784 le carré pris arbitrairement, l'on aura :

1° $\overline{784 - 1} : 2 = 391,5 =$ la hauteur.

2° $391,5 + 1 = 392,5 =$ l'hypothénuse.

3° $\sqrt{184} = 28 =$ la base.

Dans ces divers cas il n'y a qu'une solution.

Par les facteurs correspondants, en substituant à l'équation $x^2 + y^2 = z^2$. $z^2 - y^2 = x^2$, l'on aura à déterminer deux nombres carrés tels que leur différence soit aussi un carré; dans ce cas tout nombre quel qu'il soit peut être pris pour le plus petit des trois facteurs; son carré sera la différence des carrés des deux plus grands côtés ou la différence qui existe entre l'hypothénuse et la hauteur.

Soit à déterminer en nombres entiers et positifs tous les triangles rectangles dont la base est exprimée par 72.

Suivant la méthode indiquée ci-dessus, l'on aurait :

$(72^2 - 1) : 2 = 5183 : 2 = 2591,5 \quad 2591,5 + 1 = 2,592,5.$

Les trois côtés du triangle sont 72, 2591,5 et 2592,5.

Cette solution est la seule qu'on puisse obtenir, c'est-à-dire qu'on n'obtient qu'une racine de l'équation, tandis qu'en déterminant les facteurs de 5184, carré de 72, indiqué comme la base forcée du triangle, chaque couple de facteurs donne une solution.

1 et 5184 qui donnent 72,	2591,5	et	2592,5
2 et 2592 — 72,	1295	et	1297
3 et 1728 — 72,	862,5	et	865,5
4 et 1296 — 72,	646	et	650
6 et 864 — 72,	429	et	435
8 et 648 — 72,	320	et	328
9 et 576 — 72,	283,5	et	292,5
12 et 432 — 72,	210	et	222
16 et 324 — 72,	154	et	170
18 et 288 — 72,	135	et	153
24 et 216 — 72,	96	et	120
27 et 192 — 72,	82,5	et	109,5
32 et 162 — 65,	72	et	97
36 et 144 — 54,	72	et	90
48 et 108 — 30,	72	et	78
54 et 96 — 21,	72	et	75
64 et 81 — 8,5	72	et	72,5
72 et 72 — »	»		

L'on voit qu'en prenant 72 pour base, il y a 12 solutions données par les 12 premières couples de facteurs, les cinq dernières donnant 72 pour la hauteur. Ainsi la racine du carré pris pour produit peut être ou la base ou la hauteur, sans jamais être l'hypothénuse.

12 étant donné pour la base, on aurait à déterminer les facteurs de $12^2 = 144$, qui sont savoir :

1 et 144 qui donnent 12,	71,5	et 72,5
2 et 72 — 12,	35	et 37
3 et 48 — 12,	22,5	et 25,5
4 et 36 — 12,	16	et 20
6 et 24 — 9,	12	et 15
8 et 18 — 5,	12	et 13
9 et 16 — 3,5,	12	et 12,5

Ce qui donne 4 solutions avec la base 12 et 3 avec la hauteur 12. Ces deux exemples suffisent pour faire ressortir tous les avantages que présente l'emploi des facteurs correspondants, qui donnent en nombres entiers et positif toutes les solutions dont le problème est susceptible, c'est-à-dire qu'on obtient toutes les racines de l'équation, résultat qu'on ne pourrait obtenir dans aucun cas par les diverses méthodes indiquées.

Pour la base 12, l'on a seulement 12, 35 et 37.

Lorsque la base connue est exprimée par un nombre premier, il n'y a et il ne peut y avoir qu'une solution en nombres entiers; dans ce cas, sans établir les facteurs correspondants du carré de cette base, on obtient la seule solution possible par la méthode indiquée ci-dessus.

11 étant la base, la hauteur $= (121 - 1) : 2 = 60$, et l'hypothénuse $= 60 + 1 = 61$.

Pour la base 17, l'on aurait $(289 - 1) : 2 = 144 =$ la hauteur $144 + 1 = 145 = $ l'hypothénuse.

En prenant pour base les nombres premiers, 3, 5, 7, 11, 13, 17, etc., les triangles relatifs seront 3, 4 et 5; 5, 12 et 13; 7, 24 et 25; 11, 60 et 61; 13, 82 et 83; 17, 144 et 145.

Sachant que l'hypothénuse et la hauteur sont exprimées par des nombres entiers et positifs, la base étant 43 mètres, les dimensions du triangle sont forcément 43, 924 et 925.

Une autre propriété de cette suite, c'est que la somme de l'hypothénuse et de la hauteur est égale au carré de la base, et leur différence est toujours l'unité.

P. 228. — Déterminer une suite de triangles tels que pour chacun il y ait un de différence entre l'hypothénuse et la hauteur.

SOLUTION.

En considérant les nombres décimaux exacts comme des nombres entiers, et suivant ce qui vient d'être dit et démontré pour le problème précédent, l'on pourra prendre pour base tous nombres pairs ou impairs quels qu'ils soient : pour 3, 4, 5, 6, 7, 8, 9, 10, etc., etc., dont les carrés relatifs sont 9, 16, 25, 36, 49, 64, 81, 100, etc., etc., et sont aussi la somme de la hauteur, et de la base :

1° pour	9	les côtés seront	8,	4	et 5
2° —	16	—	4.	7,5	et 8,5
3° —	25	—	5,	12	et 13
4° —	36	—	6,	17,5	et 18,5
5° —	49	—	7,	24	et 25
6° —	64	—	8,	31,5	et 32,5
7° —	81	—	9,	40	et 41
8° —	100	—	10,	49,5	et 50,5

Si l'on demandait de former une suite de triangles tels qu'étant exprimés en nombres entiers il y ait 2, 3, 4, 5 ou 6 de différence entre l'hypothénuse et la hauteur, la solution serait absolument la même; pour la différence 2, tout carré à partir de 16 qui sera divisible exactement par 2 résoudra la question.

Pour 3 et pour 4 à partir de 36; pour 5 à partir de 100, et pour 6 à partir de 144, etc., etc.

Si la base d'un triangle étant 18, il y avait 6 de différence entre l'hypothénuse et la hauteur, en divisant 18^2 par 6, différence donnée, on aurait :

$18^2 : 6 = 54 = $ la somme de l'hypothénuse et de la hauteur qui ont 6 pour différence ; par suite :

$$\frac{54 - 6}{2} = 24 \quad 24 + 6 = 30.$$

Les côtés du triangle sont 18, 24 et 30.

Si la base étant 72, la différence de l'hypothénuse à la hauteur était 18, on aurait :

$$72^2 : 18 = 288 \quad \frac{288 - 18}{2} = \frac{270}{2} = 135 \quad 135 + 18 = 153.$$

Le triangle est 72, 135 et 153.

Cette solution et celles analogues se rapportent au théorème (XXXII).

La différence de l'hypothénuse à la hauteur peut être considérée comme la différence de deux nombres dont la différence des carrés est le carré de la base.

Si la base étant 65, la différence de l'hypothénuse et de la hauteur 25, on aurait :

$$65^2 : 25 = 169 \quad \frac{169 - 25}{2} = 72 \quad 72 + 25 = 97.$$

Le triangle est 65, 72 et 97, etc., etc.

Si la hauteur étant 24, la différence entre l'hypothénuse et la base était 18, on aurait :

$24^2 : 18 = 576 : 18 = 32 = $ la somme des deux côtés dont la différence est 18, ce qui donne pour le triangle 7, 24 et 25.

P. 229. — La somme de l'hypothénuse et de la hauteur d'un triangle est 36, et la base est 12.

Quelles sont ses dimensions?

SOLUTION.

Par le réciproque du problème précédent l'on aura $12^2 : 36$ $= 4 =$ la différence des deux côtés dont la somme est 36.

Le triangle est donc 12, 16 et 20.

Si la base étant 111, la somme de l'hypothénuse et de la hauteur était 333, l'on aurait :

$12321 : 333 = 37 =$ la différence relative à la somme 333.

$$\overline{333 + 27} : 2 = 185 \quad 185 - 37 \; 148.$$

Le triangle est 111, 148 et 185.

Ici l'on connaît la somme des racines et la différence des carrés; au problème précédent l'on connaissait la différence des racines et la différence des carrés.

Si la hauteur étant 12, la somme de l'hypothénuse et de la base était 18, l'on aurait :

$12^2 : 18 = 8 =$ la différence relative à la somme 18.

$$(18 - 8) : 2 = 5 \quad 5 + 8 = 13.$$

Le triangle demandé est donc 5, 12 et 13.

P. 230. — Déterminer les trois côtés d'un triangle dont la somme de l'hypothénuse et de la hauteur est 36.

SOLUTION.

Suivant ce qui vient d'être dit et démontré pour les solutions précédentes, il suffit de déterminer un carré qui soit divisible par 36; il est facile de voir que ce carré ne peut être que 144.

$144 : 36 = 4 =$ la différence des deux grands côtés qui sont $\overline{36 + 4} : 2 = 20$, et $36 - 20 = 16$.

La base ou le plus petit côté $= \sqrt{144} = 12$.

32 étant la somme de l'hypothénuse et de la base, le premier carré divisible par 32 est 64 :

$$64 : 32 = 2 :$$

Dans ce cas la hauteur serait 8 et la base et l'hypothénuse seraient :

$$\frac{\overline{32 - 2}}{2} \text{ et } \frac{32 + 2}{2} = 15 \text{ et } 17.$$

Ce qui donne 15, 8 et 17 pour le triangle dont la somme de l'hypothénuse et de la hauteur est 32, au lieu de la somme de l'hypothénuse et de la base; il faut donc trouver un autre carré.

Après 64, c'est 256 qui est divisible par 32.

$$256 : 32 = 8.$$

Ainsi la hauteur $= \sqrt{256} = 16$.

La base $= 32 - 8 : 2 = 12$.

L'hypothénuse $= 32 - 12 = 20$.

Or, après 256, le carré de 24 ou 576 est encore divisible par 32.

$$576 : 32 = 18$$

Ce qui donne $\dfrac{32 + 18}{2} = 25$ pour l'hypothénuse et $32 - 25 = 7$

pour la base, la hauteur étant 24.

Maintenant il n'y a plus que 1024, carré de 32, qui soit divisible par 32.

Ainsi il n'y a plus de solutions possibles en nombres entiers.

Si l'on donnait 9 pour la somme de l'hypothénuse et de la hauteur, on aurait :

$9 : 9 = 1 =$ la différence des deux plus grands côtés; l'hypothénuse et la hauteur sont donc :

$$\frac{9+1}{2}=5 \text{ et } \overline{\frac{9-1}{2}}=5 \text{ et } 4.$$

$$\sqrt{\overline{9}}=3=\text{la base.}$$

La somme de l'hypothénuse et de la base étant 8, on aurait :

$16 : 8 = 2 =$ la différence qui existe entre l'hypothénuse et la base qui sont :

$$8+2:2=5 \text{ et } 8-5=3=\text{la hauteur}=\sqrt{\overline{16}}=4.$$

P. 231. — L'hypothénuse et l'aire d'un triangle sont 25 et 84. Quels sont les deux côtés?

SOLUTION.

$84 \times 2 = 168 =$ le produit de la hauteur par la base ; l'extraction des facteurs donnera donc la base et la hauteur. Une remarque à faire, c'est que la hauteur ne peut être qu'au-dessous de 25.

1 et 168	7 et 24
2 et 84	8 et 21
3 et 56	12 et 14
6 et 28	

Les premiers facteurs à admettre sont 7 et 24.

Si ces deux facteurs résolvent la question, la somme de leurs carrés doit être 25^2.

En effet, $7^2 + 24^2 = 576 + 49 = 625$.

Donc les trois côtés du triangle sont 7, 24 et 25.

L'on pourrait considérer aussi que la base étant exprimée par 7, nombre premier, la différence des deux autres côtés doit être 1, et leur somme être égale à $7^2 = 49$.

Or $24 + 25 = 49$; $25 - 24 = 1$.

Donc le triangle est bien 7, 24 et 25.

Si l'on donnait 210 et 37 au lieu de 84 et 25, on aurait :

1 et $210 \times 2 = 420$	10 et 42
5 et 84	12 et 35
7 et 60	14 et 30

Ici la hauteur ne peut être que 35 ou 30, et elle est réellement 35.

$$12^2 + 35^2 = 1369 = 37^2.$$

Ainsi les dimensions du triangle sont 12, 35 et 37.

Pour 84 et 25, on aurait pour la différence des côtés $\overline{24 \times 2} + 1 = 49 =$ le carré de 7.

Donc le triangle est bien 7, 24 et 25.

Si maintenant on demandait à déterminer les deux facteurs de 168 dont la somme des carrés est 25^2, exprimé en d'autres termes le problème serait absolument le même: sans plus de difficulté l'on obtiendrait une solution plus directe, théorèmes XXXIV et XXXV.

Suivant l'énoncé, l'on aurait immédiatement $625 - \overline{168 \times 2} = 289$.

$\sqrt{289} = 17 =$ la différence des deux facteurs dont le produit est 168; l'extraction des facteurs faite ci-dessus donne 7 et 24.

Or ces facteurs sont la base et la hauteur du triangle.

Donc les dimensions de ce triangle sont bien 7, 24 et 25.

Si l'on donnait 720 pour l'aire et 82 pour l'hypothénuse, l'on aurait :

$$82^2 - 1440 \times 2 = 3844$$

$\sqrt{3844} = 62 =$ la différence qui existe entre la hauteur et la base.

$$1 \text{ et } 1440$$
$$3 \text{ et } 380$$
$$9 \text{ et } 160$$
$$18 \text{ et } 80 \quad \text{différence } 62.$$

Les dimensions du triangle sont 18, 80 et 82.

P. 232 — Quels sont en nombres entiers et positifs les côtés d'un triangle rectangle dont l'aire ou la superficie est exprimée par 84 mètres.

SOLUTION.

Les facteurs de $\overline{84 \times 2} = 168$ établis ci-dessus pour le problème précédent, donnent les bases et les hauteurs, ceux de ces facteurs dont la somme des carrés est un carré sont 7 et 24, dont la somme des carrés est 625, carré de 25.

Ainsi les côtés du triangle sont 7 et 24, et l'hypothénuse 25.

Par un procédé plus simple, et sans extraction de racine, on obtiendrait le même résultat ; en établissant le triangle sur la base sans s'inquiéter de la hauteur, l'on remarquera d'abord que, par la nature des calculs à opérer, le carré du plus petit des deux facteurs doit forcément être plus grand que son correspondant ; ainsi pour notre question les trois premières couples de facteurs doivent être exclues, c'est-à-dire que la base ne peut être que 7, 8 ou 12 ; pour la base 6, on aurait :

1 et 36

2 et 18 qui donnent 6, 8 et 10.

Pour 7 on aurait :

1 et 49 qui donnent 7, 24 et 25.

Si l'on donnait 210 au lieu de 84, on aurait 420 pour le produit de la base par la hauteur.

1 et 420	5 et 84
2 et 210	10 et 42
4 et 105	12 et 35

La base ne peut être que 10 ou 12.

Pour 10, on aura :

1 et 100

2 et 50 qui donnent 10, 24 et 26.

Pour 12, on aura :

1 et 144

2 et 72 qui donnent 12, 35 et 37.

35 étant la hauteur qui correspond à la base 12 des facteurs de 420, le triangle demandé est bien 12, 35 et 37.

Soit pour nouvel exemple 486 au lieu de 210, on aura :

1 et 972	18 et 54
9 et 108	27 et 36

Le base ne peut être que 18 ou 27.

Pour 18, on aura pour les facteurs de $18^2 = 324$.

        1 et 324

        2 et 162 qui donnent 18,   80 et 82.

        4 et 81

        6 et 54   —   18, 24 et 30.

        9 et 36

Ce premier essai prouve que la base ne peut être 18, puisque les hauteurs seraient 80 et 24 au lieu d'être 54.

Donc 27 et 36, qui sont les seuls facteurs de 324 qui restent, doivent forcément résoudre la question.

        1 et 27^2

        3 et 243

        9 et 81 qui donnent 27, 36 et 45.

Il n'y a aucune équation algébrique, aucune construction géométrique qui puisse donner une solution aussi précise et aussi simple; les limites s'établissent naturellement, il ne peut y avoir de doutes sur les facteurs à employer; une ou deux épreuves suffisent, et souvent elles peuvent se faire sans poser les chiffres.

P. 232 *bis*. — Un triangle rectangle est tel que son hypothénuse est 13 et que ses deux côtés sont exprimés par des nombres entiers.

Quels sont les côtés?

SOLUTION.

L'hypothénuse étant le plus grand des deux côtés cherchés ne peut être au-dessus de 12.

En prenant 12 pour la hauteur, on aurait :

$169 - 144 = 25 =$ le carré de la base qui est 5.

Sans autre recherche, 25 étant un carré exact, les trois côtés du triangle sont 5, 12 et 13.

Si l'on donnait 37 pour l'hypothénuse, le plus grand côté à trouver ne pourrait être au-dessus de 36; en commençant par ce nombre on aurait $1369 - 1296 = 73$ qui n'est pas un carré exact. En prenant 35, on aura $1369 - 1225 = 144$ qui est un carré dont la racine est 12; donc les côtés demandés sont 12, 35 et 37.

En admettant les nombres décimaux, l'on aurait (XLII) :

1° Pour 13, $13 \times \frac{3}{5} = \frac{39}{5}$ $13 \times \frac{4}{5} = \frac{52}{5}$ dont les carrés sont $\frac{1521}{25}$ et $\frac{2704}{25}$, leur somme $= \frac{4225}{25}$ dont la racine carrée est $\frac{65}{5} = 13$.

2° Pour 37, $37 \times \frac{3}{5}$ et $37 \times \frac{4}{5} = \frac{111}{5}$ et $\frac{148}{5}$; les carrés relatifs sont $\frac{12321}{25}$ et $\frac{21904}{15}$, leur somme $= \frac{34225}{15} = \frac{185}{5} = 37$.

Les deux triangles relatifs sont :

1° $7\frac{4}{5}$, $10\frac{2}{3}$ et 13.

2° $22\frac{1}{5}$, $29\frac{1}{5}$ et 37.

Dans ce cas la question se rapporte à l'exemple dixième, car elle se réduit à trouver deux nombres tels que la somme de leurs carrés soit ou 169 ou 1369, et à moins que le carré de l'hypothénuse soit un multiple de 5, les résultats sont fractionnaires.

P. 233. — La base et l'aire d'un rectangle sont 13 et 60. Quels sont les côtés ?

SOLUTION.

La diagonale sépare le rectangle en deux triangles égaux ; elle devient l'hypothénuse de chacun à chacun, et les côtés du rectangle deviennent les côtés du triangle, d'où il résulte que l'hypothénuse et l'aire de ces triangles sont 18 et $\frac{60}{2} = 30$. Or le carré de l'hypothénuse est la somme des carrés des deux côtés. Donc ici l'on connaît le produit 60 des deux facteurs qui sont les côtés, et la somme de leurs carrés qui sont $13^2 = 169$.

Ainsi (XXXV) $169 - \overline{60 \times 2}$ ou $169 - \overline{30 \times 4} = 169 - 120 = 49 =$ la différence des deux côtés du rectangle ou du triangle.

Les facteurs de 60 donneront les côtés.

1 et 60
3 et 20
5 et 12,   différence 7.

Les côtés du rectangle sont 5 et 12, la diagonale ou l'hypothénuse étant exprimée par 13.

P. 234. — L'hypothénuse et le produit des deux côtés d'un triangle rectangle sont 37 et 210.

Quels sont les côtés ?

SOLUTION.

En d'autres termes, ce problème est le même que le précédent;
l'on pourrait dire : la diagonale et l'aire d'un triangle sont 37
et 420, etc., etc.

$$37^2 - \overline{210 \times 4} = 1369 - 840 = 529.$$

$\sqrt{529} = 23 = $ la différence des côtés.

1 et 420

3 et 140

6 et 70

12 et 35,   différence 23.

Les côtés sont 12 et 35.

P. 235. — L'hypothénuse et la différence des deux côtés d'un
triangle sont 37 et 23

Quels sont les côtés?

SOLUTION.

Réciproque du problème précédent.

$37^2 - 23^2 = 1369 - 529 = 840$ $840 : 4 = 210 = $ le produit
des deux côtés dont la différence est 23.

Comme au n° précédent, les côtés sont 12 et 35.

(Voir **XXXVII** et **XXXVIII**, etc.)

P. 236. — Déterminer l'aire d'un triangle dont le produit de
la base par l'hypothénuse est 175 et la hauteur 24.

SOLUTION.

Ici 175 est le produit de deux facteurs dont la différence des
carrés est $24^2 = 576$.

Les facteurs de 175 donneront les côtés relatifs à la somme
des carrés 576. Ceux de ces facteurs dont la somme et la différence diviseront exactement 576 (**XXXII**) seront la base et
l'hypothénuse demandées.

1 et 175

5 et 35

7 et 35,   somme 32.   différence 18.

32 et 18 étant deux diviseurs exacts de 576, la base et l'hypothénuse sont 7 et 25, et la hauteur 24.

Ce qui donne 7, 24 et 25 pour les dimensions du triangle, et

$$7 \times \frac{24}{2} = 84 \text{ pour l'aire.}$$

En changeant les termes de l'énoncé, l'on pourrait dire : quels sont les deux facteurs de 175 dont la différence des carrés est $24^2 = 576$, etc.

P. 237. — L'aire ou la superficie d'un triangle rectangle et la somme de sa hauteur et de sa base sont 84 et 31.

Quelles sont les dimensions?

SOLUTION.

L'on pourrait donner 84×2 comme l'aire d'un rectangle dont la somme des côtés est 31, ou plus simplement donner 168 comme le produit de deux facteurs dont la somme est 31.

1 et 168

3 et 56

7 et 24,   somme 31.

7 et 24 sont les deux facteurs, mais ces deux facteurs sont les côtés du triangle et du rectangle dont la base et la hauteur sont exprimées par 7 et 24, et l'hypothénuse $= \sqrt{7^2 + 24^2}$ $= \sqrt{625} = 25$.

Si l'on donnait la différence 17 au lieu de la somme 31, les mêmes facteurs, dont la différence est 17, donneraient la même solution.

P. 238. — Le produit de l'hypothénuse par la base est 585, et le périmètre du triangle est exprimé par 90.

Déterminer les trois côtés.

SOLUTION.

Les facteurs de 585 donneraient les bases et les hypothénuses :

1 et 585

5 et 117

13 et 39

Sachant que, règle générale, le plus grand côté d'un triangle ne peut être qu'au-dessous de la somme des deux plus petits, l'hypothénuse étant le plus grand côté, les facteurs 15 et 89 sont les seuls qui résolvent la question.

$$90 - 15 + 39 = 36.$$

Les côtés sont 15, 36 et 39.

Si les données étaient 157 et 56, on aurait :

$$1 \text{ et } 175$$
$$5 \text{ et } 35 \qquad 56 - 40 = 16.$$
$$7 \text{ et } 25 \qquad 56 - 32 = 24.$$

Les facteurs 5 et 35 donnent pour les côtés 5, 16 et 35; or 35 est plus grand que 5 + 16; donc l'hypothénuse ne peut être 35, et il n'y a que 7 et 25 qui résolvent la question et qui conséquemment puissent être la base et l'hypothénuse; 56 — 32 = 24 étant la hauteur.

Si l'on donnait 56 pour le total de trois nombres dont le produit du plus grand par le plus petit est 175, il y aurait deux solutions : 5, 7 et 35 résolveraient aussi la question.

P. 239. — L'hypothénuse et la base d'un triangle sont 19 et 7. Quelle est la hauteur?

SOLUTION.

L'on suppose ici que le triangle est construit et que l'on veut déterminer sa hauteur qu'on ne connaît pas.

Dans les problèmes analogues qui ont été résolus ci-dessus il y avait plusieurs solutions, parce que dans presque tous les cas il s'agit d'établir un triangle suivant les conditions portées à l'énoncé; mais ici il ne peut y avoir qu'une solution qui se déduit directement du théorème du carré de l'hypothénuse qui est égal à la somme des carrés de la base et de la hauteur, etc.

$$\sqrt{19^2 - 7^2} = 17{,}66 \text{ à moins d'un centième près.}$$

En d'autres termes, l'on pourrait dire le plus petit de deux nombres est 7, et la somme de leurs carrés est $19^2 = 261$.

Ainsi l'hypothénuse et la base étant exprimées par 19 et 7, la hauteur ou le plus grand des deux côtés est forcément représenté par $17\frac{2}{3}$ à très peu près.

Si, sachant que la hauteur et la base sont exprimées par 24 et 7, on voulait déterminer l'hypothénuse relative, on aurait :

$$\sqrt{7^2 - 24^2} = \sqrt{625} = 25.$$

Dans ce cas les dimensions du triangle seraient 7, 24 et 25.

Si, connaissant 25 et 24, dimension de la hauteur et de l'hypothénuse, l'on voulait connaître la base, on aurait par réciproque :

$$\sqrt{25^2 - 24^2} = \sqrt{49}, \text{ etc.}$$

Dans ce cas il n'y a et il ne peut y avoir qu'une solution, et il suffit de connaître deux des côtés d'un triangle rectangle pour avoir l'autre exactement, si les trois côtés sont exprimés par des nombres entiers, ou à très-peu près s'ils sont exprimés par des nombres décimaux.

P. 240. — Construire un triangle rectangle tel que son périmètre étant 42, ses trois côtés forment une progression par différence.

SOLUTION.

Les nombres 3, 4 et 5 sont le type le plus simple d'un triangle dont les côtés forment une progression par différence.

Tous les triangles en nombres qui forment une progression ne peuvent s'obtenir que par la multiplication ou la division du triangle 3, 4 et 5.

La multiplication par un nombre entier donne des triangles plus grands exprimés aussi en nombres entiers.

La division donne des triangles plus petits, toujours exprimés en nombres fractionnaires.

En multipliant par 2, 3, 7, etc., on aurait :

6, 8, 10.　9, 12, 15.　21, 28, 25, etc.

En divisant par 2, 3, 7, etc., l'on aurait :

$$\tfrac{3}{2}, \tfrac{4}{2}, \tfrac{5}{2}. \quad \tfrac{2}{3}, \tfrac{3}{3}, \tfrac{5}{3}. \quad \tfrac{3}{7}, \tfrac{4}{7}, \tfrac{5}{7}, \text{ etc.}$$

Dans ce dernier cas les côtés ne peuvent être que fractionnaires.

Ainsi ce problème a une infinité de solutions, mais ici, suivant l'énoncé, l'on connaît **42**, somme des trois côtés qui sont entre eux comme **3, 4** et **5**.

$$42 : 3 + 4 + 5 = 42 : 12 = 3\tfrac{1}{2}.$$

Les trois côtés du triangle sont :

$$3\tfrac{1}{2} \times 3 \quad 3\tfrac{1}{2} \times 4 \text{ et } 3\tfrac{1}{2} \times 5 = 10\tfrac{1}{2},\ 14 \text{ et } 17\tfrac{1}{2},\ \text{etc., etc.}$$

P. 241. — Déterminer l'aire d'un rectangle dont la diagonale et le plus petit côté sont exprimés par **25** et **7**.

SOLUTION.

$$\sqrt{25^2 - 7^2} = \sqrt{576} = 24.$$

$24 \times 7 = 168 = $ l'aire demandée.

Si l'on donnait 19 et 7 au lieu de 24 et 7, on aurait :

$$\sqrt{19^2 - 7^2} = \sqrt{312} = 17,665.$$

$17,665 \times 7 = 123,66$ à moins d'un centième près.

Il est facile de voir que toutes les solutions des questions relatives aux rectangles sont les mêmes que celles des triangles rectangles, les termes seulement sont changés. Les côtés du rectangle et du triangle sont les mêmes, la diagonale devient l'hypothénuse, et dans tous les cas, l'aire d'un rectangle est double de celle d'un triangle dont les côtés respectifs sont semblables.

Les côtés étant 7 et 24, l'aire du rectangle est comme ci-dessus 168, celle du triangle $= 168 : 2 = 84$, etc.

P. 242. — Déterminer la diagonale d'un carré dont le côté est exprimé par 14 mètres.

SOLUTION.

La diagonale partage le carré en deux parties égales qui forment deux triangles égaux, dont la hauteur est égale à la base, et elle devient l'hypothénuse de chacun à chacun ; ainsi l'on aura pour cette diagonale, savoir :

$$\sqrt{14^2 + 14^2} = \sqrt{392} = 19,80,\ \text{à moins d'un millième près.}$$

Donc, en prenant la racine du double d'un carré quel qu'il soit, l'on obtient la diagonale ; mais doubler un carré c'est multiplier un produit par 2, c'est multiplier chacun de ses facteurs par la racine carrée de 2, qui a moins d'un cent millième près $= 1$ à 1,41421. Ainsi le rapport de la superficie d'un carré à son double, ou mieux du côté d'un carré à sa diagonale, est 1 à 1,41421.

Le côté étant 14, sa diagonale est $1,41421 \times 14 = 19,7984 = 19,80$, d'où il résulte que 1,41421 est en même temps la racine carrée de 2 et le rapport du côté à la diagonale; les dix premiers rapports relatifs sont :

1 à 1,41421	6 à 8,48526
2 à 2,82842	7 à 9,89947
3 à 4,24263	8 à 11,31368
4 à 5,65684	9 à 12,72789
5 à 7,07105	10 à 14,14210

Lorsque les nombres donnés sont élevés, cette table donne de grands moyens d'abréviations en réduisant les opérations à une simple addition.

En prenant 71 pour le côté, l'on aura :

$$1° \quad 1,41421 \times 71 = 100,\ 40891 = 100,\ 41$$
$$\text{ou } 2° \quad \sqrt{71^2 + 71^2} = \sqrt{100,82} = 100,409 = 100,41.$$

L'emploi de la table donnerait :

1° 70 à 98,99470		50 à 70,7105	
1 à 1,41421		ou 20 à 28,2842	
71 à 100,40891 = 100,41		1 à 1,4142	
		71 à 100,4089	

Ou par voie de soustraction :

Si de 80 à 113,1368	
On ôte 9 à 12,7279	
Il reste 71 à 100,4089 = etc., etc.	

L'on voit que les trois méthodes donnent chacune le même résultat qui est 100,41 pour la diagonale dont le côté est exprimé par 71.

Si l'on voulait déterminer la diagonale relative au côté 58,79, l'on aurait immédiatement pour cette diagonale :

1° 50	à	70,71050
8	à	11,31368
0,7	à	0,98995
0,09	à	0,12728

58,79 à 83,14141 $=$ 83,141, un peu faible.

1,141421 $\times$ 58,79 donne 83,1414059 $=$ 83,141, résultat absolument semblable; mais dans ce cas l'opération est plus longue et plus sujette à erreurs.

Si maintenant l'on demandait d'établir le côté d'un carré dont la diagonale est exprimée par 89,10, pour avoir le rapport de la diagonale au côté, l'on aurait à diviser 100000 par 141421; le quotient serait 0,707105, à moins d'un cent millième près, ce qui donnerait le rapport de la diagonale au côté du carré; mais 0,707105 est exactement la moitié de 1,41421, rapport du côté à la diagonale; donc, sans établir de nouveaux rapports, l'on pourrait obtenir le côté comme si l'on voulait obtenir la diagonale, et l'on prendra la moitié du résultat.

Soit la diagonale connue exprimée par 100,41, l'on aura :

100	à	141,421
0,4	à	0,565684
1	à	0,014142

100,41 à 142,000826 dont la moitié $=$ 71,000413 $=$ 71.

Si, connaissant le côté 793,60, on voulait avoir la diagonale, on aurait immédiatement par la table :

700	à	989,947000
90	à	127,278960
3	à	4,242630
0,6	à	0,848526

793,60 à 1122,317056 $=$ 1122,32.

Et réciproquement, pour avoir le côté relatif à la diagonale 1122,32, l'on aurait :

$$
\begin{array}{lll}
1000 & \text{à} & 1414,21 \\
100 & \text{à} & 141,421 \\
20 & \text{à} & 28,1842 \\
2 & \text{à} & 2,82842 \\
0,3 & \text{à} & 0,424263 \\
0,02 & \text{à} & 0,028284 \\
\hline
\end{array}
$$

1122,32 à 1587,196167, donc la moitié = 793,59835 = 793,60.

En établissant les 10 premiers rapports sur celui de 1 à 0,70105, on aurait pour ces rapports :

$$
\begin{array}{ll}
1 \text{ à } 0,707105 & 6 \text{ à } 4,242630 \\
2 \text{ à } 1,414210 & 7 \text{ à } 4,949735 \\
3 \text{ à } 2,121315 & 8 \text{ à } 5,656840 \\
4 \text{ à } 2,828420 & 9 \text{ à } 6,363945 \\
5 \text{ à } 3,535525 & 10 \text{ à } 7,071050
\end{array}
$$

En se servant de cette table, la solution directe pour déterminer le côté relatif à la diagonale 1122,32, serait :

$$
\begin{array}{lll}
1000 & \text{à} & 707,105 \\
100 & \text{à} & 70,7105 \\
20 & \text{à} & 14,14212 \\
2 & \text{à} & 1,414212 \\
0,3 & \text{à} & 0,2121315 \\
0,02 & \text{à} & 0,01414210 \\
\hline
\end{array}
$$

1122,32 à 793,59810560 = 793,60.

P. 243. — Quelle est la racine carrée du double du carré de 31?

SOLUTION.

Ce problème est le même que le précédent : il s'agit de déterminer la diagonale d'un carré dont le côté est 31.

$$
\begin{array}{lll}
1^{\circ} \ 30 & \text{à} & 42,4263 \\
1 & \text{à} & 1,41421 \\
\hline
\end{array}
$$

31 à 43,84051 = 43,84 = la racine carrée de $31^2 \times 2$ = ou de 1922 à moins d'un millième près.

$\overline{43,84}^{2} = 1921,9456$, qui réduit, donne 1922.

S'il s'agissait du triple du carré, il faudrait multiplier le côté par la racine carrée de 3 ou par 1,7321, le côté donné étant 21, la racine du triple de son carré serait égale à $21 \times 1,7321 = 36,374$, $\overline{36,374}^{2} = 1333 = 21^{2} \times 3$.

P. 244. — Déterminer un carré tel que sa diagonale soit exprimée par 43,84.

SOLUTION.

Réciproque du problème précédent; on aura pour le côté, au moyen de la deuxième table établie (P. 242), savoir :

```
1° 40     à 28,28420
    3     à 28,121315
    0, 8 à  0,565684
    0,04 à  0,028284
   ─────────────────
   43,84 à 30,999483 = 31 à moins d'un millième.
```

$31^{2} = 961 = $ le carré demandé.

En considérant un carré comme le produit de deux nombres égaux, cette solution et les deux précédentes se rattachent aux principes établis (XV et XVI).

En doublant la racine on multiplie le produit ou le carré par 2^{2} ou par 4; en la triplant on la multiplie par 3^{2} ou par 9; d'où il résulte qu'en multipliant le côté par la racine de 5, 6, 7, etc., etc., ou par 2,236; 2,45 ou 2,644, on multiplie le carré par 5, 6, 7, etc.

P. 245. — Déterminer l'aire d'un triangle équilatéral dont le côté est 8.

SOLUTION.

Si, connaissant le côté, l'on connaissait aussi la hauteur, on aurait facilement la superficie; or, en abaissant une perpendiculaire sur l'un des côtés opposé au sommet, le point de rencontre sur ce côté le séparera en deux parties égales, et l'une et l'autre de ces parties seront la base d'un triangle dont la hauteur est la perpendiculaire, et l'hypothénuse le côté donné ; la base est la moitié de ce même côté.

Ainsi l'hypothénuse étant 8 et la base 4, la hauteur du triangle ou la perpendiculaire abaissée est égale à $\sqrt{8^2-4^2}$ $=\sqrt{48}=6,9282$; dans ce cas la surface de chaque triangle rectangle $=6,9282\times\dfrac{4}{2}=13,8564$.

Le côté du triangle étant exprimé par 15 mètres, on aurait :
$$\sqrt{15^2-7,5^2}=\sqrt{168,75}=12,9903.$$
$$12,9903\times\dfrac{7,5}{2}=12,9903=3,75=48,7136=\text{la superficie de}$$
chaque triangle.

Ainsi le rapport du côté d'un triangle équilatéral à sa hauteur est 6,9282 à 8 ou 12,9903 à 15 $=1$ à 0,86602. Ce qui donne par réciproque 1 à 1,1547077 pour le rapport de la hauteur au côté.

Si le côté donné était 18, l'on aurait pour l'extraction :
$$\sqrt{18^2-9^2}=\sqrt{324}=15,588=\text{la hauteur.}$$
$15,588\times4,5=70,146=$ la superficie de chaque triangle.

Par les rapports, on aurait :

1° $0,86602\times\ 8=\ 6,92816=$ la hauteur.
2° $0,86602\times15=12,9903\ =\qquad id.$
3° $0,86601\times18=15,58836=\qquad id.$

Pour ces trois cas les superficies de chaque triangle sont :

1°$\quad 6,92816\times2\quad=13,85636.$
2°$\ 12,9903\ \times3,75=48,\,7136.$
3°$\ 15,58836\times4,\,5=70,\,1460.$

Or, l'aire d'un triangle équilatéral est double de la superficie du triangle dont son côté est l'hypothénuse; donc les aires ou les superficies demandées sont :

1°$\ 13,85632\times2=\ 27,71264.$
2°$\ 48,\,7136\times2=\ 97,\,4272.$
3°$\ 70,\,1460\times2=140,\,2920.$

En réunissant les deux dernières opérations l'on multiplierait la hauteur trouvée par la moitié du côté connu, ce qui donnerait immédiatement l'aire demandée ; dans ce cas l'on aurait :

1° $6,92816 \times 4 = 27,71264 = 27,71.$
2° $12,9903 \times 7,5 = 97,4272 = 97,43.$
3° $15,58836 \times 9 = 149,2920 = 140,30.$

Prenons pour nouvel exemple 27, côté d'un triangle équilatéral dont on veut déterminer la superficie, l'on aura immédiatement :

$0,86602 \times 27 \times 13,5$ qui peut être transformé en $0,43301 \times 28 \times 27$.

D'où il résulte qu'en multipliant le carré du côté quel qu'il soit par le nombre constant 0,43301, l'on obtient immédiatement la superficie :

$0,43301 \times 27^2 = 0,43301 \times 729 = 315,66 = $ l'aire demandée.

En multipliant le double du côté par le même nombre 0,43301, l'on aura 23,38 pour la hauteur.

Afin d'avoir une formule numérique précise, applicable à tous les cas semblables, l'on remarquera que le nombre 0,43301 est le quart exact de la racine carrée de 3 ; ainsi, quel que soit le côté donné, en multipliant son carré par le quart de la racine carrée de 3, on aura l'aire ou la superficie relative à ce côté, de même qu'on aurait la hauteur en multipliant le côté par la moitié de la racine carrée de 3, ou en multipliant le double du côté par le quart de la racine carrée de 3.

Soit, pour l'application du principe, à déterminer la hauteur d'un triangle équilatéral dont le côté est exprimé par 8 ou 15 ou 18 ou 27 ; on aurait successivement :

Pour 8 la hauteur $= 0,43301 \times 16 = 6,92816$
— 15   — $= 0,43301 \times 30 = 12,9903$
— 18   — $= 0,43301 \times 36 = 15,5883$
— 27   — $= 0,43301 \times 54 = 23,3825$

Connaissant les hauteurs et les côtés, l'on obtiendrait facilement les superficies ; mais si, connaissant le côté seulement, l'on voulait déterminer l'aire, on aurait immédiatement, suivant ce qui a été dit plus haut pour les quatre côtés ci-dessus:

$$0,43301 \times 64 = 27,71264$$
$$0,43301 \times 225 = 97,42725$$
$$0,43301 \times 324 = 140,29524$$
$$0,43301 \times 729 = 315,65270$$

Si, connaissant la hauteur, on voulait déterminer le côté, après avoir déterminé un côté comme dessus, en multipliant la moitié de ce côté par la hauteur, on aurait successivement :

$$6,92816 \times 4 = 27,71$$
$$12,9903 \times 7,5 = 97,43$$
$$14,58836 \times 9 = 140,30$$
$$23,3825 \times 13,5 = 315,66$$

Si, connaissant l'aire, on voulait déterminer le côté, en divisant l'aire donnée par 0,43301 ou par le quart de la racine carrée de 3, l'on aura au quotient le carré du côté; les quatre côtés des aires données seraient donc :

$$1° \quad \frac{27,71264}{0,43301} = 8.$$
$$2° \quad \frac{97,4273}{0,43301} = 15.$$
$$3° \quad \frac{140,30}{0,43301} = 18.$$
$$4° \quad \frac{315,06}{0,43013} = 27, \text{ etc., etc.}$$

Soit 392, pris arbitrairement pour l'aire d'un triangle équilatéral dont on veut connaître le côté, l'on aurait :

$$3920 : 433 = 907,6.$$

$\sqrt{907,6} = 30,01 =$ le côté demandé à moins d'un millième près.

P. 246. — Déterminer l'aire d'un triangle dont les trois côtés sont exprimés par **12**, **26** et **30**.

SOLUTION.

Ici les trois côtés étant inégaux, la perpendiculaire qu'on abaisserait du sommet sur le côté opposé ne partagerait pas ce côté en deux parties égales, et les calculs à effectuer pour déterminer l'aire présenteraient plus de difficultés; par un autre procédé purement arithmétique et plus simple, l'on obtiendra une solution immédiate. Pour arriver à ce but, il suffit de retrancher successivement de la demi somme des trois côtés, ces mêmes côtés, et multiplier ensuite l'une par l'autre les trois différences et la demi somme, la racine carrée du produit sera la surface demandée.

Pour 12, 26 et 30, on aura :

$$\frac{12+26+30}{2}=34 \quad 34-30=4 \quad 34-26=8 \quad 34-12=22$$

$$4\times8\times22=704 \quad 704\times34=23936$$

$\sqrt{23936}=154,71$, à moins d'un centième d'unité près.

Quelle que soit la nature du triangle dont les côtés sont inégaux, le procédé est le même.

Soit le triangle rectangle 5, 12 et 13, l'on aurait :

$$\frac{5+12+13}{3}=15 \quad 15-5=10 \quad 15-12=3 \quad 15-13=2$$

$$10\times3\times2\times15=60\times15=900.$$

$\sqrt{900}=30=$ l'aire demandée.

(Voir le n° précédent.)

CHAPITRE VIII.

DU CERCLE ET DE LA SPHÈRE.

P. 247. — Le problème de la quadrature du cercle a occupé les géomètres de tous les siècles. Depuis Archimède jusqu'à nos jours, tout ce que l'on a dit, fait et écrit n'a servi qu'à prouver tout simplement que les deux lignes qui représentent le diamètre et la circonférence sont incommensurables entre elles.

Presque tous les auteurs ont considéré le cercle comme un polygone régulier d'un nombre infini de côtés, qui, quelque multipliés qu'ils soient, approchent de la circonférence sans jamais se confondre avec elle; car, disent-ils, la ligne du cercle étant conçue rigoureusement courbe dans tous ses points, jamais les côtés du polygone ne pourront atteindre à cette circonférence.

Ceci est vrai en principe, mais ne l'est pas en effet. Ce n'est pas seulement parce que 'e diamètre est une ligne droite, et la circonférence une courbe, que ces lignes sont incommensurables, car il en est de même de la diagonale et du carré qui lui est relatif, et cependant ce sont des lignes droites.

C'est en comparant la diagonale au périmètre du carré ou au quadruple de son côté, que l'on se trouve dans les mêmes conditions du cercle; le périmètre du carré représente la circonférence rompue en 4 parties, comme un polygone de 100 côtés est représenté rompu en cent parties.

En principe, toute ligne qui sépare en deux parties égales un carré ou un polygone régulier est incommensurable avec son périmètre ou avec la somme de ses côtés, qui devient une circonférence.

Chaque point de la circonférence d'un cercle étant à une égale distance du point centrale : si l'on considère chacun de ces points plus ou moins espacés comme l'un des angles d'un polygone, la définition est la même pour le cercle et le carré, en substituant la diagonale et le périmètre au diamètre et à la circonférence.

Le rapport du diamètre à la circonférence ou de la diagonale d'un carré à son côté reste le même quelles que soient les dimensions de ces deux figures, ainsi que pour tous les polygones réguliers.

En comparant la racine carrée de 2 à l'unité, l'on obtient le rapport du côté du carré à sa diagonale. Le nombre 2 n'étant point un carré exact, sa racine, et conséquemment le rapport ne peut être qu'approximatif, et il est 1 à 141421, à un cent millième près. Ce rapport a été établi d'une manière directe et positive comme on l'a vu (**P. 242**), car la diagonale d'un carré le sépare en deux parties égales qui forment chacune un triangle rectangle, dont les deux côtés sont égaux et dont elle est l'hypothénuse de chacun à chacun ; or le carré de l'hypothénuse est égal à la somme des carrés des deux côtés : donc, puisque les deux côtés sont égaux, si l'on prend l'unité pour l'un des côtés, la diagonale est bien égale à la racine carrée de $1^2 + 1^2 = 2$; quelle que soit la dimension du côté, le rapport 1 à 141421 reste toujours le même ; donc la diagonale est et ne peut être qu'incommensurable au côté ou à son quadruple qui est le périmètre ou la circonférence rompue en quatre parties.

C'est la définition du cercle considéré comme un polygone régulier, qui rend la quadrature impossible, comme c'est la définition du carré qui rend la diagonale incommensurable au côté ; ces deux définitions étant identiquement les mêmes, il est mathématiquement prouvé que la quadrature du cercle est impossible, c'est-à-dire qu'on ne peut établir exactement un carré égal à l'aire d'un cercle donné ; vouloir obtenir la quadrature du cercle, c'est vouloir obtenir la racine carrée d'un nombre qui n'est pas un carré exact.

Démontrer que la quadrature est impossible, c'est donner la solution du problème, car la solution de tout problème tient à l'alternative de trouver cette solution ou de la démontrer impossible.

Comment n'est-il pas venu à l'idée d'un des anciens géomètres qui ont établi les divers rapports connus, comme Archimède, Mœtius, etc., etc., dont on vante tant la sagacité et les grands travaux, de prendre pour type une mesure tellement petite qu'elle pût être commune à la ligne droite du diamètre et à la courbe du cercle?

Je suppose que, sur un diamètre d'un décimètre, par exemple, en opérant sur le papier avec un compas, l'on prenne pour cette mesure un millimètre, dans ce cas le point servira de limite à chaque espace.

La ligne du diamètre contenant cent points à un millimètre de distance, en mettant la pointe du compas entre le 50° et le 51° point, si l'on trace un cercle tel que la ligne de la circonférence se confonde avec le premier et le centième point, et que ce cercle étant tracé on le pointe de la même manière que la ligne qui représente le diamètre, l'on trouvera qu'il contient 311 points et 311 intervalles. La ligne du diamètre n'ayant plus ses points extrêmes ne contiendra plus que 98 points et 99 intervalles ; de cette manière on a converti la ligne du cercle en une ligne droite, qui est en rapport avec celle du diamètre comme 311 à 99, ce qui donne, pour le rapport du diamètre à la circonférence, 99 à 311.

En prenant l'unité pour premier terme du rapport, l'on aura :

$$1 \text{ à } \frac{311}{99} = 1 \text{ à } 3,14141414, \text{ etc., etc., que l'on peut réduire à}$$

3,1414, un peu faible en raison de la suppression des dernières décimales.

Mais il serait facile d'obtenir un rapport plus fort en prenant un autre diamètre.

Soit pour abréger les calculs, la ligne du diamètre composée de 15 points au lieu de 100, il y aura 14 intervalles, et en mettant la pointe du compas sur le 8° point la ligne du cercle se confondra avec le 1er et le 15° point, et elle contiendra 44 points et 44 intervalles, ce qui donne, pour un nouveau rapport, 14 à 44. La réunion de ces deux rapports donne 113 à 355 ou 1 à

$\dfrac{355}{113} = 1$ à 3,14159293. En divisant par 2 le rapport 14 à 44, on a 7 à 22. En supprimant 2 décimales au 1er rapport, on a 1 à 3,141593 qui se trouve un peu fort en raison de l'unité ajoutée à la 6e décimale.

Maintenant, pour avoir des rapports aussi exacts, quoique moins compliqués, il s'agit de trouver *toutes les fractions en moindres termes qui approchent si près de* $\dfrac{355}{113}$ *qu'il soit impossible d'en approcher davantage, sans en employer une plus grande.*

Tous les auteurs d'algèbre résolvent ce problème au moyen des fractions continues; la formule qu'ils emploient est très-compliquée, elle entraîne à des calculs numériques interminables et ne donne pas à beaucoup près une solution aussi complète que celle que je donne ici, et qu'on obtient au moyen de simples additions successives de deux sommes seulement.

La fraction à réduire étant donnée on établit d'abord son rapport à l'unité ; par suite, en joignant 9 fois le rapport à lui-même, ou aura 10 nouveaux rapports qui auront pour 1er terme 2, 3, 4, 5, etc., etc., et seront ou trop forts ou trop faibles, suivant qu'on aura ajouté ou retranché une unité à la 6e décimale. Cette première suite servira à en établir une foule d'autres, qui, par le retranchement du plus ou moins de décimales, pourront être exprimés avec peu de chiffres. Voici les 10 premiers rapports relatifs à la fraction $\dfrac{355}{113}$ à 6 et à 4 décimales :

1 à	3,141593	1 à	3,1410	+
2 à	6,283186	2 à	6,2832	+
3 à	9,424779	3 à	9,4248	+
4 à	12,566372	4 à	12,5664	+
5 à	15,707965	5 à	15,7080	+
6 à	18,849558	6 à	18,8500	+
7 à	21,991171	7 à	21,2200	+
8 à	25,132544	8 à	25,1325	−
9 à	28,274339	9 à	28,2743	−
10 à	31,415930	10 à	31,4159	−

L'on voit qu'en continuant les additions jusqu'à 100, 1000, 10,000, etc., etc., l'on aurait 100, ou 1000, ou 10,000 autres rapports, etc., etc. Par suite, en additionnant deux de ces rapports, dont l'un est en plus et l'autre en moins, l'on aura un nouveau rapport plus exact que chacun de ceux qui l'auront formé.

En prenant 9 et 3 par exemple, on aurait :

$$1° \quad 9 \text{ à } 28,2743$$
$$3 \text{ à } \ \ 9,4248$$

Total.   12 à 37,6991 $=$ 12 à 37,7 $=$ 120 à 377.

Ce qui revient à **3,1416** $\times$ **12.**

L'on aurait eu le même résultat en prenant **10 et 2 ou 8 et 4.**

Quel que soit le nombre qu'on veuille avoir pour premier terme, par l'emploi de cette table, l'on obtient toujours le second, au moyen de simples additions.

Soit à déterminer le second terme de **113,** on aurait :

1° 100 à 314,16	ou	1°	90 à 282,743
2° 10 à 31,416	—	2°	20 à 62,832
3° 3 à 9,4248	—	3°	3 à 9,4248

113 à 355,0008 $=$ 355   113 à 354,9998 $=$ 355.

L'un est — 0008. L'autre $+$ 0002, etc., etc.

L'on voit que la méthode que j'indique, malgré sa grande simplicité, remplace avec avantage celles mises en pratique par les anciens auteurs pour arriver au même but, et qui depuis ont été si souvent discutées et controversées.

Ici tout est clair et précis, rien de scientifique, l'opération est à la portée de l'intelligence la plus ordinaire.

On peut donc déterminer sur le papier, avec le compas, la circonférence au moyen du diamètre ; par réciproque, on déterminera de même sur le terrain, avec un cordeau et une mesure, le diamètre et la circonférence.

Supposons qu'on a tracé sur un terrain trois cercles qui ont été garnis de boutures de peuplier, à un mètre de distance.

Le 1ᵉʳ contient 44 boutures.

Le 2ᵉ en contient 311.

Le 3ᵉ en contient **355.**

En piquant sur les trois lignes qui forment les diamètres des boutures espacées de la même manière que celles piquées sur le cercle, il se trouve que la 1re ligne contient 13 boutures, la 2e 98, la 3e 112.

Ainsi le 1er cercle contient 44 boutures ou 44 mètres, et le diamètre en contient $13 + 1 = 14$, ce qui donne 44 et 14; le rapport $= 7$ à 22.

Le 2e cercle a 311 mètres, et le diamètre $98 + 1 = 99$, ce qui donne pour le rapport 311 à 99.

Le 3e cercle a 355 mètres, et le diamètre $112 + 1 = 113$, ce qui donne le rapport 355 à 113.

Si le cercle contenait 377 boutures, le diamètre en contiendrait $119 + 1 = 120$, et ce dernier rapport serait 377 à 120.

Pour trouver le nombre de boutures que contient chaque diamètre, il a suffi de prendre le mètre ou la mesure quelle qu'elle soit qui a servi à espacer ces boutures sur le cercle, et de mesurer exactement la ligne en posant cette mesure, sur le point extrême du diamètre qui fait partie du cercle.

Tous ces rapports ont déjà été établis ci-dessus.

Au moyen de la petite table des dix premiers rapports, les deux opérations se servent de preuve.

L'on remarquera que la mesure n'influe en rien sur le nombre des boutures.

En supposant qu'on ait pris une baguette coupée sans en connaître la longueur, et qu'après l'expérience l'on eût reconnu qu'elle avait seulement 98 centimètres, le nombre des boutures serait le même, et chaque espace serait diminué de 2 centimètres, ce qui réduirait 355 à $355 - 71 = 284$ et 113 à $113 - 22,6 = 90,4$. Dans le premier cas, le rapport serait 113 à 355; dans le second, il serait 904 à 2840. Ce dernier rapport divisé trois fois par lui-même donnerait les nouveaux rapports 142 à 152, 22,6 à 71, et reviendrait de 113 à 355. Ces rapports sont exactement les mêmes que celui de 1 à 3,141593.

Ainsi, pourvu que les espaces soient exactement mesurés, la longueur de la mesure ne change rien au nombre de boutures contenues dans chaque ligne, et conséquemment le rapport qui existe entre ces lignes reste le même.

Au reste, quelles que soient les méthodes suivies pour déterminer les rapports connus et adoptés, il est certain qu'ils sont exprimés avec la plus grande exactitude et qu'ils ne peuvent être changés ni modifiés. Ce que je dis ici se rattache seulement aux moyens d'exécution et non aux résultats, qui, comme on le voit, sont semblables dans l'un et l'autre cas

En définitive, 1 à 3,1416 peut être considéré comme le plus simple et le plus exact des rapports abrégés du diamètre à la circonférence; il sert de base à tous les calculs relatifs au cercle et à la sphère; il est déduit de **1 à 3,14159293**, etc.

Je joins ici une suite de nouveaux rapports qui tous dérivent de **1 à 3,1416**, et qu'il est nécessaire de connaître, parce que leur emploi facilite et abrége de beaucoup les opérations numériques sans qu'il soit nécessaire d'employer la table des 10 premiers rapports.

1° (R. A.) Du diamètre à la circonférence   1 à   **31416.**

2° (R. B.) Du carré du rayon à l'aire   1 à   **31416.**

3° (R. C.) Du carré du diamètre à la surface
de la sphère   1 à   **31416.**

4° (R. D.) Du carré du diamètre à l'aire, 1 à
$$\frac{31416}{4} =$$ 1 à   **07954.**

5° (R. E.) Du cube du diamètre à la solidité
de la sphère $1 à \dfrac{31416}{6} =$ 1 à **0, 5326.**

6° (R. F.) De la circonférence au diamètre
$1 à \dfrac{1}{3,1416} =$ 1 à **0,31831.**

7° (R. G.) Du carré de la demi-circonférence
à l'aire   1 à **0,31831.**

8° (R. H.) Du carré de la circonférence à la
surface de la sphère   1 à **0,31831.**

9° (R. J.) De l'aire au carré du rayon   1 à **0,31831.**

10° (R. K.) De la surface de la sphère au
carré de l'axe   1 à 0,31831.

11° (R. L.) Du volume de la sphère au cube

de l'axe ou du diamètre $1 \text{ à } \dfrac{1}{0,5236} =$ 1 à 0,   191.

12° (R. M.) Du côté du carré à la diagonale   1 à 1, 4142.

13° (R. N.) De la diagonale au côté du carré

$1 \text{ à } \dfrac{14142}{2} =$ 1 à 0, 7071.

Tous les problèmes qui suivent sont relatifs au cercle et à la
sphère; les solutions qui s'y rapportent peuvent être considérées
comme des formules numériques applicables à tous les cas
analogues.

CHAPITRE IX.

PROBLÈMES RELATIFS AU CERCLE ET A LA SPHÈRE.

P. 248. — Le diamètre d'un cercle étant exprimé par **12**, quelle est sa circonférence?

SOLUTION.

$$12 \times 3,1416 = 37,6992 = 37,7, \text{ (R. A.)}$$
Le diamètre étant **31** au lieu de **12**, on aurait :
$$31 \times 3,1416 = 97,3896 = 87,71.$$

P. 249. — Déterminer la circonférence d'un cercle dont le rayon est exprimé par **56,5**.

SOLUTION.

$$56,5 \times 2 = 113 = \text{le diamètre.}$$
$$113 \times 3,1416 = 355,0008 = 355.$$
Le rayon étant exprimé par **50**, la circonférence serait :
$$50 \times 2 \times 3,1416 = 100 \times 3,1416 = 314,16.$$

P. 250. — Déterminer la circonférence relative à **2864,79** pris pour diamètre.

SOLUTION.

$$2864,79 \times 3,1416 = 9000,02426, \text{ etc.}, = 9000.$$

Ce qui donne la mesure de l'équateur ou du cercle qui représente la circonférence de la terre.

Le diamètre de ce cercle étant évalué à **2864,79** parties semblables à celles qui divisent le cercle.

P. 251. — La circonférence d'un cercle étant exprimée par 37,70, quel est son diamètre ?

SOLUTION.

$$37,7 \times 0,31831 = 12,0002 = 12, \text{(R. F.)}$$

La circonférence étant exprimée par 81,68, on aurait :

$$81,68 \times 0,31831 = 25,99956 = 26.$$

Ce résultat donne en millimètres la circonférence et le diamètre d'une pièce de 40 francs.

Pour 35 millimètres de diamètre, on aurait $35 \times 31416 = 109,956 = 110$ millimètres $=$ le diamètre et la circonférence d'une pièce de 5 francs.

P. 252. — Déterminer le rayon du cercle dont la circonférence est exprimée par 355.

SOLUTION.

$$355 \times 0,31831 = 113,0005 = 113 \quad 113 : 2 = 56,5.$$

L'on aurait eu le même résultat en multipliant la circonférence par $\dfrac{0.31831}{2}$; c'est-à-dire que le rapport de la circonférence au rayon 1 a 0,159155.

Le diamètre relatif à la circonférence 314,16 serait :

$$314,16 \times 0,31831 = 100,0003 = 100.$$

P. 253. — L'équateur ou le cercle qui représente la circonférence de la terre est exprimé par 360 degrés de 25 lieues chaque. Quel est le diamètre ou l'axe du globe?

SOLUTION.

$$360 \times 25 = 9000 \quad 0,31831 \times 9000 = 2864.$$

$\frac{72}{100} = $ l'axe demandé.

Réciproque du (P. 250).

37

P. 254. — Déterminer l'aire d'un cercle dont le diamètre est exprimé par 12.

SOLUTION.

$12 : 2 = 6 =$ le rayon.

$3,1416 = 6^2 = 3,1416 \times 36 = 113.0978 = 113,10$ (R. B.) ou (R. D.)

$$12^2 \times \frac{3,1416}{4} = 144 \times 0,7854 = 113,10.$$

Ce qui donne bien 1 à 0,7854, pour le rapport du carré du rayon à l'aire.

P. 255. — Déterminer l'aire ou la superficie d'un bassin de forme circulaire dont le diamètre est exprimé par 31.

SOLUTION.

$$31^2 \times \quad 0,7854 = 754,7694 = 754,77$$

$$\text{ou } (15,5)^2 \times 3,1416 = 240,25 \times 3,1416 = 754,77$$

$$\text{ou } 31 \times 3,1416 = 97,3896 = \text{la circonférence.}$$

$$97,3896 \times \frac{31}{4} = 754,77$$

Ainsi, en multipliant la circonférence par la moitié du rayon ou par le quart du diamètre, l'on obtient l'aire relative.

Pour le diamètre 12, dont la circonférence est 37,7, on aurait sans établir le carré :

$$37,7 \times \frac{12}{4} \times 3 \times 113,10$$

Ce qui donne pour l'ensemble de l'opération :

$$12 \times 3,1416 \times 3, \text{ etc., etc.}$$

P. 256. — Déterminer l'aire d'un cercle dont le diamètre est exprimé par 2854,79.

SOLUTION.

Pour éviter de former le carré du diamètre, l'on établira d'abord la circonférence qui est :

$$2864,79 \times 3,1416 = 9000 \text{ (P. 250)}.$$

Par suite l'on aura :

$$\frac{9000 \times 2864,79}{4} = 716,1959 \times 9000$$

$$\text{ou } 2864,70 \times 2250 = 644577,5$$

Ce qui donne la mesure en lieues carrées de l'aire du cercle qui a l'équateur pour circonférence.

L'aire relative au diamètre **113** serait :

$$113^2 \times 0,7854 = 12769 \times 0,7854 = 10028,77.$$

Pour le diamètre **100**, l'on aurait :

$$10,000 \times 0,7854 = 7854.$$

P. 257. Le diamètre étant **12**, quelle est la surface entière de la sphère?

$$12^3 \times 3,1416 = 452,3904 = 452,39 \text{ (R. C.)}.$$

En multipliant le rapport **3,1416** par le diamètre 2 fois facteur, par le fait on multiplie la circonférence par le diamètre, l'on évite la formation du carré et l'on obtient de même la surface de la sphère.

Le diamètre et la circonférence étant **12** et **37,699**, la surface est égale à $37,699 \times 12 = 452.39 =$ le quadruple de l'aire.

La surface de la sphère étant **452,39**, l'aire du cercle est $113,099 = 113,10$.

Ainsi l'aire du cercle est à la surface de la sphère comme 1 à 4 et la sphère à la surface comme 4 à 1.

P. 258. — Déterminer la surface de la sphère dont l'axe est exprimé par **31**.

SOLUTION.

$31^2 \times 3,1416 = 3019,0776 = 3019,08$ (R. C.) $= 754,77 \times 4$ (P. 255).

La surface demandée est donc **3019,08**.

(Voir le n° précédent.)

L'axe étant exprimé par **2864,79**, on aurait pour sa surface (P. 256) :

$$2864,79 \times 9000 = 25783,100 = 044577,5 \times 4.$$

Ce qui donne la superficie du globe terrestre exprimée en lieues carrées.

Pour le diamètre 113, on aurait :

$$113^2 \text{ ou } 12,769 \times 3,1416 = 40,115,09 = 10028,77 \times 4, \text{ etc.}$$

Pour 100, l'on aurait :

$$100^2 \times 3,1416 = 31,416.$$

P. 259. — Déterminer la solidité ou le volume d'une sphère dont l'axe est exprimé par **12**.

SOLUTION.

$$12^3 \times 0,5236 = 1728 \times 0,5236\,904 - 7808 = 904,78 \text{ (R. E.)}.$$

On aurait le même résultat en multipliant la sixième partie du diamètre par la surface, c'est-à-dire que :

$$452,39 \times 12 = 452,39 \times 2 = 904,78.$$

On aurait aussi, suivant la nature des nombres sur lesquels on opère, le même résultat, en multipliant le 6e de la circonférence par le diamètre ; alors on aurait :

$$\frac{452,39}{6} \times 12 = 75,398 \times 12 = 452,39 \times 2, \text{ etc.}$$

L'axe étant exprimé par 31, le volume de la sphère serait :

$$31^3 \times 0,5236 = 15,598,36.$$

La surface étant (P. 258) 3019,08, on aurait :

$$\frac{3019,08}{6} \times 31 = 15,598,36.$$

Pour 113, on aurait :

$$113^3 \times 0,5236 = 7,555,000.$$

Pour 100, l'on aurait :

$$100^3 \times 0,5236 = 5,236,000.$$

P. 260. — Déterminer l'aire d'un cercle dont la circonférence est exprimée par 37,7.

SOLUTION.

$$\frac{(37,7)^2}{2} \times 0,31831 = 113,102 = 113,10 = \text{l'aire (R. F.).}$$

En prenant le carré de la circonférence, on aurait 1421,29 à multiplier par 0,31831 (R. H.), ce qui donnerait le quadruple de l'aire ou la surface de la sphère ; donc la même opération donne deux solutions, celle de l'aire et celle de la surface de la sphère ; en prenant le carré de la circonférence, on a 113,10.

$$113,10 \times 4 = 452,40 \quad 452,40 : 4 = 113,10.$$

La circonférence étant exprimée par 355, on aurait immédiatement :

$$355^2 \times 0,31831 = 126025 \times 0,31831 = 40,115$$

$$\frac{40115}{4} = 10028,75.$$

Alors l'aire et la superficie de la sphère sont 10028,75 et 40,115.

P. 261. — Le volume ou la solidité de la sphère étant exprimé par 904,78, quel est le diamètre ou l'axe qui s'y rapporte?

SOLUTION.

$$904,78 \times 0,191 = 172,813 \text{ (R. L.).}$$

$$\sqrt[3]{1728} = 12 = \text{l'axe.}$$

Pour 15598,36 exprimant le volume d'une sphère, l'on aurait :

$$15598,36 \times 0,191 = 29792,288.$$

$\sqrt[3]{29792} = 31 =$ le diamètre ou l'axe.

Pour les volumes 7,554800 et 5,236000, on aurait :

$$\sqrt[3]{7,554800 \times 0,191} = \sqrt[3]{144296} = 113.$$

$$\sqrt[3]{5,236000 \times 0,191} = \sqrt[3]{10000076} = 100,\ \text{etc.}$$

P. 262. — Sachant que le rapport du diamètre à la circonférence est 1 à 3,1416, on demande quelles sont toutes les dimensions d'une sphère dont le diamètre ou l'axe est exprimé par 6?

SOLUTION.

1° $6 \times 31416 = 18,85 =$ la circonférence.

2° $18,85 \times \dfrac{6}{4} = 18,85 \times 1,5 = 28,275 =$ l'aire.

3° $28,275 \times 4 = 113,10 =$ la superficie de la sphère.

On aurait obtenu le même résultat en multipliant la circonférence par le diamètre.

$$18,85 \times 6 = 113,10.$$

4° $6^3 \times \dfrac{31416}{6} = 216 \times 0,5236 = 113,10 =$ le volume ou la solidité.

$$\text{ou } \dfrac{6^3}{6} \times 3,1416 = 3,1416 \times 36 = 113,10$$

$$\text{ou } 113,10 \times \dfrac{6}{6} = 113,10 \times 1 = 113,10$$

$$\text{ou } 28,275 \times \dfrac{6 \times 2}{3} = 28,275 \times 4 = 113,10.$$

Ainsi la solidité de la sphère s'obtient de quatre manières :

1° En multipliant le cube du diamètre par la 6ᵉ partie du rapport 3,1416 ;

2° En multipliant la 6ᵉ partie du cube par ce même rapport ;

3° En multipliant la surface de la sphère par la 6ᵉ partie du diamètre ;

4° Et enfin en multipliant l'aire du cercle par les deux tiers du diamètre.

L'on peut employer l'une ou l'autre de ces formules suivant la nature des nombres sur lesquels on opère.

Ici le volume ou la sphère est égal à sa surface ; en général le volume d'une sphère est égal, ou double, ou triple, etc., de la surface, suivant que le quotient du diamètre par 6 est exprimé par **1, 2, 3**, etc.

Le diamètre étant 18, le rapport de la surface de la sphère à son volume est 1 à $\dfrac{18}{6} = 1$ à 3.

Si le diamètre était 15, le rapport serait :

$$1 \text{ à } \frac{15}{6} = 1 \text{ à } 2,5 = 2 \text{ à } 5.$$

Il en est de même de l'aire qui est égale à la circonférence, ou double, ou triple, ou quadruple, etc., suivant que le quotient du diamètre par 4 est 1, 2, 3, 4, etc., etc.

Le diamètre étant 4, l'aire est égale à la circonférence, et le volume de sa sphère n'est que les deux tiers de sa surface.

Le diamètre étant exprimé par 3, l'aire n'est que les trois quarts de la circonférence, et le volume de la sphère est la moitié de sa surface, etc.

(Voir le n° suivant.)

P. 263. — Déterminer toutes les dimensions d'une sphère dont le diamètre ou l'axe est exprimé par 3.

SOLUTION.

1° $3 \times 31416 = 9,4248 =$ la circonférence.

2° $9,4248 \times \dfrac{3}{4}$ ou par $\frac{3}{4} = 7,0686 =$ l'aire du cercle.

3° $7,0686 \times 4$ ou $9,4248 \times 3 = 28,2744 =$ la surface de la sphère.

$4°\ 28{,}2744 \times \dfrac{3}{6} = 28{,}2744 \times \frac{1}{2} = 14{,}1372 =$ le volume ou la solidité.

ou $7{,}6686 \times \dfrac{3 \times 2}{3} = 7{,}0686 \times 2 = 14{,}1372$, etc.

Soit pour un autre exemple, le diamètre exprimé par **36**, en déterminant d'abord les facteurs de l'aire et de la surface, on aura $\dfrac{36}{4} = 9$, et $36 : 6 = 6$. Maintenant l'opération est réduite à sa plus simple expression.

Le diamètre étant 36, la circonférence $= 3{,}1416 \times 36 = 113{,}0916$

$$9$$

L'aire du cercle $= 1017{,}8784$

$$4$$

La surface de la sphère $= 4071{,}5136$

$$6$$

La solidité $= 25429{,}0816$

En prenant maintenant 113 pour le diamètre, on aura :

$113 : 4 = 28{,}25$ et $113 : 6 = 18{,}833$ pour les deux facteurs.

$1°\quad 113 \quad \times\ 3{,}1416 = \quad 355 \quad =$ la circonférence.

$2°\quad 355 \quad \times 28,\ 25 = \quad 10028{,}75 =$ l'aire.

$3°\ 10028{,}75 \times \qquad 4 = \quad 40115{,}00 =$ la surface.

$4°\ 40115 \quad \times 18,\ 833 = 755.597{,}83 =$ le volume.

P. 264. — Déterminer les trois dimensions d'un cercle dont l'aire est quintuple de la circonférence.

SOLUTION.

$5 \times 4 = 20 =$ le diamètre.

$3{,}1416 \times 20 = 62{,}832 =$ la circonférence.

$62{,}832 \times 5 = 314{,}16 =$ l'aire.

Si la circonférence n'était que la 17ᵉ partie de l'aire, les trois dimensions seraient, savoir :

$1°\ 16 \times 14 = 68 =$ le diamètre.

2° $68 \times 3{,}1416 = 213{,}6288 =$ la circonférence.

3° $213{,}6288 \times 17 = 3631{,}69 =$ l'aire.

Si la circonférence était le double de l'aire, les trois dimensions seraient :

1° $\frac{1}{2} \times 4 = 2 =$ le diamètre.

2° $3{,}1416 \times 2 = 6{,}2832 =$ la circonférence.

3° $\dfrac{6{,}2832}{2} = 3{,}1416 =$ l'aire.

P. 265. Déterminer les cinq dimensions d'une sphère dont le volume ou la solidité est quintuple de la surface entière.

SOLUTION.

1° $5 \times 6 = 30 =$ le diamètre.

2° $3{,}1416 \times 30 = 94{,}248 =$ la circonférence.

3° $94{,}248 \times \dfrac{30}{4} = 706{,}86 =$ l'aire. $30 = 2827{,}44 =$ la surface.

4° $706{,}86 \times 4$ ou $94{,}248 \times 30 = 2827{,}44 =$ l'aire.

5° $2827{,}44 \times 5 = 14.137{,}20 =$ la solidité

Si la solidité ou le volume était à la surface de la sphère comme 13 à 1, l'on aurait :

1° $13 \times 6 = 78 =$ le diamètre.

2° $3{,}1416 \times 78 = 245{,}0448 =$ la circonférence.

3° $245{,}0448 \times 19{,}5 = 4778{,}37360 =$ l'aire.

4° $4778{,}3636 \times 4 = 19.113{,}4944 =$ la surface.

5° $19113{,}4944 \times 13 = 248.475{,}4272 =$ le volume.

P. 266. — Déterminer un carré égal à l'aire d'un cercle dont la circonférence est exprimée par 688.

SOLUTION.

688 étant la circonférence, le diamètre est égal à **0,31831** $\times 688 = 218{,}997 = 219$ (R. F.) ; par suite :

38

$$\frac{688 \times 219}{4} = 172 \times 219 = 37{,}668 = \text{l'aire du cercle.}$$

$\sqrt{37688} = 194{,}05 =$ le côté, à moins d'un centième d'unité près.

Si la circonférence était exprimée par 2485, l'on aurait :

$$2485 \times 0{,}31831 = 791005 = 791.$$

$$\frac{2487 \times 791}{4} = \frac{1966635}{4} = 491{,}659 \text{ dont la racine carrée est}$$

701,20 ; donc le côté est 701,20.

Si l'on donnait le diamètre au lieu de la circonférence, l'on aurait pour 219 :

$$219 \times 31416 = 688.$$

Le diamètre et la circonférence sont donc 219 et 688, etc. Suivre l'opération comme dessus.

P. 267. — Déterminer le côté d'un carré inscrit à un cercle dont la circonférence est exprimée par 377.

SOLUTION.

$377 \times 0{,}31831 = 120{,}008 = 120 =$ le diamètre. Or, le diamètre est aussi la diagonale du carré inscrit ; donc le côté du carré demandé $= 120 \times 0{,}7071$ (R. N.)

La superficie du carré $= \overline{84{,}85}^{2} = 71{,}99$, à moins d'un dixième d'unité près.

P. 268. — Déterminer le carré circonscrit à un cercle dont la circonférence est exprimée par 37,7.

SOLUTION.

Le diamètre relatif à $37{,}7 \times 37{,}7 \times 0{,}3131 = 12$; or, le diamètre du cercle inscrit est le côté du carré circonscrit ; donc le carré demandé $= 12^{2} = 144$.

P. 269. — Déterminer l'aire d'un cercle inscrit à un carré dont la diagonale est exprimée par 16,97.

SOLUTION.

16,97 × 0,7071 = 11,999449, etc., = 12. (R. N.) Le côté du carré qui est aussi le diamètre du cercle est donc 12.

P. 270. — Déterminer le rapport qui existe entre le diamètre d'un cercle et le côté d'un carré qui lui est égal en circonférence.

SOLUTION.

Le diamètre étant 12.
La circonférence = 12 × 1,31416 = 37,7.
L'aire ou la superficie = 37,7 × 3 = 113,10
$\sqrt{113,1}$ = 10,635 = le côté demandé.

Donc le rapport = 12 à 10,635 = 1 à $\dfrac{10,635}{12}$ = 1 à 0,88625.

Pour établir le rapport inverse de la circonférence du cercle au côté du carré qui lui est égal en superficie.
La circonférence étant 37,7.
Le diamètre sera 37,7 × 0,31831 = 12.
L'aire sera 37,7 × 3 = 113,10.
Et comme dessus le côté du carré sera $\sqrt{113,10}$ = 10,635.

Donc son rapport avec la circonférence = 1 à $\dfrac{10,635}{37,7}$ = 1 à 0,2821.

Ce qui donne pour le rapport demandé de la circonférence au côté du carré 1 à 0,2821.

P. 271. — Déterminer le côté d'un carré égal à l'aire d'un cercle dont la circonférence est exprimée par 37,7.

SOLUTION.

En multipliant directement 37,7 par 0,2821, on aura, 10,635 pour le côté demandé.

10,635^2 = 113,103225, etc., = 113,10 = le carré qui est aussi l'aire du cercle = 37,7 × 3.

En employant le rapport l'on évite l'extraction de la racine de l'aire.

Si l'on connaissait le diamètre 12 au lieu de la circonférence 37,7, on aurait pour le côté du carré $0,88625 \times 12 = 10,635$ comme dessus, $10,635^2 = 113,10 =$ le carré et l'aire du cercle; or le côté est la racine carrée de l'aire; donc l'on peut établir deux autres rapports qui, quoiqu'énoncés différemment, seront semblables à ceux-ci, et l'on aura pour le rapport du diamètre à la racine carrée de l'aire 1 à 0,88625; pour celui de la circonférence à la même racine on aura 1 à 0,2 21.

Si l'on voulait déterminer l'aire d'un cercle dont le diamètre est exprimé par 19, on aurait immédiatement :

$0,88625 \times 19 = 1,683875 = 1,684 =$ la racine carrée de l'aire.
$1,684^2 = 28,35294 = 28,353$, à moins d'un millième près.

La circonférence 59,39 étant donnée, au lieu du diamètre 19, on aurait :

$$59,69 \times 0,2821 = 16,8385 = 16,84.$$

Comme ci-dessus $16,84^2 = 283,5.$

P. 272. — Déterminer le diamètre d'une roue de voiture sachant qu'elle fait 245 tours par kilomètre.

SOLUTION.

En divisant 1000 mètres par 245, on aura 4,082 pour la circonférence ou le contour de la roue.

Son diamètre est donc égal à $4,082 \times 0,31831 = 12,9924$, etc., $= 13$ décimètres, à moins d'un centimètre près.

Si l'on voulait déterminer combien les roues d'un cabriolet qui ont 13 décimètres de diamètre font de tour par kilomètre, on aurait d'abord pour la circonférence relative 13 :

$$13 \times 3,1416 = 4,084.$$

Par suite, en divisant 1 kilomètre ou 1000 mètres par 4,084, on aura 244,866 pour le nombre de tours fait par chaque roue $= 245$, à moins d'un centimètre près.

FIN.

TABLE DES MATIÈRES.

CHAPITRE IV.

FIN DE LA TABLE.

Imprimerie de GUSTAVE GRATIOT, 30, rue Mazarine.